高等学校教材

试验设计与 SPSS 应用

王 颉 主编

化学工业出版社

·北京·

本书在详细介绍试验设计和统计分析基本原理的基础上，利用 SPSS 软件将传统的统计分析方法"傻瓜化"。本教材包括食品试验设计概述、SPSS 软件概述、统计假设检验、方差分析、回归与相关、非参数统计、正交试验设计、回归的正交试验和 SPSS 统计图形等内容。

本书可作为高等院校食品科学与工程、生物工程、食品质量与安全、生物技术等有关专业本科生教材，也可供相关专业和研究生参考阅读。

图书在版编目（CIP）数据

试验设计与 SPSS 应用/王颉主编 . —北京：化学工业出版社，2006.10（2023.4 重印）
高等学校教材
ISBN 978-7-5025-8782-6

Ⅰ．试…　Ⅱ．王…　Ⅲ．①试验设计（数学）-高等学校-教材②统计分析-软件包，SPSS-高等学校-教材
Ⅳ．①O212.6⑥C819

中国版本图书馆 CIP 数据核字（2006）第 126766 号

责任编辑：赵玉清　　　　　　　文字编辑：张春娥
责任校对：边　涛　　　　　　　装帧设计：潘　峰

出版发行：化学工业出版社（北京市东城区青年湖南街 13 号 邮政编码 100011）
印　　装：北京虎彩文化传播有限公司
787mm×1092mm　1/16　印张 15½　字数 413 千字　2023 年 4 月北京第 1 版第 12 次印刷

购书咨询：010-64518888　　　　　售后服务：010-64518899
网　　址：http://www.cip.com.cn
凡购买本书，如有缺损质量问题，本社销售中心负责调换。

定　　价：38.00 元

《试验设计与 SPSS 应用》编写人员

主　　编：王　颉（河北农业大学）

编写人员：李法德（山东农业大学）

　　　　　杨润清（上海交通大学）

　　　　　张建华（上海交通大学）

　　　　　赵改名（河南农业大学）

　　　　　王晓茹（河北农业大学）

　　　　　郭雪霞（农业部农业规划设计院）

主　　审：贾　青（河北农业大学）

前　言

　　《试验设计与 SPSS 应用》是为高等院校食品科学与工程、生物工程、食品质量与安全、生物技术等有关专业本科生编写的教材，也可作相关专业和研究生的参考教材。《试验设计与 SPSS 应用》是一门综合性、实践性很强的专业课。本课程是在学生掌握大学数学、概率论和数理统计等主要专业课的基础上开设的。其目的是培养学生具备科研工作的能力和新产品研发的能力，并结合毕业实习和毕业设计，完成工程师所具备的基本能力训练。

　　试验设计来源于科学试验与统计学的发展与结合，我国在公元前 1 世纪前汉后期的《氾胜之书》提出的区种法就孕育着农业科学试验的思想。20 世纪初英国生物统计学家费歇（R. A. Fisher）从理论与实践上发展和丰富了统计科学，将试验设计方法应用于农业、生物学、遗传学等方面，于 1935 年出版了他的专著《试验设计》，从此开创了一门新的应用技术学科。

　　二十世纪三四十年代，英国、美国、前苏联等国继续对试验设计法进行研究，并将其逐步推广到工业生产领域中，在采矿、冶金、建筑、纺织、机械、医药等行业都有所应用。1949 年，以田口玄一博士为首的一批研究人员，研究和改进英国人的试验设计技术，创造了用正交表安排分析试验的正交试验法。1978 年，中国学者方开泰等提出了均匀设计，这些发展丰富了试验设计的内容，经过几十年的研究与实践，试验设计为工农业的发展做出了巨大的贡献，已经成为科技工作者必须掌握的一门技术。

　　本书作者在从事高等院校试验设计和统计分析的教学和研究工作的基础上，经过多次探索和实践，逐步形成了将试验设计方法和 SPSS 统计软件有机结合，进行统计分析运算的教材编写体系。在详细介绍试验设计和统计分析基本原理的基础上，利用 SPSS 软件将传统的统计分析方法"傻瓜化"。

　　本教材主编为王颉，参加编写人员有李法德、杨润清、张建华、赵改名、王晓茹、郭雪霞，本教材凝聚了全体参编者在教学科研实践中的经验和心血，它是集体智慧的结晶。本书在编写过程中得到了化学工业出版社和河北农业大学等单位同志的热情帮助，贾青教授审阅了全书并提出了宝贵的修改意见。此外，本教材引用了大量公开发表的文献资料，在此一并向这些作者和提供过帮助的人致以衷心的感谢！

　　由于作者水平有限，书中疏漏在所难免，恳请读者批评指正。

编　者
2006 年 8 月

目　　录

第1章　试验设计概述

教学目标

1. 熟悉科学试验的特点和要求。
2. 明确食品试验研究的主要内容，试验设计的基本要求和注意事项以及试验设计的基本原则。
3. 熟练掌握下列基本概念：试验的指标、因素和水平，总体与样本，参数与统计量，准确性与精确性，随机误差与系统误差，算术平均数，中数，众数，几何平均数，调和平均数，极差，方差，标准差，变异系数。
4. 掌握试验设计的基本原则和要求。
5. 能正确的拟定试验计划和方案。

1.1　试验设计的历史与发展

试验设计来源于科学试验与统计学的发展与结合，在科学发展史中，试验科学的思想体系一直推动着科学技术的进步与发展，正是由于人类不断认识、实践、再认识从而创造了灿烂的文化。

我国历史悠久，公元前1世纪前汉后期的《氾胜之书》是我国现存历史上最早的一部农书，该书中提出的区种法就孕育着农业科学试验的思想。区种法开头就指出："昔汤有旱灾，伊尹为区田，教民粪种，负水浇稼，收至亩百担。胜之试为之，收至亩40担"。区种法田间布置分为宽幅点播和方形点播两种，如区种大豆，相距0.4m，1行9株等，它是农业栽培园田化的创始，也是农业田间试验的起源，它孕育着田间试验设计思想。

20世纪初英国生物统计学家费歇（R. A. Fisher）从理论与实践上发展和丰富了统计科学，将试验设计方法应用于农业、生物学、遗传学等方面，取得了丰硕的成果。试验设计法首先在英国的罗隆姆斯台特农业试验站被应用于田间试验设计上。据报道，当时由于英国采用了试验设计法，使农业大幅度增产。1925年费歇在《研究工作中的统计方法》一书中，把这种方法称为"试验设计"。后来，费歇进一步试验研究并在此基础上总结试验设计技术和方法，在1935年出版了他的专著《试验设计》，从此开创了一门新的应用技术学科。

二十世纪三四十年代，英国、美国、前苏联等国继续对试验设计法进行研究，并将此法逐步推广到工业生产领域中，在采矿、冶金、建筑、纺织、机械、医药等行业都有所应用。

第二次世界大战期间，英美等国在工业试验区采用试验设计法取得显著效果。二次大战结束后，英国皇家军需工厂管理局出版了一个备忘录，公布了一批应用实例。战后，日本把试验设计作为质量管理技术之一，从英美引进。

1949年，以田口玄一博士为首的一批研究人员，在日本电讯研究所（ECL）研究电话通讯设备的系统质量时发现，在农业生产中应用的试验设计技术，不论是全因素试验法，还是拉丁方和希腊拉丁方等在工业生产中应用都受到限制。于是，田口玄一等在实践中努力研究和改进英国人的试验设计技术，创造了用正交表安排分析试验的正交试验法。

1952年，田口玄一在日本东海电报公司，运用 L_{27}（3^{13}）正交表进行正交试验取得了成功。这之后，正交试验设计法在日本的工业生产中得到迅速推广。据统计，推广正交试验设计法的头十年，试验项目超过 100 万，其中三分之一的项目效果十分显著，获得极大的经济效益。日本电讯研究所研制"线形弹簧继电器"时，运用正交试验设计技术，对数十个特性值 2000 多个变量进行研究，经过七年的努力取得了成功，制造出比美国先进的产品。这一产品本身只有几美元，而设计研制费用花去了几百万美元，但研究成果给该所带来了几十亿美元的利益。几年之后，他们的竞争对手美国西方电器公司（Western Electric）不得不停产，转而从日本引进这种先进的继电器。在日本，试验设计技术已成为企业界人士、工程技术人员、研究人员和管理人员必备的技术，已成为工程师们共同语言的一部分。

我国从 20 世纪 50 年代开始，中国科学院数学研究所的研究人员开始研究试验设计这门学科，并逐步应用到工农业生产中。20 世纪 60 年代末，中国科学院系统研究所数学室的研究人员，在正交试验设计的观点、理论和方法上都有所创新，创造了简单易懂、行之有效的正交试验方法，1973 年以来，研究和推广正交试验设计方法又有了很大进展，在正交理论的研究上有了新的突破，许多科研和生产单位应用试验设计解决了不少实际生产中的关键技术问题，取得显著效果。如上海高压油泵厂生产的 32MPa 高压轴向柱塞泵，起初由于摩擦衬的结构参数配合不当，经常发生"异常发热"的质量问题，通过试验设计找到了适宜参数组合，使成品校验合格率由原来的 69% 提高到 90% 以上。

1.2 食品试验研究的主要内容

作为一个食品企业，为了试制新产品、改革旧工艺、降低物料消耗、不断提高产品质量，往往需要进行大量的试验。试验的目的是为了找出在某种条件下最合理的工艺条件或设计参数，从而提高产品质量或工程质量。可见，产品质量与对此产品进行的试验研究有密切的关系。可以这样说，开发新产品时所进行试验的范围和程度决定了产品质量的提高程度。

食品质量研究包括线性质量研究（linear quality research）和非线性质量研究（no-linear quality research）。线性质量研究是指食品制造过程中的质量研究方法，线性质量研究方法是通过对生产工序的合理诊断、调节、改善与检查，使生产工序的质量达到效果好、费用低的目的。非线性质量研究方法的重点是在食品开发过程中紧密地把专业知识和统计分析结合起来，在保证达到食品质量特性的前提下，充分利用各种设计参数与食品特性的非线性关系，通过系统设计、参数设计和允许误差设计的三段优化设计方法，从设计上控制食品的输出特性和质量波动或出于经济考虑，在不压缩原材料质量波动的情况下仍然保证食品特性的一种稳定性优化设计方法。

食品科学研究的内容相当广泛，仅就食品质量研究而言，从研究的类型和阶段来看，可分为以下几方面。

(1) 研究初期阶段的探索性试验　研究初期阶段的探索性试验主要有简单试验设计、筛选试验。简单试验设计的主要目的是明确某因素的作用，如对照试验、比较试验等。筛选试验的主要目的是在众多试验因素中明确关键因素或优良水平，如单因素的多水平试验和少量水平（2 个）的多因素试验（混杂设计、不完全区组设计、均匀设计和正交设计等）。

(2) 研究中期阶段的析因试验　研究中期阶段主要是多因素试验分析，以深入分析主要因素的作用及其相互关系，如拉丁方设计、交替设计、裂区设计和正交设计等。

(3) 研究后期阶段的优化试验　研究后期阶段，其目的是研究少数关键因子及其相互作用关系而进行优化设计，如模型试验、建立最优模型的回归设计、优化配方的配方设计等。

1.3 试验设计的基本要求和注意事项

(1) 用系统工程思想指导试验设计　随着科学技术的发展，系统工程学等已经成为解决各类复杂问题的新思想、新方法与新手段。所谓系统，就是一系列互有关联的事物。把事物作为一个系统的组成部分来看，就是系统思想。按系统思想来分析事物，利用适当的数学模型来表达系统内部、系统与环境、系统与系统之间定性定量的关系，并求出适宜方案，就是所谓的系统分析。将系统分析得到的结论付诸实施就是系统工程学。就某个食品新产品的开发而言，从其规划、设计到产出、上市销售，不仅其系统内部各阶段环环紧扣、相互联系，而且与其外在的社会、经济、技术及自然资源和环境等条件等因素均有着不同程度的纵横交错的关系。所以，围绕该产品的开发所进行的一系列试验研究绝不能孤立进行，必须贯穿系统工程思想于始终。

(2) 认真实施试验设计　试验设计阶段应明确试验的目的性，研究设计的周密性与科学性。要具体回答好 3 个问题，即：为什么做、怎么做、做到什么程度的问题。

试验阶段要严格控制试验条件的一致性，确保操作的正确性，具体可从操作者、材料、方法、管理方面着手。

在检查阶段，抓好样本的代表性，判断数据的可靠性。要做到真实、合理、可靠、可信。

在处理阶段，要分析结果的可信性，考察结论的重演性。要手、心、脑并用。通过分析掌握信息、论证假设、判断总体，指导实践。

(3) 试验设计应注意的问题

① 试验目的是否明确。没有明确的目的，就谈不上科学周密的设计。未经设计的试验是无用的试验。对课题缺乏深刻的认识，就难以明确试验的目的。而明确目的的有效方法就是不断追向"为什么?"，亦即不断沿着"原因何在"的疑问思路，一追到底。

② 试验设计是否合理。进行每一个试验都要有整体观念、系统思想，要把其当作"整机"的"零件"，要考虑到组装的需要。宁愿将已经设计的试验不予实施，也不能将未经设计或不符合整体设计要求的试验匆忙"上马"。为试验而做试验，毫无意义。

③ 试验管理是否严格。试验设计就是对整个试验进行科学管理。要有严格按照设计进行试验的习惯，把试验全过程置于严格管理状态之下。试验管理的重点是控制条件、规范操作和准确地获取数据。

④ 试验数据是否准确可靠。收集、记录试验数据要坚持实事求是，不要有意无意地让数据染上主观的色彩，对于本质上具有"意外"意义的数据非但不能舍弃，相反更需要加以详细记录，以便分析。

1.4　指标、因素与水平

1.4.1　试验指标

通常，我们把试验设计中根据试验目的而选定的用来考察或衡量试验效果的特性值称为试验指标。试验指标可以是数量指标、质量指标、成本指标和效率指标等。

试验指标可分两大类，一类是定量指标，也称数量指标，它是在试验中能够直接得到具体数值的指标，如硬度、质量、吸光度、成本、合格率、呼吸强度等；另一类是定性指标，或称非数量指标，它是在试验中不能得到具体数值的指标，如颜色、味道、光泽、手感、图面清晰度等。在试验设计中，为了便于分析试验结果，一般把定性指标进行量化处理，例如，可把色泽按不同深度分成不同等级。

试验指标可以是一个，也可以同时有几个。前者称单指标试验设计，后者称多指标试验设计。不论单项指标还是多项指标，都是以专业为主决定的，并且要尽量满足试验设计的要求，指标值应从本质上表现出某项性能，尽量不要用几个重复的指标值表示某一性能。试验指标应尽量采用计量数据，因为这些计量数据有利于设计参数的计量分析。当采用计数数据时，应特别注意数据处理的特点。

1.4.2　试验因素

通俗地说，对试验指标可以有影响的原因或要素称为因素（factor）。因素也称作因子，它是在试验中重点考察的内容，因素一般用大写英文字母 A、B、C…来标记，如因素 A、因素 B、因素 C 等。

在确定试验因素时，必须以专业技术和生产实践经验为基础，应尽可能列出与研究对象有关的各种因素，然后判断出哪些是需要试验研究的因素。

试验因素分为控制因素和非控制因素，前者称可控因素，后者称不可控因素。所谓可控因素指人们可以控制和调节的因素，如加热温度、水果蔬菜贮藏温度、贮藏环境中的气体成分、发酵温度、酶促反应温度等；不可控因素指人们暂时不能调节控制的因素，如机床的轻微震动、刀具的轻微磨损等。

按因素的作用可把其分为可控因素、标示因素、区组因素、信号因素和误差因素。

（1）可控因素　可控因素（controllable factor）指可以调节控制的因素，是试验研究主要的调查对象。具体地说，可控因素是为了使其本身的波动、其他因素的波动以及误差的影响等达到综合衰减、缩小以及消除而选用的因素。例如，在进行果品蔬菜贮藏保鲜试验时，贮藏温度、贮藏环境中的气体成分和相对湿度等参数是可以预先控制和给定的，并且可以根据要求改变，这些因素称为可控因素。

（2）标示因素　所谓标示因素（indicative factor），一般指不能轻易改变或选择的因素，简言之，就是维持环境和使用条件的水平，但不能选择水平的因素。对这些因素的研究往往着眼于与可控因素交互作用的关系。例如，原材料种类、机械设备的使用条件以及环境条件、老化特性、时间变化特性等，其水平本身虽然在技术上已属确定，但不能选择与控制。例如有两台机床，已知其质量的优劣和精度的高低，但劣质机床的精度是无法提高的，而又不能停止使用它。在这种情况下，只好高精度零件用优质机床加工，低精度零件用劣质机床加工，无选择余地。属于标示因素的有以下几种。

① 产品的各种使用条件。例如，想以低速、中速、高速的各个水平去调查汽车操纵性时，保持这三个速度的因素就是标示因素；想以暗、一般、明亮三个水平调查彩色电视机的色相平衡时，这三个亮度水平也是标示因素。

② 时间。例如，劣化时间、试验时间、使用时间等都是标示因素。

③ 品种。例如，想同时试验研究若干种产品的功能质量时，这若干种产品就是标示因素。

④ 机械设备的差别，操作人员的差别等也都是标示因素。

（3）区组因素　所谓区组因素（block factor），是指持有水平，但在技术上不能指定水平，同时在不同时间、空间还可能影响其他因素效应的因素。它与主效应和交互作用无关，是为减少试验分析误差而确定的因素。例如，在加工某零件时，如果由不同操作者、不同班次使用不同原材料批号，在不同环境条件下，在不同的设备上进行，则这些人员、班次、原材料批号、环境、条件、设备等就是区组因素。

（4）信号因素　所谓信号因素（signal factor），是为了实现人们的某种意志，或为了实现目标值所要求的结果而选取的因素。具体地说，信号因素是在目的特性值的平均值与目标值不一致时，为使平均值接近目标值而进行校正的因素。例如，对染色工艺来说，为取得一定的着色度，可通过改变染料用量与配比来实现，这时，配比与用量就是信号因素。

选择什么因素作为信号因素，是设计研究人员、管理人员的自由，但不能任意决定。由于信号因素是对目的特性值与目标值偏差进行校正的因素，因而信号因素必须具有水平，并且易于改变水平值。同时，信号因素对目的特性值的影响应是线性关系，以保证校正易于进行。

（5）误差因素　所谓误差因素（error factor），指除可控因素、标示因素、区组因素、信号因素外，对目的特性值有影响的其他所有因素的集合。换言之，影响产品质量、工序质量发生波动的内外干扰的总和，就是误差因素。当所选因素中未提出标示因素时，误差因素也包括环境条件所产生的影响。

1.4.3　因素的水平（level of factor）

试验设计中所选定的因素所处的状态和条件变化，可能引起指标特性值的变化，我们将各因素变化的各种状态和条件，即每个因素要比较的具体状态和条件称为水平，水平在数学上又称位级。确定水平与因素一样应以专业技术指导为主导，并应注意以下几点。

（1）水平宜取三水平为宜　这是因为因素取三水平试验结果分析的效应图分布多数呈二次函数，二次函数有利于呈现试验结果的趋势。如因素取两水平试验结果的效应图分布是线性的，只能得到因素水平的效果趋向，很难区分最佳区段，这对整个试验分析是不利的。

在充分发挥专业技术实践经验的前提下确定因素水平，就可能将水平取在最佳区域中或接近最佳区域，按这样的因素水平做试验的效率会高些；当对所研究的因素水平知之甚少时，可能将因素水平取不到最佳区域附近，则需要把水平区间拉开，尽可能使最佳区间包含在拉开的水平区间内。然后通过1~2次试验逐渐缩小水平区，求出其最佳条件。当认为所求出的最佳条件可靠性不太满意时，还可以进一步试验验证，通过寻找和计算，求出二次函数的最大值。

（2）选取水平应按等间隔原则　选取水平应按等间隔原则，这样便于效应曲线的计算分析。水平的间隔宽度由技术水平、技术知识范围所决定。水平的等间隔一般是取算术等间隔值。在某些特殊场合下也可以取对数等间隔值。由于技术上的限制，在取等间隔区间时可能有差值，设计时，可以把这个差值尽可能取得小一些，一般不超过20%的间隔值。

（3）水平是具体的　所谓水平是具体的，指的是水平应该是可以直接控制的，并且水平的变化要能直接影响特性值有不同程度的变化。例如，贮藏温度变化对果实的呼吸作用有很大影响，为了研究不同温度条件对果实呼吸作用的影响程度，可以将贮藏温度设定为0℃、4℃、8℃，这就是一种具体的水平。

水平通常用1，2，3，…表示。

1.5　试验设计的基本原则

在试验设计中，为了尽量减少试验误差，就必须严格控制试验干扰。所谓试验干扰，是指那些可能对试验结果产生影响，但是在试验中未加以考察，也未加以精确控制的条件因素。例如，试验材料的不均匀，仪器设备和试验操作人员的不同，试验周围环境、气候、时间的差异与变化等。这些干扰的影响是随机的，有些是事先无法估计、试验过程中无法控制的。为了保证试验结果的精确度，各种试验组合处理必须在基本均匀一致的条件因素下进行，应尽量控制或消除试验干扰的影响。

在食品生产、科学研究和经营管理中，虽然运用的试验方法类型很多，但它们都应遵循一些基本原则，这些基本原则包括重复原则、随机化原则和局部控制原则。通常，人们把这三个原则称为费歇三原则。

（1）重复原则（principle of repetition）　所谓重复，是指在试验中每种处理至少进行2次以上。重复试验是估计和减小随机误差的基本手段。

由于随机误差是客观存在和不可避免的，若某试验条件下只进行 1 次试验，则无法从 1 次试验结果估计随机误差的大小。只有在同一条件下重复试验，才能利用同一条件下取得的多个数据的差异，把随机误差估计出来。由于随机误差有大有小，时正时负，随着试验次数的增加，正负相互抵偿，随机误差平均值趋于零。因此，多次重复试验的平均值的随机误差比单次试验值的随机误差小。

一般而言，重复次数越多越好。但随着重复次数的增加，不仅试验费用几乎成倍增加，而且整个试验所占用的时间、空间范围也会增大，因而试验材料、环境、仪器设备、操作等试验条件的差异，也必然随之加大，由此引起的试验误差反而会增大。为了避免这一问题，要在同时遵循下面要讲的"局部控制原则"的前提下进行重复试验。重复次数过多效果并不好。重复试验的目的是估计和减小随机误差。

（2）随机化原则（principle of randomization） 所谓随机化原则，就是在试验中，每一个处理及每一个重复都有同等的机会被安排在某一特定的空间和时间环境中，以消除某些处理或其重复可能占有的"优势"或"劣势"，保证试验条件在空间和时间上的均匀性。

随机化可有效排除非试验因素的干扰，从而正确、无偏地估计试验误差，并可保证试验数据的独立性和随机性，以满足统计分析的基本要求。随机化通常采用抽签、摸牌、查随机数表等方法来实现。

（3）局部控制原则（principle of local control） 局部控制是指在试验时采取一定的技术措施方法减少非试验因素对试验结果的影响。

做一项试验，总是希望试验条件（除试验因素以外的所有其他条件）基本上保持一致。这样得到的试验结果才可以直接用于分析试验因素对试验指标的影响情况，因素的不同水平之间才具有可比性。反之，如果除了试验因素外，试验条件也同时发生变化，就会引入系统误差，这时就不能确定试验指标的变化究竟是由于试验因素引起的，还是由于试验条件的变化引起的。这就干扰了对试验结果的分析。那么如何使试验条件基本保持一致呢？

我们知道，任何一项试验，都是在一定的时间、空间范围（简称时空范围）内进行的，而不同时间、空间范围内的试验条件是有差异的。试验次数越多，所占的时间、空间范围就越大，试验条件之间的差异也就越大。反之，试验时空范围越小，试验条件就越均匀一致。如果我们把一项试验的时空范围划为几个小的范围——区组，使得每个区组内试验条件尽可能均匀一致，每个区组内各项处理的试验顺序随机安排。这样，每个区组内的试验误差减小，区组间试验条件的差异虽较大，但可用适当的统计方法来处理。这样安排试验的方法称为局部控制，也称局部管理。

实施局部控制时的区组如何划分，应根据具体情况确定。如果日期（时间）变动会影响试验结果，就可以把试验日期（时间）划分为区组；如果试验空间会影响试验结果，可把空间划为区组；如果全部试验用几台同型号的仪器或设备，考虑仪器或设备间差异的影响，可把仪器或设备划为区组；如果若干操作人员分做全面试验，考虑他们的操作技术、固有习惯等方面的差异，可把操作人员划分为区组等。前面曾提到重复试验可以减小随机误差，但随着重复的增多，试验规模加大，试验所占的时空范围变大，试验条件的差异也随之加大，这又会增加试验误差。为了解决这一矛盾，可以将时空按重复数分为几个区组，实施局部控制。

以上所述重复原则、随机化原则和局部控制原则是试验中必须遵守的原则。与相应的统计分析方法配合使用就能够无偏地估计处理的效应，最大限度地降低并无偏地估计试验误差，从而对各处理间的比较做出可靠的结论。试验设计三原则间的关系如图 1-1 所示。

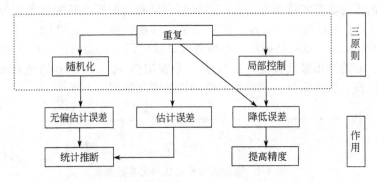

图 1-1　试验设计三原则间的关系

1.6　常用术语、统计量及其计算

1.6.1　常用术语

（1）总体与样本　根据研究目的确定的研究对象的全体称为总体（population），其中的一个研究单位称为个体（individual），依据一定方法由总体抽取的部分个体组成的集合称为样本（sample）。例如，研究某企业生产的一批罐头产品的单听质量（重量），该批所有罐头产品单听质量（重量）的全体就构成本研究的总体；从该总体抽取 100 听罐头测其单听质量，这 100 听罐头单听质量（重量）即为一个样本，这个样本包含有 100 个个体。含有有限个个体的总体称为有限总体（finite population）。例如，上述一批罐头总体虽然包含的个体数目很多，但仍为有限总体。包含有无限多个个体的总体叫无限总体（infinite population）。例如，在统计理论研究中服从正态分布的总体、服从 t 分布的总体，包含一切实数，属于无限总体。在实际研究中还有一类假想总体。例如，用几种工艺加工某种产品的工艺试验，实际上并不存在用这几种工艺进行加工的产品总体，只是假设有这样的总体存在，把所得试验结果看成是假想总体的一个样本。样本中所包含的个体数目叫样本容量或样本大小（sample size），例如，上述一批罐头单听质量的样本容量为 100。样本容量常记为 n。通常 $n<30$ 的样本叫小样本，$n \geqslant 30$ 的样本叫大样本。

统计分析通常是通过样本来了解总体。这是因为有的总体是无限的、假想的，即使是有限的但包含的个体数目相当多，要获得全部观测值需花费大量人力、物力和时间；或者观测值的获得带有破坏性，如苹果硬度的测定，不允许对每一个果实进行测定。研究的目的是要了解总体，然而能观测到的却是样本，通过样本来推断总体是统计分析的基本特点。为了能可靠地从样本来推断总体，这就要求样本具有一定的含量和代表性。只有从总体随机抽取的样本才具有代表性。所谓随机抽样（random sampling）是指总体中的每一个个体都有同等的机会被抽取组成样本。然而样本毕竟只是总体的一部分，尽管样本具有一定的含量和代表性，但是通过样本来推断总体也不可能百分之百的正确。有很大的可靠性，但也有一定的错误率是统计分析的又一特点。

（2）参数与统计量　为了表示总体和样本的数量特征，需要计算出几个特征数。由总体计算的特征数叫参数（parameter）；由样本计算的特征数叫统计量（statistic）。常用希腊字母表示参数，如用 μ 表示总体平均数，用 σ 表示总体标准差；常用拉丁字母表示统计量，如用 $\bar{x}$ 表示样本平均数，用 S 表示样本标准差。总体参数由相应的统计量来估计，如用 $\bar{x}$ 估计 μ，用 S 估计 σ 等。

（3）准确性与精确性　准确性（accuracy）也叫准确度，指在调查或试验中某一试验指

标或性状的观测值与其真实值接近的程度。设某一试验指标或性状的真实值为 μ，观测值为 x，若 x 与 μ 相差的绝对值 $|x-\mu|$ 小，则观测值 x 准确性高；反之则低。

精确性（precision）也叫精确度，指调查或试验中同一试验指标或性状的重复观测值彼此接近的程度。若观测值彼此接近，即任意 2 个观测值 x_i、x_j 相差的绝对值 $|x_i-x_j|$ 小，则观测值精确性高；反之则低。准确性、精确性的意义如图 1-2 所示。

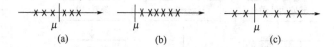

图 1-2 准确性与精确性的关系示意图

(a) 图中观测值密集于真实值 μ 两侧，其准确性高，精确性亦高；(b) 图中观测值密集于远离真实值 μ 的一侧，准确性低，精确性高；(c) 图中观测值稀疏地散布于远离真实值 μ 的两侧，其准确性、精确性都低

调查或试验的准确性、精确性合称为正确性。在调查或试验中应严格按照调查或试验计划进行，准确地进行观测记录，力求避免人为差错，特别要注意试验条件的一致性，除所研究的各个处理外，其他供试条件应尽量控制一致，并通过合理的调查或试验设计努力提高试验的准确性和精确性。由于真实值 μ 常常不知道，所以准确性不易度量，但利用统计方法可度量精确性。

（4）随机误差与系统误差 在食品科学试验中，试验指标除受试验因素影响外，还受到许多其他非试验因素的干扰，从而产生误差。试验中出现的误差分为两类，即随机误差（random error）与系统误差（systematic error）。随机误差也叫抽样误差（sampling error），这是由于许多无法控制的内在和外在的偶然因素如原料作物的生长条件、生长势的差异、管理措施等所造成，这些因素尽管在试验中力求一致但不可能绝对一致。随机误差带有偶然性质，在试验中，即使十分小心也难以消除。随机误差影响试验的精确性。统计上的试验误差指随机误差，这种误差愈小，试验的精确性愈高。系统误差也叫片面误差（lopsided error），这是由于供试对象的品种、成熟度、病程等不同；食品配料种类、品质、数量等相差较大；仪器不准、标准试剂未经校正，药品批次不同，药品用量以及种类不符合试验计划的要求等引起。观测、记录、抄录、计算中的错误等也将引起误差，这种误差实质上是错误。系统误差影响试验的准确性。图 1-2(b)、图 1-2(c) 所表示的情况，就是由于出现了系统误差的缘故。一般说来，只要试验工作做得精细，系统误差容易克服。图 1-2(a) 表示克服了系统误差的影响，且随机误差较小，因而准确性高，精确性也高。

1.6.2 描述中心趋势的统计量

（1）算术平均数 算术平均数（arithmetic mean）是指观察值的总和除以观察值个数所得的商值，常用 $\bar{x}$、$\bar{y}$ 等表示。即

$$\bar{x} = \frac{x_1+x_2+\cdots+x_n}{n} = \frac{\sum\limits_{i=1}^{n} x_i}{n} \tag{1-1}$$

式中，Σ 为总和符号（读作 sigma），$\sum\limits_{i=1}^{n} x_i$ 为从第 1 个观察值 x_1 累加直到第 n 个观察值 x_n，若在意义上已明确时，则 $\sum\limits_{i=1}^{n} x_i$ 可简记为 Σx_i。算术平均数是描述样本数据中心趋势最常用的统计量，因为它具有计算简便、稳定的优点。

① 算术平均数的计算。算术平均数的计算可根据样本含量大小及分组情况而采取不同

的方法。

a. 直接法。当样本含量较小（一般指样本含量 $n<30$）时，未经分组的资料可用式(1-1)直接计算平均数。

如利用表 1-1 资料计算 100 听罐头每听净重的算术平均数。

$$\overline{x} = \sum x_i/n = (342.1+340.7+348.4+\cdots+341.0)/100 = 344.0(g)$$

$\overline{x}$ 即 100 听罐头单听净重的算术平均数为 344.0g

表 1-1　100 听罐头样品的净重　　　　　　　　　　　单位：g

342.1	340.7	348.4	346.0	343.4	342.7	346.0	341.1	344.0	348.0	344.2	342.5	350.0
346.3	346.0	340.3	344.2	342.2	344.1	345.0	340.5	344.2	344.0	341.1	345.6	345.0
343.5	344.2	342.6	343.7	345.5	339.3	350.2	337.3	345.3	358.2	341.0	346.8	344.3
344.2	345.8	331.2	342.1	342.4	340.5	350.0	343.2	347.0	340.2	343.3	350.2	346.2
344.0	353.3	340.2	336.3	348.9	340.2	356.1	346.0	345.6	346.2	342.3	339.9	338.0
340.6	339.7	342.3	352.8	342.6	350.3	348.5	344.0	350.0	335.1	339.5	346.6	341.1
340.3	338.2	345.3	345.6	349.0	336.7	342.6	338.4	343.9	343.7	343.0	339.9	347.3
341.1	347.1	343.3	348.6	347.2	339.8	344.4	347.2	341.0				

b. 加权法。对于已分组的资料，可以在次数分布表的基础上采用加权法计算，计算公式为：

$$\overline{x} = \sum f_ix_i / \sum f_i \tag{1-2}$$

式中，f_i 为各组次数；x_i 为各组组中值。

各组的次数是权衡各组组中值在资料中所占比重大小的数量，因此，f_i 被称为 x_i 的"权"，加权法也由此而得名。

② 算术平均数的特性

a. 样本各观察值与平均数之差的和为零，即离均差（deviation from mean）之和等于零。即

$$\sum_{i=1}^{n}(x_i - \overline{x}) = 0$$

b. 样本中各观察值与平均数之差的平方和（sum of squares）为最小，即离均差平方和为最小。即

$$\sum_{i=1}^{n}(x_i - \overline{x})^2 < \sum_{i=1}^{n}(x_i - a)^2 \qquad （常数\ a \neq \overline{x}）$$

以上两个性质可以用代数方法予以证明，这里从略。

对于总体而言，通常用 μ 表示总体平均数。有限总体的平均数为：

$$\mu = \frac{\sum_{i=1}^{N}x_i}{N} \tag{1-3}$$

式中，N 为总体所包含的个体数。

统计上常用样本平均数 $\overline{x}$ 作为总体平均数 μ 的估计值。并定义：当一个统计量的数学期望值等于相应总体参数值时，称该统计量为其总体参数的无偏估计。统计学已证明，样本平均数 $\overline{x}$ 是总体平均数 μ 的无偏估计。

(2) 中数　将样本数据（假设有 N 个数）按升序或降序排列，如果 N 为奇数，则数列中间的数为中数（median）；如果 N 为偶数，则中数为居中两数的均值，中数不如算术平均数稳定，即在同一总体中取相同大小的不同样本时，中数的变化比算术平均数大。但中数不受极值的影响，因而在经济统计中应用较多。

（3）众数　众数（mode）指资料中出现次数最多的那个观察值，用 M_0 表示。对于间断性变数资料，由于各观察值易于集中于某一个数值，故众数容易确定。对于连续性变数的资料，由于各观察值不易集中于某一数值，所以不易确定众数。对于大样本资料，尤其是连续性变数资料需要制成次数分布表，在表内出现次数最多的那一组的组中值即为众数。

（4）几何平均数　几何平均数（geometric mean）指 n 个观察值连乘的积再开 n 次方所得的方根值，用 G 表示。

$$G = \sqrt[n]{x_1 x_2 \cdots x_n} = (x_1 x_2 \cdots x_n)^{\frac{1}{n}} \tag{1-4}$$

为了计算方便，各观察值可取对数值，再相加后除以 n，即为 $\lg G$。由此取 $\lg G$ 的反对数即为 G 值。用 $\lg^{-1}$ 表示反对数。

$$G = \lg^{-1}\left[\frac{1}{n}(\lg x_1 + \lg x_2 + \cdots + \lg x_n)\right] = \lg^{-1}\frac{\sum \lg x_i}{n} \tag{1-5}$$

当资料中的观察值呈几何级数变化趋势，或计算平均增长率、平均比率等时用几何均值较好。

（5）调和平均数　调和平均数（harmonic mean）指观察值倒数算术平均数的倒数值，用 H 表示。

$$H = \frac{n}{\sum \dfrac{1}{x_i}} \tag{1-6}$$

关于速度一类的资料常用调和平均数。

由同一资料计算的算术平均数（$\bar{x}$）、几何平均数（G）和调和平均数（H）大小关系是：

$$\bar{x} > G > H$$

在食品科学试验中应用最为普遍的是算术平均数。

1.6.3　描述离散趋势的统计量

仅仅利用描述中心趋势的统计量不能反映整个数据集合的分布情况，具有不同分布的数据可能具有相同的算术平均值、中数或众数等。因此，还需要统计量来反映数据与描述中心趋势统计量之间的离散状况，这样的统计量主要有极差、方差、标准差和变异系数等。

（1）极差　极差（range）是样本数据中最大值与最小值的差值，记作 R。极差舍弃了最大值与最小值之间的数据信息，仅仅依靠端点值来确定，因而稳定性差。一般利用极差可以确切地描述资料最大的变异幅度，其值大，则平均数的代表性差；反之，平均数的代表性较好。当资料很多而又要求迅速对各资料的变异程度做出初步判断时，可以利用该统计量。

（2）方差　为了正确反映资料的变异度，较为合理的方法是根据样本全部观察值来度量资料的变异度。这时，应选定一个数值作为共同比较的标准。平均数既作为样本的代表值，故以平均数作比较的标准较为合理。为此，这里给出一个各观察值偏离平均数的度量方法。

每一个观察值均有一个偏离平均数的度量指标——离均差，但各个离均差的总和为 0，不能用来度量变异。因此，可将各个离均差平方后加起来，求得离均差平方和（简称平方和，SS）。定义如下：

$$SS_{样本} = \sum_{i=1}^{n}(x_i - \bar{x})^2 \tag{1-7}$$

$$SS_{有限总数的总体} = \sum_{i=1}^{n}(x_i - \mu)^2 \tag{1-8}$$

由于离均差平方和常随样本含量而改变，为消除样本大小的影响以便比较，用观察值的

10

个数来除平方和得到平均平方和，简称均方（mean square，MS）或方差（variance）。样本方差用 S^2 表示，定义为：

$$S^2 = \frac{\sum\limits_{i=1}^{n}(x_i - \overline{x})^2}{n-1} \tag{1-9}$$

样本方差是总体方差（σ^2）的无偏估计值；此处除数为自由度（$n-1$）而不用 n，下文将解释其意义。

有限总体的总体方差计算公式为：

$$\sigma^2 = \frac{\sum\limits_{i=1}^{N}(x_i - \mu)^2}{N} \tag{1-10}$$

式中，N 为有限总体所含个体数；μ 为总体均数。

（3）标准差　标准差（standard deviation，S）是方差的正平方根值，用以表示资料的变异程度，其单位与观察值的度量单位相同。由样本资料计算标准差的定义公式为：

$$S = \sqrt{\frac{\sum(x_i - \overline{x})^2}{n-1}} = \sqrt{\left[\sum x_i^2 - \frac{(\sum x_i)^2}{n}\right] / (n-1)} \tag{1-11}$$

同样，有限总体标准差计算公式为：

$$\sigma = \sqrt{\frac{\sum(x_i - \mu)^2}{N}} \tag{1-12}$$

比较式(1-11) 和式(1-12)，样本标准差不以样本含量 n，而以自由度（$n-1$）作为除数，这是因为通常所掌握的是样本资料，不知 μ 的数值，不得不用样本均数 $\overline{x}$ 代替 μ。$\overline{x}$ 与 μ 有差异，由算术平均数特性可知，$\sum(x_i - \overline{x})^2$ 比 $\sum(x_i - \mu)^2$ 小。因此，由 $\sqrt{\sum(x_i - \overline{x})^2 / n}$ 算出的标准差偏小。如果分母用 $n-1$ 代替，则可避免偏小的弊病。统计学上可以证明，以 $n-1$ 为分母计算出的样本方差（S^2）是总体方差（σ^2）的无偏估计。

这里，我们把 $n-1$ 称为自由度（degree of freedom），用 df 表示，其统计意义是指样本内独立而能自由变动的离均差个数。例如，一个有 5 个观察值的样本，因为受统计量 $\overline{x}$ 的约束，在 5 个离均差中只有 4 个数值可在一定范围内自由变动取值，而第 5 个离均差必须满足 $\sum(x_i - \overline{x}) = 0$ 这一约束条件。若该样为 (3,4,5,6,7)，平均数为 5，前 4 个离均差为 -2、-1、0 和 1，则第 5 个离均差为前 4 个离均差之和的相反数，即 $-(-2)=2$。一般地，样本自由度等于观察值个数（n）减去约束条件数（k），即 $df = n - k$。

在应用上，小样本一定要用自由度作分母来估计方差与标准差；若为大样本，因 n 和 $n-1$ 相差微小，也可不用自由度而直接用 n 作除数。但在这里，样本大小的界限没有统一的规定，所以一般用样本资料估计方差、标准差时皆用自由度作除数。

标准差的计算可以采用直接法和加权法。此外，标准差还可以用 Excel 工作表中的插入函数法计算。也可利用 SPSS 软件进行计算。

标准差具有以下三点特性：

a. 标准差的大小受每个观察值的影响，若数值之间变异大，其离均差亦大，由此求得的标准差必然大；反之则小。

b. 计算标准差时，在样本各观察值加上或减去同一常数，标准差的值不变。

c. 当样本资料中每个观察值乘以或除以一个不等于零的常数 a 时，则所得的标准差是原标准差的 a 或 $1/a$ 倍。

利用标准差的特性 a 和 b，常可将资料中的原始数据适当简化后计算标准差。

（4）变异系数　变异系数（coefficient of variation）是标准差相对于平均数的百分数，

记为 CV。变异系数同标准差一样是衡量资料变异程度的统计计量。当资料所带的单位不同或单位虽相同而平均数相差较大时，不能直接用标准差比较各样本资料的变异程度大小。变异系数消除了不同单位和平均数的影响，可以用来比较不同样本资料的相对变异程度。

变异系数的计算公式为：

$$CV = \frac{S}{\bar{x}} \times 100\%$$

(1-13)

变异系数在食品科学试验设计中也有重要用途。如在空白试验（blank test）时，可作为基础试验条件差异的指标，而且可作为确定区组、重复次数等的依据。在使用变异系数时，应该认识到是由标准差和平均数构成的相对数，其值的大小既受标准差的影响，也受平均数的影响。因此，在使用变异系数时，应同时列出平均数和标准差，否则可能引起误解。

1.7 试验方案拟订

1.7.1 拟订试验方案的要点

拟定一个正确的试验方案，应认真考虑以下几方面的问题。

（1）围绕试验的目的，明确通过试验要解决的问题 拟订试验方案前应通过回顾以往研究的进展、调查交流、文献检索等明确为达到本试验的目的需解决的主要的、关键的问题是什么，形成对所研究主题及外延的设想，使待拟订的方案能针对主题确切而有效地解决问题。

（2）根据试验的目的、任务和条件确定试验因素 在正确掌握生产或以往研究中存在的问题后，对试验目的、任务进行仔细分析，抓住关键，突出重点。首先要选择对试验指标影响较大的关键因素、尚未完全掌握其规律的因素和未曾考察过的因素。供试因素一般不宜过多，应该抓住一个或少数几个主要因素解决关键问题。如果涉及试验因素多，一时难以取舍，或者对各因素最佳水平的可能范围难以做出估计，这时可将试验分为两阶段进行。即先作单因素的预备试验，通过拉大水平幅度，多选几个水平点，进行初步观察，然后根据预备试验结果再精选因素和水平进行正规试验。预备试验常采用较多的处理数，较少或不设重复；正规试验则精选因素和水平，设置较多的重复。为不使试验规模过大而失控，试验方案原则上力求简单，单因素试验能解决的问题就不用多因素试验。

（3）根据试验因素性质适当确定水平大小及间隔 一般试验因素有"质性"和"量性"之分，对于前者，应根据实际情况，有多少种就取多少个水平。如不同原材料、催化剂的种类、添加剂的种类，不同生产工艺、不同生产线、不同包装方式等。对于后者则应认真考虑其控制范围及水平间隔。如温度、时间、压力、某种添加剂的添加量等，均应确定其所应控制的范围及在该范围内确定几个水平点、如何设置水平间隔等。

对于"量性"试验因素水平的确定应根据专业知识、生产经验、各因素的特点及试验材料的反应等综合考虑，基本原则是以处理效应容易表现出来为准，以下几点可供参考。

① 水平数目要适当。水平数目过多，不仅难以反映出各水平间的差异，而且加大了处理数；水平数目太少又容易漏掉一些好的信息，使分析结果不全面。水平数目一般不能少于2个，最好包括对照采用5个水平点。若考虑到尽量缩小试验规模，也可确定2～4个水平。从有利于试验结果分析考虑，水平数取3个比取2个好。

② 水平范围及间隔大小要合理。原则是试验指标对其反应灵敏的因素，水平间隔应小些，反之应大些。要尽可能把水平值取在最佳区域或接近最佳区域。

③ 要以正确方法设置水平间隔。水平间隔的排列方法一般有等差法、等比法、0.618法和随机法等。

a. 等差法是指试验因素水平间隔是等差的。如温度可采用30℃、40℃、50℃、60℃和70℃等水平。一般适用于试验效应与因素水平呈直线相关的试验，如葡萄中可溶性固形物含量与酿酒质量的关系等。

b. 等比法是指因素水平的间隔是等比的。一般适用于试验效应与因素水平呈对数或指数关系的试验。如在酿酒过程中，每池发酵时间与酒精产量等属于对数关系。如果试验效应随因素水平的变化呈对数关系，时间因素的水平可选用5min、10min、20min和40min等。如果试验效应随因素水平的变化呈指数关系，添加剂因素水平可选用1000mg/kg、1500mg/kg、1750mg/kg和1875mg/kg，这种间隔法使试验效应变化率大的地方因素水平间隔排列得小一点，而试验效应变化率小的地方因素水平间隔排列得大一点。

c. 试验因素的0.618法间隔排列也称优选法间隔的排列设计。一般适用于试验效应与因素水平呈二次曲线型反应的试验设计。例如，在食品中加入某种添加剂，加入的数量过多或过少均达不到要求的口味，只有在合适的添加量时，口味最佳。

0.618法是以试验因素水平的上限与下限为2个端点，以上限与下限之差与0.618的乘积为水平间隔从两端向中间展开的。例如山楂果冻中加入0.5%～4.0%的琼脂可达其硬度。我们可选用0.5%～4.0%为2个端点，再以4.0－0.5＝3.5与0.618的乘积2.163为水平间隔从两端向中间扩展为0.5＋2.16≈2.7和4－2.16≈1.8。这样，包括对照有0、0.5%、1.8%、2.7%和4.0%共5个析因点。在试验中，这些析因点必有效应较好的2点。如果有必要时，可在下次试验时，以这2点的水平间隔与0.618的乘积为水平间隔，从2端向中间扩展，直到找到理想点。

d. 随机法是指因素水平排列随机，各水平的数量大小无一定关系。如赋形剂各水平的排列为15mg、10mg、30mg、40mg等。这种方法一般适用于试验效应与因素水平变化关系不甚明确的情况，在预备试验中用得较多。

在多因素试验的预备试验中，可根据上述方法确定每个因素的水平，而后视情况决定调整与否。

(4) 正确选择试验指标 试验效应是试验因素作用于试验对象的反应，这种效应将通过试验中的观察指标显示出来。因而，试验指标的选择也是试验方案中应当认真对待的问题。在确定试验指标时应考虑如下因素。

① 选择的指标应与研究的目的有本质联系，能确切地反映出试验因素的效应。

② 选用客观性较强的指标。最好选用易于量化，即经过仪器测量和检验而获得的指标。若研究中一定要采用主观指标，则必须采取措施以减少或消除主观因素影响。

③ 要考虑指标的灵敏性与准确性。应当选择对试验因素水平变化反应较为灵敏而又能够准确度量的指标。

④ 选择指标的数目要适当。在食品试验研究中，试验指标数目的多少没有具体规定，要依研究目的而定。选用的指标要能反映试验效应的本质。指标不是越多越好，但也不能太少。因为如果试验中出现差错，同时指标又很少，这会降低研究工作的效益，甚至使整个研究工作半途而废。总之，经过对试验指标的比较分析，要能够较为圆满地回答试验中提出的问题。试验指标应当精选，与研究目的密切相关的不应丢掉，而无关的指标不宜列入，否则会冲淡主题，影响研究结果。

(5) 试验方案中必须设立作为比较标准的对照处理 根据研究目的与内容，可选择不同的对照形式，如空白对照、标准对照、试验对照、互为对照和自身对照等。

(6) 试验方案中应注意比较间的惟一差异原则 这是指在进行处理间比较时，除了试验处理不同外，其他所有条件应当一致或相同，使其具有可比性。只有这样，才能使处理间的比较结果可靠。例如，在对某种鲜果喷洒激动素以提高其保鲜性能的试验中，如果设喷激动素（A）和不喷激动素（B）两个处理，则两者的差异含有激动素的作用，也有水的作用，这时激动素和水的作用混杂在一起解析不出来。若加喷水（C）的处理，则激动素和水的作用可以分别从A与C及B与C的比较中解析出来，因而可进一步明确激动素和水的相对重要性。

（7）拟订试验方案时必须正确处理试验因素和试验条件间的关系　一个试验中只有试验因素的水平在变动，其他条件因素都保持一致，固定在某一水平上。根据交互作用的概念，在一定条件下某试验因素的最优水平，换了另外一种条件可能不再是最优水平；反之亦然。因此，在拟订试验方案时必须做好试验条件的安排，要使试验条件具有代表性和典型性。

（8）预备试验　对一些较为复杂的、重大的、技术难度较高的试验，应考虑先做预备试验。通过预备试验，一方面可使试验人员熟练掌握操作方法和程序；另一方面，通过分析预备试验所得到的数据资料可检查试验设计的科学性、合理性和可行性，发现问题及时纠正。

此外，在一个试验方案中还应明确试验是全面试验还是部分实施，试验的次序步骤、操作规程、怎样控制误差、收集试验数据的方式，以及统计分析方法等。

1.7.2　试验方案

试验方案是根据试验目的和要求而拟定的进行比较的一组试验处理的总称，是整个试验工作的核心部分。因此，要经过周密的考虑和讨论，慎重拟定。主要包括试验因素的选择、水平的确定等内容。

试验方案按其试验因素的多少可区分为以下3类。

（1）单因素试验方案　单因素试验（single factor experiment）是指在整个试验中只变更比较1个试验因素的不同水平，其他作为试验条件的因素均严格控制一致的试验。这是一种最基本最简单的试验方案。例如，某试验因素A在一定试验条件下，分3个水平A_1、A_2、A_3，每个水平重复5次进行试验，这就构成了一个重复数为5的单因素3水平试验方案。

（2）多因素试验方案　多因素试验（multiple-factor or factorial experiment）是指同一试验方案中包含2个或2个以上的试验因素，各个因素都分为不同水平，其他试验条件均应严格控制一致的试验。多因素试验方案由所有试验因素的水平组合数构成。安排时有完全试验方案和不完全试验方案两种。

① 完全试验方案。完全试验方案是多因素试验中最简单的一种方案，处理数等于各试验因素水平数的乘积。如有A、B两个试验因素，各取3个水平，即A_1、A_2、A_3和B_1、B_2、B_3，全部水平组合数（即处理数）为$3 \times 3 = 9$。即

$$A_1B_1 \qquad A_1B_2 \qquad A_1B_3$$
$$A_2B_1 \qquad A_2B_2 \qquad A_2B_3$$
$$A_3B_1 \qquad A_3B_2 \qquad A_3B_3$$

如果每个处理做两次试验，则$3 \times 3 \times 2 = 18$次，试验构成了1个重复数为2的完全试验方案。完全方案中包括各试验因素不同水平的一切可能组合。这些组合全部参加试验，这便是前面所述的全面试验。全面试验能够很好地揭示事物的内部规律。其主要缺点是在处理数较多，特别是因素个数和水平数较多时，方案过于庞大，在人力、物力、财力和场地等方面一般难以承受。因此，全面试验应在因素和水平都较少时用。

② 不完全试验方案。在全部水平组合中挑选部分有代表性的水平组合获得的方案称为不完全方案。"正交试验"就是典型的不完全方案，将在第7章介绍。多因素试验的目的一般在于明确各试验因素的相对重要性和相互作用，并从中选出1个或几个最优水平组合。

（3）综合性试验方案　综合性试验（comprehensive experiment）也是一种多因素试验，

但与上述多因素试验不同。综合性试验中各因素的各水平不构成平衡的水平组合，而是将若干因素的某些水平结合在一起形成少数几个水平组合。这种试验方案的目的在于探讨一系列供试因素某些水平组合的综合作用，而不在于检测因素的单独作用和相互作用。单因素和多因素试验常是分析性的试验，综合性试验则是在对于起主导作用的那些因素及其相互关系基本弄清楚的基础上设置的试验。它的水平组合是一系列经过实践初步证实的优良水平的配套。例如选择一种或几种适合当地的综合性优质高产技术作为试验处理与常规技术作比较，从中选出较优的综合性处理。

试验方案是达到试验目的的途径。一个周密而完善的试验方案可使试验多、快、好、省地完成，获得正确的试验结论。如果试验方案拟订不合理，如因素水平选择不当，或不完全方案中所包含的水平组合代表性差，试验将得不出应有的结果，甚至导致试验的失败。因此，试验方案的拟订在整个试验工作中占有极其重要的位置。

1.8　试验误差及控制

在试验中，由于各种因素的不同影响，使任何一个试验数据都包含有试验误差。误差的大小决定着试验数据的精确程度，直接影响着试验结果分析的可靠性。试验设计的主要任务之一就是减少、控制试验误差，从而提高对试验结果分析的精确性和判断的准确性。

1.8.1　试验误差的来源

在试验过程中，哪些因素可造成试验误差，是一个复杂的问题。对于每一个具体的试验，产生误差的原因虽然各不相同，但综合起来可大致概括为试验材料、测试方法、仪器设备及试剂、试验环境条件和试验操作等方面。

（1）试验材料　在试验中，所用的试验材料在质量、纯度上不可能完全一致，就是同一产地或同一厂家生产的同批号的同一包装内的产品有时也会存在某种程度上的不均匀性。可见，试验材料的差异在一定范围内是普遍存在的。这种差异会对试验结果带来影响而产生试验误差。

（2）测试方法　试验中所用化验、检测等方法有时不能准确反映被测对象化学体系的性质，因而产生误差，这种误差也称为方法误差。其原因是方法不完善、样品及试剂的性质和反应的特性所引起的。例如，由于指示剂不能准确地标示反应的终点或由于沉淀物在溶液中和洗涤过程中发生溶解或产生"共沉淀反应"等，均属于方法误差。此种误差是化验、检测分析中最为严重的误差。因此，分析工作者必须了解和掌握种种测试方法的原理和特点，从而消除误差。

（3）仪器设备及试剂　由于所用仪器、试剂不合格或者所用的仪器的精度有限，长期使用造成仪器的磨损，仪器也可能未调整到最佳状态等都将产生误差。例如天平及砝码、玻璃量器未经校正；比色计的波长或比色皿光径不准确；试剂的纯度不符合要求等都会造成很大误差。即使仪器校准了，也不可能绝对精确，试验中也会有偏差。另外，试验中有时需要同时使用几台设备，就是同一工厂生产的同一型号的设备，各台之间在某些方面也会存在差异。有时，同一台设备，如同一台电烤炉，炉膛内的不同部位的温度也是有差异的。因此，仪器设备乃至试剂误差是客观存在的，有的是不可避免的。在试验中，合理地进行操作，使用校正过的仪器和精制的试剂就可减少或消除这种误差。

（4）试验环境条件　环境因素主要包括温度、湿度、气压、振动、光线、空气中含尘量、电磁场、海拔高度和气流等，构成环境条件的这些因素是复杂多变的，且难以控制。环境条件的变化对试验结果的影响是十分重要的。当其与要求的标准状态不同，以及在时间、空间上发生变化时，可能会使原试验材料的组成、结构、性质等发生变化，也会影响测量装置的性能，使其不能在标准状态下工作，从而引起误差。特别是在试验周期长时，试验结果受环境影响的可能性更大。

（5）试验操作　试验操作带来的误差是由操作人员引起的，是由于操作人员操作不正规或生理上的差异所造成的。例如，操作人员生理上的最小分辨率、感觉器官的生理变化以及反应速度和固有习惯等。有的人在读数时偏高或偏低，终点观察超前或滞后都会引起误差。另外，有些试验是由几个操作人员共同完成的，而操作人员之间的业务及固有习惯是有差异的，这些都会带来操作误差。

以上讨论了产生误差的可能原因。在实际试验中，误差的产生往往是由于多种因素综合作用造成的，而这些因素之间存在着相互影响，情况比较复杂。上面的讨论只是为寻找误差的来源指出了可能的大致方向，在实践中应对具体情况作具体分析。

1.8.2　试验误差控制

在试验中，必须严格控制试验干扰，尽量减少试验误差。控制和消除试验干扰的主要方法就是严格遵循试验设计的 3 个基本原则。下面针对误差的性质及其产生原因进一步介绍消除、控制误差的方法。

按照误差的性质，试验误差可分为 3 类，即随机误差、系统误差和疏忽误差。关于前两者的意义已在 1.6 节作了介绍。所谓疏忽误差是指明显歪曲测量结果的误差，又称粗心误差或过失误差。其产生的原因主要是由于技术不熟练，测量时不小心或外界的突然干扰（如突然振动，仪器电源电压的突然变化）以及操作人员粗心大意、操作不当而造成。如测错、记错、读错、算错、试验条件未达到预定要求而匆忙进行试验，配错试剂、搞错标本等都会带来疏忽误差。

（1）疏忽误差的控制　此种误差多因操作者责任心不强或粗心大意造成。所以，主要是加强测试人员的责任心；建立健全必要的规章制度，训练技术人员使之具备测试人员应有的科学态度和良好的工作作风；严格遵守操作规程，认真细致把握每一环节，杜绝过失所致的差错。含有疏忽误差的观察值是异常值，计算时应将其舍弃。

（2）系统误差的控制　对于系统误差，有些情况下可通过随机化将其消除，使系统误差转化为随机误差，或遵照"局部控制"的原则设置区组估计系统误差，进而将其剔除。然而，造成系统误差的原因是多方面的。测试过程中的系统误差主要来源于测定方法本身、仪器或试剂和操作者 3 方面。一般检测系统误差若在误差允许范围内，则不必校正。否则，可采用以下方法进行校正。

一是对照试验。进行对照试验时，可用已知结果的样品对照，或用其他测定方法对照，也可由不同分析人员或单位测定对照。

① 用标准样品进行对照。选制成一批成分均匀的样品，分送到实践经验丰富的单位，用可靠的方法测定，将测定结果集中起来，用统计方法处理数据，由参加单位评定，得到公认的测定结果，即得标准样的"标准值"。有时也用基准物配制成标准溶液，按某种样品的组成组合，得到合成样品溶液。

利用标准样品检验或校正测定结果，一般采取下列几种方法。

a. 进行某样品测定前，先测定 1～2 份已知含量的标准样品，如所得结果符合误差要求，则说明测定方法和仪器情况正常，这样，以后正式测定样品时，一般都不会超差。

b. 制备分析质量控制图，然后，在分析成批样品时，可有意识地插入若干份标准样品，并在相同的条件下进行测定，检验这些已知标准样品的结果，如果在控制限以内，说明这一批样品的测定结果是可靠的。

c. 在进行测定方法的试验研究中，当拟订出新的测定方法后，测定若干份标准样品，如得到满意的结果，说明这种测定方法可用于实践。

d. 利用标准样品，求得"校正系数"或方法回收率。有时对标准样品的测定结果普遍偏高或偏低，以致超差，这说明所用方法有系统误差，可用计算校正系数或方法回收率的办法来消除系统误差。

② 用标准对照。用国家标准方法或公认为可靠的"经典"测定方法与所选用或拟定的测定方法测定同一份样品进行对照，如果符合误差允许范围，表明所选用或拟定的测定方法适合现时标准的要求。这样的测定方法可认为是基本可靠的。

二是空白试验。空白试验就是在不加入试样的情况下，按与测定试样相同的条件（包括相同的试剂用量、相同的操作条件）进行的试验。如果试剂不纯、蒸馏水不纯或者从容器中引入杂质，通过空白试验就可得到 1 个一定的空白测定值。从试样的测定结果扣除此空白值，就可以提高测定结果的准确度。即

$$被测组分含量＝样品测定值－空白值$$

此时，应注意空白值不能超过一定数值。如果空白值很大，从测定值中扣除空白值来计算往往造成较大的误差。在这种情况下，应通过提纯试剂和选用适当的器皿来解决。

（3）随机误差的控制　适当增加样本含量或处理的重复数可降低随机误差。如在食品理化检验中测试某一样品时，重复测定，取其平均值是减小随机误差的有效方法，测量次数越多，均值的随机误差越小。但是，误差的大小是和测量次数的平方根成反比的，例如测定 3 次、6 次、9 次、…，其均值误差相应减至原误差的 0.58、0.41、0.33、…。当测定次数接近 10 次左右时，即使再增加测定次数，其精确度也无显著性增加。当测定次数达 20～30 次时，则与 $n=\infty$ 相接近了。由此可见，过多地增加测定次数，收效并不大。所以，通常测定次数取决于分析的目的。如果为了评价某一方法，测定 10～20 次即可；若是标定某标准溶液的浓度，需要进行 3 次或 4 次；而一般分析只需进行 1～3 次。

复 习 思 考 题

1. 简述试验设计与数据处理学科发展的历史和现状及其在工农业生产上的作用。
2. 试验研究的主要内容有哪些？
3. 简述试验设计的基本要求和注意事项。
4. 举例说明什么是试验的指标、因素和水平。
5. 简述试验设计的基本原则。
6. 名词解释：总体与样本，参数与统计量，准确性与精确性，随机误差与系统误差，算术平均数，中数，众数，几何平均数，调和平均数，极差，方差，标准差，变异系数。
7. 如何拟定一个试验计划？什么叫试验方案？拟定试验方案的要点是什么？
8. 试验误差的来源有哪些？如何控制试验误差？

第2章 统计软件 SPSS 概述

教学目标

1. 熟悉 SPSS 11.0 for Windows 的基本特点，对系统运行环境的基本要求，安装、启动和退出方法。

2. 熟练掌握 SPSS 11.0 for Windows 窗口操作和参数设置基本方法。

2.1 SPSS for Windows 的基本特点

SPSS 公司自 1972 年正式成立以来，不断推出 SPSS 软件的新版本，从最初的 SPSS/PC+ for DOS 到 SPSS 6.0 for Windows、SPSS 7.x for Windows、SPSS 8.x for Windows、SPSS 9.0 for Windows、SPSS 10.x for Windows 和 SPSS 11.x for Windows。随着版本的不断更新，软件功能不断完善，操作越来越简便，与其他软件的接口也越来越多。现在的 SPSS 软件，不仅仅是能实现统计功能，还能将分析结果用数种清晰简练的表格和数十种生动形象的二维、三维图形来表达，真正做到了实用与美观的统一。

SPSS 软件风靡全球，并为各个领域的用户所欢迎，原因在于它具有下列特点：

① 具有和其他 Windows 应用软件相同的特点，如窗口、菜单、对话框，可以用鼠标的操作来完成，因此易学易用。

② 具有强大的数据操作功能，能支持全屏幕的变量定义、数据输入、数据编辑、数据变换和整理。

③ 是一种开放型的统计软件，能够读取 ASCII 文件、DBF 数据库文件、Excel 电子表格文件、MSAccess 数据文件等十几种其他软件制作的数据文件类型。

④ 用户界面富亲和力（User's friendly），大部分的统计分析程序是通过"菜单"、"按钮"、"对话框"的操作完成，无需花时间记忆大量的命令和编写程序。

⑤ 提供基础统计（Basic Statistics）、专业统计（Professional Statistics）、高级统计（Advanced Statistics）等几十种统计方法，能满足不同领域的统计人员的需要。

⑥ 能复制、编辑、修饰多种统计图表。

⑦ 丰富的指导协助功能是初学者学习 SPSS 的助手。

⑧ 用户可以根据自己的需要，根据硬件的配置情况，自由选择模块来安装。

⑨ 用户也可以自己编写 SPSS 说明，来进行数据统计分析工作。

⑩ 具有其他 Windows 软件的共同特点，便于 Windows 用户使用。

2.2 SPSS for Windows 对环境的需求

2.2.1 对硬件的要求

SPSS 11.0 for Windows 对硬件的要求取决于用户所需要的功能模块和分析模块。下面我们先了解一下 SPSS 11.0 for Windows 各功能模块对硬件的要求，如表 2-1 所示。

由于 SPSS 主要用途为大型数据库导向，它的运算一般涉及的数据量比较大，因此一般需要有较大的内存，而且如果用户还要进行多变量因素分析、群集分析之类的大运算量的分析，计算机至少要具备：①16MB 的内存；②Pentium 系列处理器（运行速度 90MHz 及以

表 2-1 功能模块对硬件的要求

功能模块的名称	11.0 版的存储空间	功能模块的名称	11.0 版的存储空间
Sample data	1MB	Production mode facility	1MB
Help files	11MB	Statistics coach	2MB
Basic scripting	2MB	Syntax guide	16MB

上）；③典型安装需要 80MB 以上的硬盘空间；④安装时需配备 CD-ROM 驱动器；⑤显示器要求 800×600 像素及以上的分辨率；⑥若需要与 SPSS 服务器运行连接，需配置 TCP/IP 网络传输协议的网络服务器。

2.2.2 对系统的需求

① 操作系统为 Windows95、Windows98、WindowsNT4.0 或 Windows2000。SPSS 11.0 目前没有中文版。若需要在程序中用户输入的部分使用中文字，则应安装中文版操作系统。

② 目前在 Linux 操作系统下还不能使用 SPSS。

2.3 SPSS 11.0 for Windows 的安装、启动和退出

2.3.1 SPSS 11.0 for Windows 的安装

SPSS 是一个集成软件，由若干组件组成，完全安装需要 50MB 左右的硬盘空间，用户可以根据自己的工作需要、计算机的配置情况，灵活地选择 SPSS 的组件。但是对于 SPSS 8.0 以上的版本，建议使用 PentiumⅡ以上的 CPU、16MB 以上的内存、SVGA 显示器。

SPSS 11.0 for Windows 软件包的安装过程很简单，用户可在安装向导的指导下完成，其安装过程如下。

Step1：启动计算机（操作系统为 Windows95、Windows98 或 Windows2000），将含有 SPSS 11.0 for Windows 软件的光盘插入光盘驱动器中。

Step2：在桌面上双击【我的电脑】图标。

Step3：选择光盘驱动器名称，并双击。

Step4：找到 SPSS 文件夹，双击。

Step5：找到 setup.exe 安装程序，双击则进入安装向导图，见图 2-1。

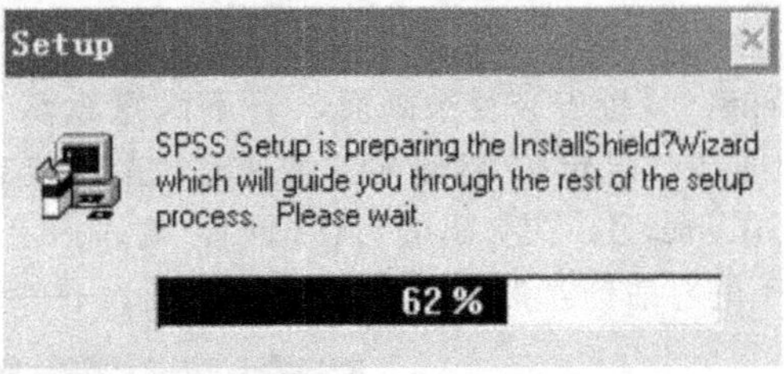

图 2-1 SPSS 11.0 安装启动画面

Step6：图 2-2 显示安装欢迎信息，单击【Next】，进入下一步，见图 2-3。

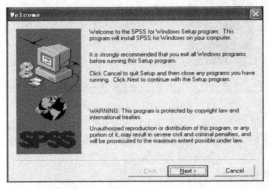

图 2-2 SPSS 安装欢迎界面

19

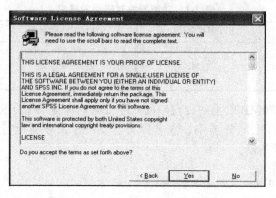

图 2-3　SPSS 11.0 安装许可协议

Step7：图 2-3 显示 SPSS 的注册信息，单击【Yes】，进入下一步，见图 2-4。

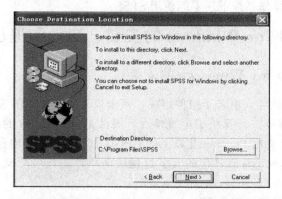

图 2-4　SPSS 11.0 安装路径设置界面

Step8：设置安装目录画面，若不满意默认安装目录，可按【Browse...】来改变安装目录。如图 2-4 指定安装路径，系统内是安装在 C:\ Windows\ ，如果要改变安装路径，按【Browse...】，在弹出的对话框中，输入指定路径，如输入 D:\SPSS 后，单击【OK】返回图 2-4 的对话框，然后单击【Next】进入下一步，见图 2-5。

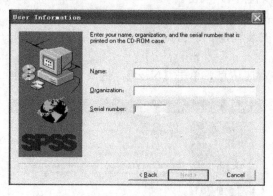

图 2-5　用户信息

Step9：在图 2-5 中输入用户信息，包括用户名称、公司名称、序列号，单击【Next】，进入下一步，见图 2-6。
Step10：如图 2-6 选择安装模式。
　◇ Typical（系统默认值）：典型安装，适合大多数用户。

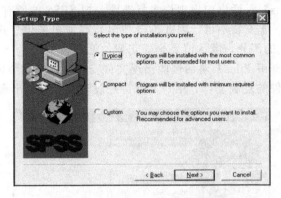

图 2-6 SPSS 11.0 选择安装模式

◇ Compact：压缩安装，也称"最小安装"，适合于计算机配备较低的用户。

◇ Custom：由用户自行定义安装，适合于高级用户。

◇ 选择 Typical：单击【Next】，进入下一步，见图 2-7。

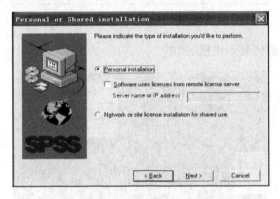

图 2-7 【Personal or Shared installation】对话框

Step11：如图 2-7 选择安装机型，【Personal or Shared installation】对话框可供选择单机安装或网络安装。

◇ Personal installation（系统默认值）：其意为应用于个人计算机。

◇ Network：网络环境。

一般用户只需选择默认选项 Personal installation 即可。单击【Next】，进入下一步，见图 2-8。

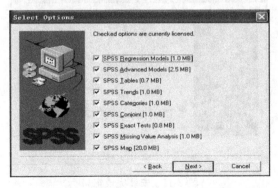

图 2-8 Product license codes 对话框

Step12：【Select Options】对话框内出现许多复选项，把 SPSS 的所有家族成员（Base 除外，因为 Base 为核心程序，非安装不可，因此不会列出）都列出来供您选择，您可依自己的情况需求自行选定要安装的部分，默认值是全部安装，见图 2-8。

Step13：【Ready To Install Files】对话框内出现文件安装位置及安装内容供我们确认，按下【Next】后随即进入文件的复制动作，用户需等待一段时间，直到出现图 2-9。

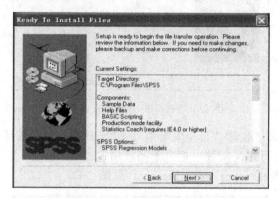

图 2-9　当前设置确认窗口

Step14：然后将显示安装情况，见图 2-10；

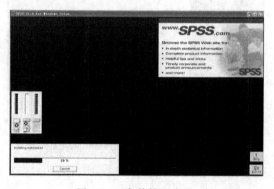

图 2-10　安装情况窗口

Step15：【Setup Complete】对话框见图 2-11。安装程序在本对话框内的两个复选项，是让安装者决定是否要在安装完毕紧接着使用在线浏览教学或阅读自述文件。

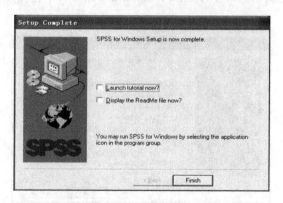

图 2-11　安装完成窗口

◇ Launch tutorial now：运行在线浏览教学。

◇ Display the ReadMe file now：显示自述文件。

文件复制完毕后回到主画面，可自行选择是否安装其他各项软件，例如：Acrobat Reader 4.0 软件，SPSS 内高级的语法命令说明都是以 Acrobat Reader 4.0 文件格式存放，用户可自己决定是否要安装，Acrobat Reader 软件也可在很多 Internet 网页上免费下载。

2.3.2　SPSS 11.0 for Windows 的启动

Step1： 在开机启动 Windows 之后，在屏幕左下方用鼠标按下"程序"，再选择"SPSS for Windows"，最后选择"SPSS 11.0 for Windows"，即开始运行 SPSS 11.0 for Windows，并显示版本提示画面，如图 2-12、图 2-13 所示。

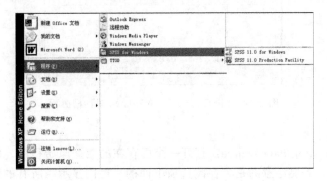

图 2-12　启动 SPSS 11.0 for Windows 软件包画面

图 2-13　显示版本提示画面

Step2： 在提示画面之后出现的是 SPSS 文件对话框，对话框中共有 6 个选项，如图 2-14 所示。图 2-14 所示的对话框中的"What would you like to do?"栏内共 6 个选项，选择不同的选项，将会打开不同类型的文件，除了这 6 个选项之外，在对话框的最下端，还有复选项"Don't show this dialog in the future"。如选择此复选项，则在今后打开 SPSS 11.0 for Windows 时，将不会再显示对话框，否则在每一次打开 SPSS 11.0 for Windows 时都会出现此对话框。

下面我们逐一讲解对话框中的 6 个选项分别代表何种类型的文件。

① Run the tutorial：可以运行操作指导。如果选择此项，就可以浏览操作指导。

② Type in data：在数据窗口输入数据选项。若选择此项则将显示数据编辑窗口，等待输入数据来建立新数据文件。

③ Run an existing query：运行一个已存在的文件选项。在用户选择此项之后，就会让用户选择一个 *.sqp 文件。

④ Create new query using Database Wizard：使用数据库向导来重建一个新的文件

23

图 2-14　SPSS 11.0 for Windows 对话框画面

选项。

　　⑤ Open an existing data source：打开一个已存在的数据原始程序。使用该选项能打开一个 *.SAV 文件。需要注意的是，在此选项下面的一栏内显示了所有的数据文件列表，用户可以直接在列表中选择需要打开的文件。

　　⑥ Open another type of file：打开一个其他类型的文件。

　　用户根据自己的需要，在以上的几项中选择，然后单击【OK】按钮就可以继续工作了。

2.3.3　SPSS 11.0 for Windows 的退出

　　SPSS 有 5 种退出方法，用户可根据自己的喜好选择任何一种。

　　① 单击 SPSS Data Editor 窗口最右上角的关闭按钮。

　　② 选择 SPSS Data Editor 窗口主菜单的"File→Exit"命令。

　　③ 双击 SPSS Data Editor 窗口最左上角的窗口图标。

　　④ 单击 SPSS Data Editor 窗口最左上角的窗口图标，在显示出的菜单中单击关闭命令。

　　⑤ 直接按【Alt＋F4】组合键。

2.4　SPSS 11.0 for Windows 的系统运行环境

　　SPSS 11.0 for Windows 软件包同其他 Windows 的应用程序（例如 Word、Excel）一样，其工作环境是由窗口、菜单、对话框等组成，因此，学习 SPSS，要从认识这些基本组成开始。

2.4.1　基本概念

　　（1）窗口　在安装完 SPSS 11.0 for Windows 之后，可看出 SPSS 有几种不同类型的窗口，分别提供不同的操作环境和界面。常用的有 Data Editor（数据编辑窗，见图 2-15）、Result Viewer（结果输出窗）、Draft Viewer（草稿输出窗）、Pivot Table Editor（表格编辑窗）、Chart Editor（统计图表编辑窗）、Text Output Editor（文本编辑窗）、Syntax Editor（语法编辑窗）、Script Editor（程序编辑窗）等。我们首先设置系统的默认值和起始状态，这通过【Options】对话框来完成，见图 2-16。

24

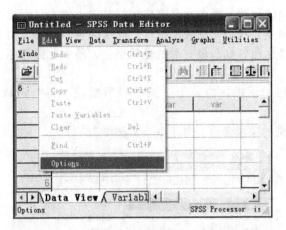

图 2-15 数据编辑窗

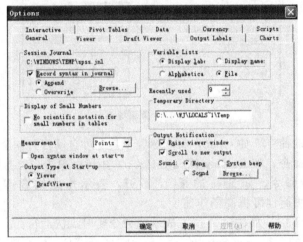

图 2-16 【Options】对话框

（2）窗口的基本结构 虽然每个窗口各有不同的用途，但每个窗口的结构大致相同，均由几个部分组成，见图 2-17。

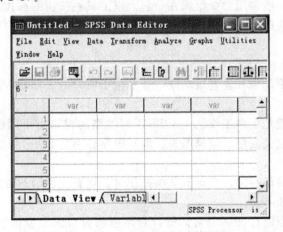

图 2-17 SPSS 窗口的基本结构画面

➢ 标题栏

标题字段位于窗口的顶端。最左边是窗口图标，单击它会显示出一个下拉菜单，其中包括各种窗口控制操作命令；双击它则关闭窗口。其次为窗口名称，由两部分组成，一是当前数据文件名，一是窗口标题名称。最右端的是最小化、最大化或还原、关闭窗口控制按钮。

➢ 菜单栏

主菜单位于标题栏的下端，由若干个菜单栏所组成，每个选取栏又包含若干个菜单指示。

• SPSS 有 5 种类型的菜单命令，如 File，见图 2-18。

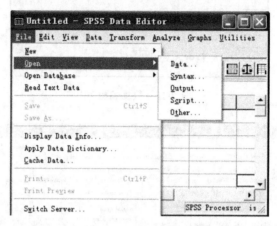

图 2-18　菜单类型

• 带有级联菜单的命令，如 Open，将光标置于其上可自动打开一个级联菜单。

• 带有 "…" 的命令，如 Display Data Info...，用鼠标单击，可打开一个对话框。

• 带有快捷键的命令，如 Save 的【Ctrl＋S】，表示按此组合键就相当于光标单击 "File→Save"，使用快捷键可提高操作速度。

• 浅灰色字体的命令，如 Save As...，表示该命令暂时无法运行。

命令中带下划线的字符，如 Save 的 S，表示在展开【File】菜单之后，在键盘上键入【S】相当于光标单击【Save】命令。

➢ 工具栏

每一个窗口都将一些常用命令组织在一起，以工具栏按钮的形式出现，用户只需单击某个按钮就可以运行相应的命令，是一种更快更容易的操作方式。用户可自行定义工具栏中的工具。

➢ 滚动条

滚动条分为水平滚动条和垂直滚动条，分别位于窗口的底部和右侧。

➢ 工作区

窗口中间的部分就是用户工作区。SPSS 不同类型的窗口有不同的工作区，用户可在工作区建立数据文件、定义变量、编辑图表、编写程序、书写 SPSS 帮助等。

➢ 状态栏

状态栏位于窗口的最底端，当运行某项操作时，状态栏显示与该操作有关的提示信息。

➢ 对话框（Dialog Boxes）

大多数的菜单命令能打开一个对话框，对话框和窗口的主要区别在于不能任意改变大小，只能在当前窗口中剪切或关闭。用户在对话框中选择要分析的变量、设置参数，然后提交系统运行，即可完成 SPSS 的大部分操作。图 2-19、图 2-20 显示两种常见的对话框形式。

26

虽然 SPSS 的对话框各不相同，但都由基本的项目组成，其功能将在后面的章节中陆续介绍。

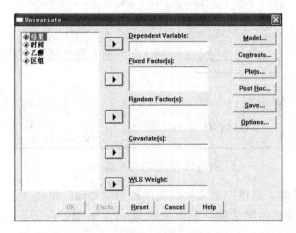

图 2-19　常见对话框形式（A）

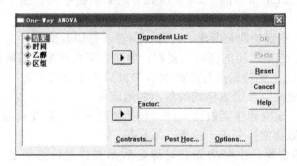

图 2-20　常见对话框形式（B）

2.4.2　数据编辑窗（Data Editor）

SPSS Data Editor 是一个集数据输入、数据编辑和变换、数据文件整理、统计分析、统计制图功能于一体的工作环境。

（1）Data Editor 的打开和关闭

➢ 启动

每次启动 SPSS 软件时，数据编辑窗就会自动打开，见图 2-21，此时系统默认的数据文件名是 Untitled。如果保存生成的数据文件或打开一个已有的数据文件，Untitled 就会被数据文件名取代。

➢ 更新打开

如果当前窗口中已有数据文件，那么选择"File→New→Data"命令，则关闭现有文件，重新打开一个数据文件。SPSS 一次只能处理一个数据文件，所以打开一个文件就意味着关闭另一个数据文件。

➢ 关闭

关闭 Data Editor 窗口，就意味着退出 SPSS，关闭方法同 SPSS 的退出方法（见 2.3.3 小节）。因此在未结束所有的操作前，不能随便关闭 Data Editor 窗口。

（2）Data Editor 的两个界面

➢ Data View 界面，是用户进行数据输入、数据编辑、数据文件整理的界面，见图 2-17。

27

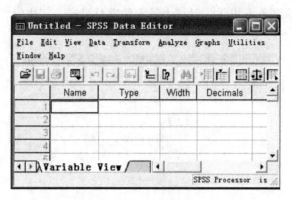

图 2-21　Variable View 界面

➤ Variable View 界面，是用户定义数据文件的变量界面，见图 2-21。

两个界面的切换方法是单击窗口左下角的 Data View 和 Variable View 选项卡，选中的选项卡以高亮度形式显示。

（3）SPSS Data Editor 的功能　Data Editor 的菜单栏中共包括十组菜单，主要的功能如下。

➤ File：文件管理。主要功能是新建、打开、保存、打印数据文件。

➤ Edit：数据编辑。包括常用的删除、复制、剪切、查找数据等编辑命令。

➤ View：视图管理。主要功能是对系统默认的窗口界面进行修改，包括状态栏或工具栏的隐藏和显示、字体定义、数据表格线的显示和隐藏等。

➤ Data：数据管理。建立和整理数据文件，包括变量定义、新变量或样品的插入、样品排序、数据文件合并、数据文件分组、抽样、加权等。

➤ Transform：数据变换。主要功能是对原始数据文件进行必要的变换，包括计算、计数、重置代码、建立时间序列数据等。

➤ Analyze：包含所有的统计分析方法。

➤ Graphs：统计制图。包括条形图、圆形比例图等十几种图形的制作。

➤ Utilities：常用工具。包括变量或文件信息的显示、变量集的定义、菜单自行定义等功能。

➤ Window：窗口管理。可运行窗口最小化、多窗口切换的功能。

➤ Help：SPSS 的说明帮助系统。

SPSS 的操作基本上都可以在 SPSS Data Editor 中完成。

2.4.3　结果输出窗（SPSS Viewer）

SPSS Viewer 是 SPSS 大多数程序运行结果的显示窗口。一方面用户可在其中查阅统计分析结果；另一方面它也是一个文本编辑窗，用户除了可对输出文本进行修改、删除、拷贝、剪切、打印等操作外，还可将文本复制或剪切到其他文本编辑窗（如 Word）中，或者插入 Windows 其他软件的文本或对象。

（1）SPSS Viewer 的打开和关闭

➤ 自动打开

当用户运行一个 SPSS 的程序后，输出窗口就自动打开，图 2-22 显示此程序的运行结果，如果运行成功则显示该程序产生的结论、统计表、统计图等信息，如果运行失败则显示错误或警告信息等。

输出窗口第一次打开时系统默认文件名为 Output 1，并将每次的运行结果都输出到

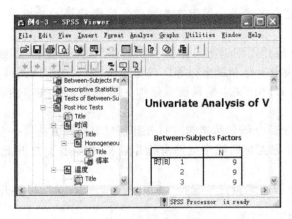

图 2-22 数据输出窗口

Output 1 中，直到用户关闭或打开新的输出窗口。如果用户保存时改名，则 Output 1 被新的文件名称所取代。

➢ 打开命令

用户可选择"File→New→Output"命令打开窗口，如果是第一次打开，系统默认为 Output 1，以后每次打开为 Output 2、Output 3、……。SPSS 允许可同时打开多个输出窗口。

➢ 关闭

直接按关闭按钮或选择"File→Close"命令即可关闭窗口。

（2）SPSS Viewer 的功能　SPSS Viewer 包括十项菜单，其中 Analyze、Graphs、Utilities、Window、Help 的功能与 Data Editor 相同，其余的如下。

➢ File：输出文件管理。主要包括输出文件的保存、页面设置、打印等功能。

➢ Edit：类似于 Word 的编辑功能，可进行文本的删除、复制、选择等，还可将 SPSS 的输出结果复制到其他文本编辑软件中（如 Word、记事本等）。

➢ View：视图管理。可对当前输出窗口的外观界面进行设置或修改，包括状态栏的显示或隐藏、内容的显示或隐藏、字体定义、视图的大小、大纲的折叠或展开等。

➢ Insert：插入操作。包括插入或删除分页符号、插入页眉、插入标题、插入文本、插入二维或三维图、插入 Windows 的对象类型（如图、幻灯片等）。

➢ Format：格式定义。设置输出内容的对齐方式：左对齐、居中对齐、右对齐。

（3）输出区　输出区分为左、右两部分。

➢ 大纲输出区。输出区的左边为输出大纲，大纲由若干个项目组成，包括程序名（如 File Information 表示运行 File Information 命令的结果）、Title（标题）、Notes（注释）、Text Output（文本）、Pivot Table（统计表）、Chart（统计图）、Log（日志）、Warning（警告信息）等。大纲可打开或折叠，用光标单击之可在两者间进行切换。

➢ 文本输出区。显示统计分析的结果，包括统计表、统计图、文本内容等。用户可拖动滚动条查看输出结果，或者直接单击左边的大纲项，则右边显示其相关内容，并附加一黑框表示选中，再选择菜单中的命令可运行拷贝、复制、剪切等编辑操作。

2.4.4　SPSS 的其他窗口

（1）Draft Viewer 文本输出窗　统计分析的结果以简单的文本形式显示输出，代替在 Viewer 中的表格形式，因此也称"草稿输出窗"。选择"File→New→Draft Output"命令可打开此窗口。

（2）Pivot Table Editor 表格编辑窗　修饰和编辑以表格形式输出的内容，如编辑文本、交换数据的行和列、建立多维表、编辑文本颜色、隐藏和显示结果等。在 Viewer 窗中双击输出表可显示此窗口。

（3）Chart Editor 统计图编辑窗　修饰和编辑显示的统计图，如建立 3D 立体图、编辑颜色、设置字体、交换横坐标和纵坐标等。在 Viewer 中双击统计图可打开此窗口。

（4）Text Output Editor 文本编辑窗　修饰和编辑输出的文本内容。在 Viewer 中双击文本可打开此窗口。

（5）Syntax Editor 命令语句编辑窗　打开此窗口有两种方法：一是选择"File→New→Syntax"命令；二是在完成对话框中的所有操作后按【Paste】打开此窗口（注意：这里不是按【OK】）。

（6）Script Editor 程序编辑窗　选择"File→New→Script"可打开此窗口。

2.4.5　多窗口操作

SPSS 在运行中可打开一个数据编辑窗口或同时打开多个窗口及其他窗口。如何控制多个窗口、解决多个窗口的安排和切换是必要的，有以下几种操作方式。

（1）层叠窗口　每次打开一个新的窗口时覆盖原来的窗口，然后选择主菜单 Window 菜单栏中窗口名进行切换。

（2）最小化窗口　在打开一个新的窗口时，先将原来的窗口最小化。当要切换不同的窗口时，单击在 Window 任务栏中的最小化图标即可。

2.5　SPSS 11.0 for Windows 的系统参数设置

在 Data Editor 窗口中选择"Edit→Options..."命令，可打开系统参数设置【Options】对话框，见图 2-23。【Options】对话框共有十个选项卡，分别是 General、Interactive、Pivot Tables、Data、Currency、Scripts、Viewer、Draft Viewer、Output Labels 和 Charts。如果要进行某一项内容的设置，单击选项卡即可。

2.5.1　一般参数设置（General）

选择"Edit→Options..."命令，打开【Options】对话框，单击【General】选项卡，见图 2-23。

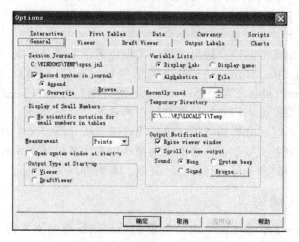

图 2-23　【General】选项卡

➢ Session Journal：设置运行日志文件，记录 SPSS 在运行期间的所有操作过程。

Record syntax in journal：是否将每次运行的语句记录到日志文件。

Append：追加写入上一次的日志文件末尾。

Overwrite：覆盖原日志文件。

Browse…：用户自定义日志文件名。

➢ Measurement：设置度量尺度，可选择的有如下几种。

Points：点。

Inches：英寸。

Centimeter：厘米。

➢ Open syntax window at start-up：启动时是否打开 Syntax 窗口。

➢ Output Type at Start-up：第一次打开的结果输出窗口。

Viewer：View 窗。

DraftViewer：Draft Viewer 窗。

➢ Variable Lists：变量列表栏。

Display lables：显示变量标签。

Display names：显示变量名。

Alphabetica：按字母顺序显示。

File：按在数据文件中出现的先后顺序显示。

系统默认"File"，按在数据文件中出现的先后次序显示变量。

➢ Recently used：最近打开的文件列表数。

系统默认值为 9，表示在菜单【File】的【Recently Used Data】菜单项中列出最近打开过的 9 个文件名称，方便用户选择而无需使用 Open 命令。

➢ Output Notification：输出注释。

Raise viewer window：追加显示在当前输出窗口中。

Scroll to new output：打开一个新的输出窗口。

2.5.2　输出窗口参数设置（Viewer）

输出窗口参数设置是指要在 Viewer 窗口中显示或隐藏的项目、文本显示的字体、页面尺寸等。单击【Viewer】选项卡，设置【Viewer】窗口的参数，见图 2-24。

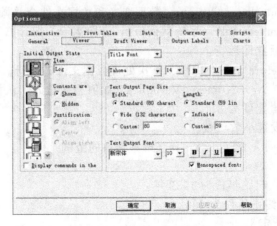

图 2-24　【Viewer】选项卡

➢ Initial Output State（设置输出内容）

Item：在大纲区显示的项目名称。包括 Log（日志）、Warning（警告信息）、Notes（注释）、Title（标题）、Pivot Table（统计表）、Chart（统计图）、Text Output（文本）。

Shown：在文本输出区显示项目的内容。

Hidden：在文本输出区不显示项目的内容。

系统内容 Log 和 Notes 为隐藏，其他项为显示。

➢ Justification（对齐方式）

Align left：左对齐。

Center：居中对齐。

Align right：右对齐。

➢ Title Font（标题的字体、字号、字形、颜色设置）

➢ Text Output Page Size（文本页面宽度、长度设置）

➢ Text Output Font（文本字体、字号、字形、颜色设置）

2.5.3　数据参数设置（Data）

单击【Data】选项卡，可设置数据参数，见图 2-25。

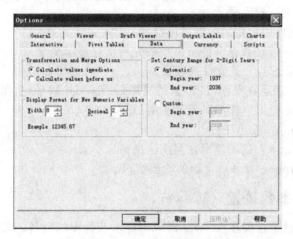

图 2-25　【Data】选项卡

➢ Transformation and Merge Options（数据变换和数据文件合并操作选项）

Calculate values immediately（系统默认值）：立即运行，即计算、读取数据、合并文件时均在单击【OK】之后立即运行。

Calculate values before used：保留到下次处理数据文件时运行。

➢ Display Format for New Numeric Variables（数值型变量的默认格式）

Width 8：设置变量宽度为 8。

Decimal Places：设置小数位数。

➢ Set Century Range for 2-Digit Years（设置年份的范围）

Automatic：自动。

Begin year：1933：起始年份为 1933 年。

End year：2032：终止年份为 2032。

Custom：用户自行定义。

Begin year：1933：起始年份为 1933 年。

End year：2032：终止年份为 2032 年。

2.5.4 数据型变量自定义格式参数设置（Currency）

SPSS 允许用户设置自己常用的数据型变量格式，单击【Currency】选项卡，见图 2-26。

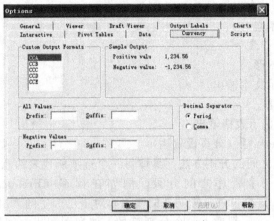

图 2-26 【Currency】选项卡

➢ Custom Output Formats（自定义输出格式）
包括五种，分别命名为 CCA、CCB、CCC、CCD、CCE。
➢ All Values（所有值的首尾字符）
Prefix：首字符，系统默认为空格。
Suffix：尾字符，系统默认为空格。
➢ Negative Values（负数的首尾字符）
Prefix：首字符，系统默认为"－"。
Suffix：尾字符，系统默认为空格。
➢ Decimal Separator（小数点符号）
Period（系统默认值）：使用圆点。
Comma：使用逗号。

2.5.5 设置草稿窗口参数（Draft Viewer）

【Draft Viewer】可以设置草稿观察窗口的各种参数。下面将分别介绍每个设置的作用和功能，【Draft Viewer】选项卡如图 2-27 所示。

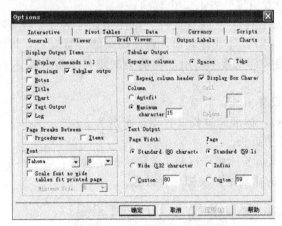

图 2-27 【Draft Viewer】选项卡

➤ Display Output Items 栏（显示输出项的设置栏）

Display commands in log：用来选择在日志中是否显示命令，即可以在日志中复制命令语句，也可以将命令语句保存以便以后使用。

Warnings：显示警告信息。

Notes：显示说明信息。

Title：显示标题。

Chart：显示统计图形。

Text Output：显示文本输出。

Log：显示运行日志。

Tabular Output：显示表格输出。

➤ Page Breaks Between 栏（分页设置栏）

在此栏内设置输出之间的分割方法，具体每一个选项所代表的意义如下：

Procedures：在每一个程序之间分页，例如在频率（Frequencies）统计和交叉表（Crosstab）之间分页。这个设置只影响新的输出，对于已产生的输出没有影响。

Items：在每个输出之间都插入一个分割符号，如在图和表之间插入分割符号。这个设置只影响新的输出，对于已产生的输出没有影响。

➤ Font 栏（设置字体栏）

在本栏内设置新的输出中采用的字体以及输出文字大小。系统默认值字体为"Taho-ma"，文字大小为"8"。

➤ Tabular Output 栏（列表输出栏）

Spaces：指定列宽和列分割符号的形式。

Tabs：如选择此项，则使用空格为分割元。

Repeat column headers：如选择此项，则对于占据多页的表格在每个页面上重复标题。

Display Box Character：如选择此项，则在单元格周围显示网格线。

➤ Column Width 栏（选择宽度、限制标签长）

若选择"Autofit"项，则对于表格输出相关所有的限制都会被消除，每一栏都设置为最大的列宽和最大的标签长度。

若选择"Maximum"项，则需在"Character"中设置列宽和标签的最大宽度。

➤ Cell Separators 栏（指定行分割元和列分割元）。

➤ Text Output 栏（文本输出栏）

Page Width 项，设置页宽。共有 3 个选项。

Standard (80 characters)：如选择此项，则使用标准的页宽设置项，每行为 80 个字符。

Wide (132 characters)：如选择此项，则使用大的页宽设置，每行 132 个字符。

Custom：用户自定义页宽选项。用户将期望的每行字符数输入右边空格中。系统默认值为 80。

Page Length 项，设置页长。共有 3 个选项。

Standard (59 lines)：标准的页长设置项，每页为 59 行。

Infinite：尽可能长的页长。

Custom：用户自定义页长。用户将期望的每页长度输入右边空格中。系统默认值为 35。

在设置完之后，单击【确定】按钮保存设置。

2.5.6 设置标签输出窗口参数（Output Labels）

通过【Output Labels】选项卡可以设置一些参数，如此一来当输出结果和数据透视表时，变量值与变量标签能够一起输出。【Output Labels】选项卡如图 2-28 所示。

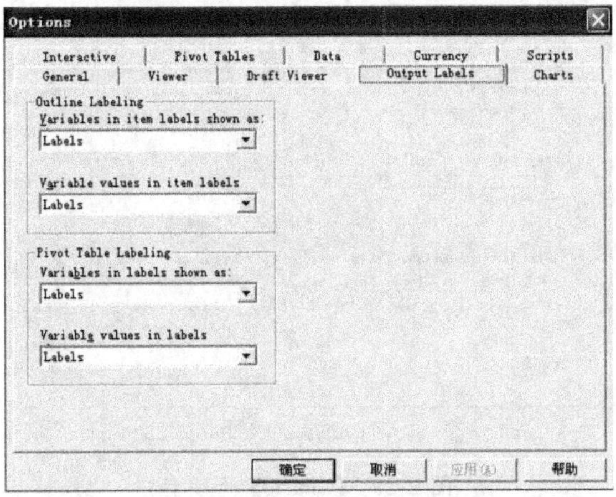

图 2-28 【Output Labels】选项卡

➤ Outline Labeling 栏（轮廓标签栏）

它用来设置在输出图形时是否使用标签。

Variables in item labels shown as：它控制在新的数据透视表中的变量名和描述性的变量标签的输出。已经输出的数据透视表不受影响。

Labels：如选择此项，则使用变量标签来标识每个变量。

Names：如选择此项，则使用变量名称来标识每个变量。

Names and Labels：如选择此项，则使用变量名称和变量标签标识每个变量。

Variable values in item labels：它控制新数据透视表中的数据值和描述性变量标签值的输出。已经输出的数据透视表不受影响。

Labels：如选择此项，则使用变量标签值来标识每个变量值。

Values：如选择此项，则使用变量值来标识每个变量值。

Values and Labels：如选择此项，则将变量值和变量标签值都用于标识每个变量值。

➤ Pivot Table Labeling 栏（数据透视表标签栏）

用来设置在输出图形时是否使用标签。

Variables in labels shown as：它控制新数据透视表中的变量名和描述性的变量标签的输出。已经输出的数据透视表不受影响。

Labels：如选择此项，则使用变量标签来标识每个变量。

Names：如选择此项，则使用变量名来标识每个变量。

Names and Labels：如选择此项，则将变量名和变量标签都用于标识每个变量。

2.5.7　设置图形输出的参数（Charts）

在【Charts】图形输出选项卡上可设置图形输出时的各种参数，选项卡如图 2-29 所示。

➤ Chart Template 栏（图形模板栏）

Use current settings：如选择此项，则对新的图形属性采用本选项卡中的设置。

Use chart template file：如选择此项，则使用一个图形模板来确定图形的属性。单击【Browse…】按钮来选择一个图形模板文件。如想生成一个图形模板文件，只需要生成一个具有所要求的属性的图形，然后将其保存即可。

➤ Current Settings 栏（当前设置栏）

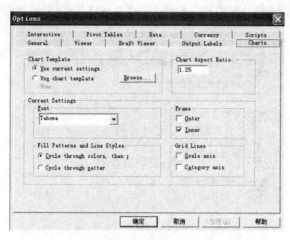

图 2-29 【Charts】选项卡

Font：在此栏内选择输出图形所采用的字体。系统默认为"Tahoma"。

➤ Fill Patterns and Line Styles（图形填充和线条样式栏）

Cycle through colors，then patterns：如选择此项，则使用系统默认的 14 种颜色的调色板，然后根据需要来增加颜色的选择。

Cycle through patterns：如选择此项，则使用样式来代替颜色。对于线图，共有 4 种类型的线和 4 种线宽，共有 16 种样式。对于条形图、圆饼图，共有 7 种样式。对于散点图，共有 28 种标记类型。

➤ Chart Aspect Ratio 栏（图形宽高设置栏）

在空白处输入要求的宽高比数值。系统默认的宽高比为"1.25"。

➤ Frame 栏（框架栏）

Outer：如选择此项，就会为整个图形画一个边框，包括标题和图例。

Inner：如选择此项，就会为输出的图形部分画出边框。

➤ Grid Lines 栏（单元格栏）

Scale axis：如选择此项，就会在线上标示刻度。

Category axis：如选择此项，就会标示分类。

2.5.8　设置交互式图形窗口参数（Interactive）

通过【Interactive】交互式图形参数设置选项卡可以设置交互式图形的各种参数，【Interactive】选项卡如图 2-30 所示。

➤ ChartLook 栏（图形外观样式栏）

在此栏内可以选择系统所提供图形输出时的外观格式。用户可以单击【Browse…】来选择格式所在的目录，再在目录中的外观格式中选定所需要的外观格式。

➤ Data Saved with Chart 栏（保存图形的数据域）

Save data with the chart：如选择此项，当生成图表的数据文件与图表分开时，控制信息与交互式图形一起保存起来。保存带有图形的数据，用户就可以使用图形绝大多数的交互式功能。但是，这将会迅速增大 Viewer 文件，特别是大型数据文件的大小。

Save only summarized data：如选择此项，就只保存综合数据。

➤ Print Resolution 栏（打印分辨率栏）：在此栏内可以设置打印输出时的分辨率。

High resolution bitmap：选择此项，可打印高分辨率的位图。

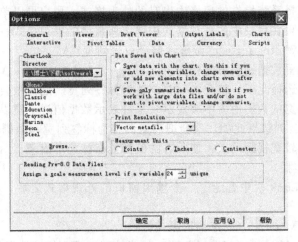

图 2-30 【Interactive】选项卡

Medium resolution bitmap：选择此项，可打印一般精确度的位图。

Low resolution bitmap：选择此项，可打印低分辨率的位图。

Vector metafile：选择此项，可打印向量元文件。

➢ Measurement Units 栏（测量单元栏）

在此栏内共有 3 种测量单位：Points（点）、Inches（英寸）和 Centimeters（厘米）。

系统的默认单位为英寸。如果用户需要使用高分辨率的图形，应采用点为单位。如果用户对分辨率的要求不高，一般使用系统默认值。

➢ Reading Pre-8.0 Data Files 栏（读取 8.0 以前版本的数据文件）

对于在以前版本中创建的 SPSS 数据文件，用户可以对数值型变量描述最小值，以便将数据分类或指明刻度。

2.5.9 设置数据透视表参数（Pivot Tables）

通过【Pivot Tables】数据透视表参数设置选项卡，可以设置新的表格输出外观。【Pivot Tables】选项卡如图 2-31 所示。

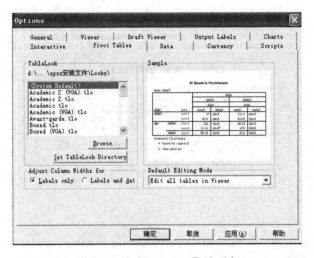

图 2-31 【Pivot Tables】选项卡

➢ TableLook 栏（表格外观栏）

在此栏内可以选择系统提供的表格输出时的外观格式。用户可以单击【Browse...】来选择格式所在的目录，再在目录中的外观格式中选定所需要的外观格式。

> Adjust Column Widths for 栏（调整数据透视表列宽栏）

在此栏内可以设置数据透视表的列宽。

Lables only：如选择此项，就会将列宽调整为标签列宽。这样做会使数据透视表看起来显得紧凑，但比标签宽的数据值就不被显示（星号表示数据值过于宽以至于不能被显示）。

Labels and data：如选择此项，就会把列宽调整为标签列宽和数据值列宽中较大的那一个。这样做产生了比较宽视野的表，使所有的值都能够被显示出来。

> Sample 栏（样本栏）

在左边的 TableLook 栏中选定了一个输出窗口的外观格式之后，在此框内显示已选择的外观格式的预览。

> Default Editing Mode 栏（内定编辑模式栏）

Edit all tables in Viewer：如选择此项，就能控制在观察窗口中的数据透视表或一个单独窗口。根据内定，双击数据透视表能控制观察窗口中的表。用户可以在一个单独的表中点选数据透视表或选择一个大小设置，从而在观察窗口中打开小的数据透视表或者在一个单独的窗口打开大的数据透视表。

Edit only small tables in Viewer：如选择此项，则在观察窗口仅能编辑小型的数据透视表。

Edit small and medium tables in Viewer：如选择此项，则在观察窗口仅能编辑小型的和中等大小的数据透视表。

Edit all but very large in Viewer：如选择此项，则在观察窗口中并不能编辑非常大的数据透视表。

Open all tables in a separate windows：如选择此项，则在一个单独的窗口打开表。

2.5.10　设置脚本窗口参数（Scripts）

通过【Scripts】脚本窗口参数设置选项卡，可以设置脚本窗口的各种参数。【Scripts】选项如图 2-32 所示。

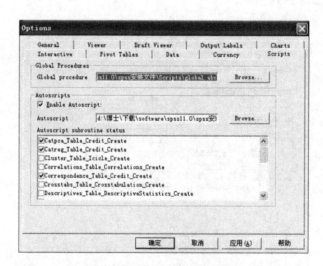

图 2-32　【Scripts】选项卡

> Global Procedures 栏（整体程序栏）

可选定一个整体程序文件。在编辑框中描述了一个整体程序文件，这个整体程序文件包含了由脚本和自动生成的脚本使用的子程序的函数。整体程序文件一般由软件内建。如果进行更动的话，可能有一些脚本不能运行。

➤ Autoscripts 栏（自动脚本栏）

在自动脚本栏可以建立一些脚本组合，并在以后运行某一输出时，自动运行这些脚本组合。

2.6 SPSS 11.0 for Windows 的基本运行方式

2.6.1 SPSS 11.0 for Windows 统计分析的一般步骤

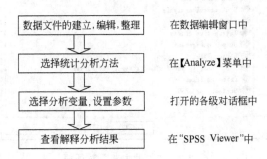

数据文件的建立,编辑,整理	在数据编辑窗口中
选择统计分析方法	在【Analyze】菜单中
选择分析变量,设置参数	打开的各级对话框中
查看解释分析结果	在"SPSS Viewer"中

2.6.2 SPSS 系统运行方式

SPSS for Windows 软件有 3 种运行方式，用户可根据自己的需要选择所熟悉的方式操作 SPSS。

（1）全屏幕窗口菜单运行方式　全屏幕窗口运行方式是指用户根据要运行的任务，在窗口中选择菜单，在下拉菜单中选择要运行的命令，在打开的各级对话框中选择要设置的参数或者要分析的变量，直至所有的对话框中的选择完毕，单击【OK】按钮交付系统运行。此种方式可完成 SPSS 大部分的统计分析，无需编程且较少需要输入，因此适合于初学者。本书以介绍这种方式为主。

（2）程序运行方式　程序运行方式是指用户在语法窗口（SPSS Syntax）中直接编写 SPSS 程序，然后运行（用"Run"命令）。这种方式适合于熟悉 SPSS/PC＋的用户。

（3）混合运行方式　混合运行方式是上述两种方式的结合。用户在对话框中选择好变量或参数之后，不是按【OK】按钮提交系统立即运行，而是按【Paste】按钮将整个操作过程转换成相应的 SPSS 命令语句，粘贴到 Syntax 窗口中，确认无需修改或者经编辑修改后，再用"Run"命令提交系统运行。

2.6.3 SPSS 的操作方法

SPSS for Windows 可用键盘或鼠标进行操作。键盘操作简单、方便，但需记忆大量组合键；光标操作简便，更适合于图形用户界面（Graphical user's Interface，GUI）。本书以介绍鼠标操作为主，并且规定"Analyze→K-Means Cluster"表示先按鼠标左键单击主菜单中的【Analyze】菜单栏，然后单击"Classify"菜单项，最后再单击【K-Means Cluster…】命令。

2.6.4 SPSS 帮助

对于初学者，熟练地使用 SPSS 中提供的帮助是最好的学习方法。SPSS 有 6 种帮助方式。

（1）使用帮助主题（Topic）　Topic 是以文本的形式显示帮助主题的有关内容。选择
"Help→Topic" 命令，打开 "帮助主题" 对话框，见图 2-33。

图 2-33　"帮助主题" 对话框

单击【目录】选项卡可以按目录检索，单击【索引】选项卡是按关键词进行检索。例如
要检索 "SPSS at a glance" 时：

① 单击 "SPSS at a glance" 左边的书标记或单击【打开】按钮；

② 单击 "SPSS at a glance"，在拉出的窗口中显示出检索内容。

（2）使用指导教师（Tutorials）　Tutorials 是图文并茂地展示主题内容、相关对话框等
操作步骤等的一个辅助界面，直观生动，是学习操作的好帮手，并且适合多媒体教学使用。

选择 "Help→Tutorials" 命令，打开【Tutorials】对话框，见图 2-34。

图 2-34　【Tutorials】对话框

图 2-35 的操作方法同 Topic，用户单击【Next】和【Previous】可向后或向前显示
内容。

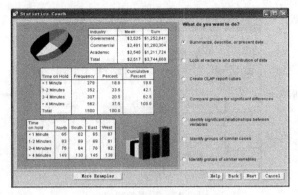

图 2-35 "统计教练"对话框

（3）使用"统计教练"（Statistics Coach）　Statistics Coach 是一个教授统计分析方法和分析结果解释的自学窗口，具有动画、图表形式自动播放功能，极为生动有趣。

选择"Help→Statistics Coach"命令，打开"统计教练"对话框，如图 2-35 所示，用户选择要练习的内容后（What do you want to do?），单击【Next】按钮可学习统计分析的每个步骤。单击【More Examples】按钮可显示更多的内容。

（4）使用 What's this?　在任何对话框中，在需要帮助或解释的文本框或按钮上，单击鼠标右键，再单击"What's This?"就会出现相关的解释，如图 2-36 所示。

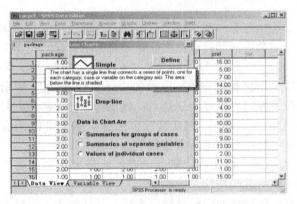

图 2-36 "What's This?"对话框

（5）使用【Help】按钮　在大多数的对话框中，都有【Help】按钮，单击就会显示关于此统计程序的相关知识。

（6）使用语法指南（Syntax Guide）　对于高级用户，学习并掌握 SPSS 语法的使用是非常重要的，Syntax Guide 就是最好的速查手册。

选择"Help→Syntax Guide"命令，打开层级菜单，包括 Base、Model、Advanced Model 三部分，单击选择项，可打开对应的帮助窗口。

2.7　数据文件的建立与操作

2.7.1　数据编辑窗口与数据文件

（1）数据编辑窗口　了解 SPSS 11.0 的强大功能后，本章将介绍数据文件的建立与操作。SPSS 11.0 for Windows 在运行之后，屏幕上将显示出数据编辑窗口，如图 2-37 所示，用户可以在此窗口中建立数据文件。下面简要介绍数据编辑窗口的构成及功能。

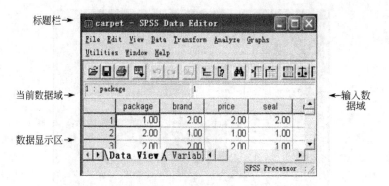

图 2-37　数据编辑窗口

① 数据编辑窗口的构成。数据编辑窗口主要由四部分构成：标题栏、当前数据域、输入数据域、数据显示区。

➤ 标题栏：当数据显示区为一个已保存过的数据文件时，标题栏将显示此文件的名称；当数据为一个新建的文件时，则标题栏将显示"Untitled-SPSS Data Editor"。如图 2-37 所示，标题栏显示为"carpet-SPSS Data Editor"。

➤ 当前数据域：在工具栏之下的两栏中，左边的即为当前数据文件栏。当前数据域中用分号分开了两个数字（或字符串），其中前一个为当前光标所在处的记录号，而后一个为其变量名称，见图 2-37。

➤ 输入数据域：在工具栏之下的两栏中，右边的一栏即为输入数据域。最初此处显示光标所在处的数据值，在用键盘输入新的数据之后，才将新输入的数据值写入数据显示区，并显示在此处。

➤ 数据显示区：数据显示区处于 SPSS 界面的中部，如图 2-37 所示。它类似于 Excel 表格，即在表格头部（横轴方向上）显示变量名，而纵轴方向上的最左端则为观察序号。如同 Word 表格中选定单元格一样，SPSS 数据显示区选定的单元格也显示为加黑的单元格，所选定的单元格中的数据值将显示于输入数据域中。

② 数据编辑窗口的功能。数据编辑窗口主要功能是编辑变量与观测值、数据编辑、定义系统参数。下面依次说明这些功能。

➤ 编辑变量与观测值：运行这种功能要使用光标，具体如表 2-2 所示。

表 2-2　Data 菜单的各项命令

命　令	功　能
对变量操作的命令	
Define Dates	定义与编辑日期变量或日期时间变量
Insert Variable	插入变量
对观测量操作的命令	
Insert Case	插入观测值
Go to Case	定位到指定的观测值
对文件操作的命令	
Sort Cases	按选定的变量对观测值排序
Transpose	对数据文件的转存
Merge files	合并数据文件
Aggregate	对数据进行分类与不分类的汇总
进行分析前的处理命令	
Split File	分散数据文件
Select Cases	选择观测值
Weighted Cases	加权处理观测值

➤ 数据编辑功能：运行这种功能要通过使用光标及【Edit】菜单中的命令来实现。具体如表 2-3 所示。

表 2-3　数据编辑菜单

命　令	功　　能	命　令	功　　能
Undo	删除刚输入的数据或者恢复刚修改的数据	Paste	将剪贴板中的数据粘贴到指定位置
Redo	恢复刚撤消的操作	Clear	清除选定的变量和观测值
Cut	将选定数据剪切到剪贴板	Find	查找数据
Copy	将选定数据拷贝到剪贴板		

（2）数据文件　我们可以使用【File】菜单中的"New"命令来建立一个数据文件，用【File】菜单中的"Open"命令来打开一个已存在的数据文件。

在数据编辑窗口中完成了变量的定义及输入工作之后，就产生了一个可以由 SPSS 11.0 for Windows 分析的数据文件，使用菜单【Edit】中的各项命令可以对数据文件进行处理。

如果我们想要保存数据文件，可以单击【File】菜单中的"Save Data"或"Save As"命令，在打开的对话框中指定保存的位置和文件名称。当然，我们也可以将数据保存为诸如数据库文件、ASCII 文件之类的其他文件格式。

2.7.2　常量、变量、观测值、操作符和表达式

（1）常量、变量

① SPSS 常量。SPSS 常量分为 3 种，即数值型、字符型和日期型。其中数值型常量的显示方式为一个数值；字符型常量表现为括在单引号或双引号中的字符串；日期型常量表现为按日期格式表示的日期、时间和日期时间。

➤ 数值型常量

数值型常量有两种书写方式：第一种为诸如 25、1643.5 的普通书写方式；第二种书写方式为科学计数法，即采用指数来表示数值，它的主要用途为表示特别大或特别小的数值，例如 1.34E10 表示 1.34×10^{10}、2.54E-2 表示 2.54×10^{-2}。用户可以根据自己的需要选择书写方式，但最好统一书写方式以便于检查错误。

➤ 字符型常量

字符型常量是由单引号或双引号括起来的一串字符，如果字符串中带"'"字符，则此字符常量应由双引号括起来，例如字符串 It's life。

➤ 日期型常量

日期型常量在 SPSS 中表现为特殊的格式，在下文中会详细介绍其格式及用法。

② SPSS 变量。SPSS 变量与数学中的定义类似，均指值可变动的量。但与一般数学中不同的是：除了定义变量名之外，在 SPSS 中还要定义它的其他四个属性，即变量类型（type）、变量标签和值标签（label）、误差值定义（missing value）、变量的列格式（column format）。在定义 SPSS 变量时至少应定义变量名和变量类型，而其他属性则可以采用默认值。下面将依次介绍如何定义一个变量。

➤ 变量名

对变量命名要遵循以下规则：

• SPSS 变量的变量名长度应少于 9 个字符。

• SPSS 变量的首字符必须为字母，在首字母以后的字符可为字母、数字或者为除"?"、"—"、"!"和"＊"以外的字符。还应注意的是：不能用下划线"＿"和圆点"·"作为变量名的最后一个字符。

- SPSS 的变量名称不能与 SPSS 的保留字（Reserved word）相同。SPSS 的保留字为 ALL、AND、BY、EQ、GE、GT、LE、LT、NE、NOT、OR、TO、WITH。
- SPSS 系统不区别变量名中的大小写字符，例如系统将 FAN 与 fan 看作是同一个变量。

➤ 变量类型与缺省长度

SPSS 变量共有三种类型，即数值型、字符型和日期型。数值型变量按不同的要求共分为 5 种，因此 SPSS 变量总共可分为 8 种类型的变量。系统默认为标准数值型变量（Numerical）。每种类型的变量由系统给出缺省长度。长度即指该变量表示的显示宽度，也就是该变量所占的字符长度。总长度应包含小数点和其他分界符。需要注意的是：系统的缺省变量长度可以通过【Edit】菜单中的【Options】来重新设置。下面我们将各种变量类型列表（表 2-4）加以介绍。

表 2-4 变量类型列表

SPSS 变量类型	系统内定长度	小数位数	输入方式	显示方式	范 例	
					输入	显示
Numeric	8	2	标准格式或科学计数法	标准格式数值变量原点表示小数点的数值	38.42	38.42
Comma	8	2	带逗点的数值或科学计数法	圆点为小数点，逗点为三位分割符号数值	1,343,438.1	1,343,438.1
Dot	8	2	带圆点的数值或科学计数法	逗点为小数点，圆点为三位分割符号数值	34.3434E2	3,434.34
Scientific Notation	8	2	科学计数法或标准格式	科学计数法	457.8E4	457.8E4
Date			日期格式非常多	显示格式非常多		
Dollar	8	2	可带 $ 或不带 $ 输入或科学计数法	有效数字前带 $ 以逗点为分割符号	$ 12343	$ 12343
Custom Currency						
String	8	无	一串字符串	一串字符串	believe	Believe

日期的格式有很多种，本书就日期格式仅介绍常用的几种。dd _ mmm _ yyyy 对应的是日 _ 月 _ 年，例如 1 _ dec _ 2000；dd.mm.yy 对应的是日．月．年，例如 29.12.99；hh：mm 对应的是时：分，例如 9:59；ddd:hh:mm:ss.ss 对应的是日数：时：分：秒．百分秒，例如 153:11:59:17.78。还有很多种其他的日期格式，读者如果需要，可到 www.spss.com 网站上去查询或者参考 SPSS 使用手册。

Custom Currency 是由用户自行定义，采用的方法是利用【Edit】菜单中的"Options"选项。

➤ 变量标签与变量标签值

变量标签（Variable Labels）：变量标签是为了进一步描述变量所表示的意义，特别是当变量名不能充分描述变量所表述的意义时。

变量标签值（Value Labels）：变量标签值是为了进一步说明变量的可能取值，它可以定义，也可以不定义。具体地说，如果变量取值为 grade 1、grade2、grade3、grade4，其分别表示大学学生的年级，则变量标签可为年级，而变量标签值对应变量取值为本科一年级、本科二年级、本科三年级、本科四年级。需注意的是，只有具有诸如中文 Windows 或中文平台的中文环境才能采用中文标签。

➤ 变量的格式

变量的格式包括显示宽度、对齐方式和误差值。显示宽度指变量显示在数据框中时变量所占的宽度。定义变量的格式需要注意的是格式长度既应大于定义变量类型时所定义的长度，又应大于变量名的长度。否则，变量名或者变量会显示不完全。变量的对齐方式分为三种：左对齐、右对齐和中间对齐。系统缺省的方式为数值型变量右对齐、字符型变量左对齐。在 SPSS 中变量还可以定义误差值（Missing Value），这是因为在实际统计过程中很可能产生遗漏和错误，而这些遗漏和错误则可以用误差值来规范。

（2）操作符与表达式　SPSS 11.0 for Windows 的运算共有三种，即数学运算、关系运算和逻辑运算。

① 算术操作符和算术表达式。算术表达式可以用来连接数值型的常量、变量和函数以构成算术表达式。它的运算结果为数值型的常量。在算术表达式中，还存在一个优先级的问题，SPSS 中的运算优先级排序为：按"括号→函数→幂运算→乘或除→加或减"依次递减的顺序，并且有着同一优先级的运算则应先运算左侧的部分。

② 比较操作符和表达式。如果比较关系成立，那么比较表达式的值为"真"（True），如果比较关系不成立，那么比较表达式的值为"假"（False）。进行比较的两个量要求是相同的类型，比较的结果为逻辑型变量。

③ 逻辑操作符和表达式。逻辑运算分为以下三种。

➢ "&"为逻辑"与"（And）运算，当"&"的前后两个量均为真时，逻辑表达式的值为"真"，否则，逻辑表达式的值为"假"。

➢ "｜"为逻辑"或"（OR）运算，当"｜"的前后两个量只要有一个为真时，逻辑表达式的值为"真"，否则，逻辑表达式的值为"假"。

➢ "～"为逻辑"非"（NOT）运算，"～"不同于逻辑"或"和逻辑"与"操作符，即它为前置操作符。如果"～"后的量为"真"，则运算结果为"假"。如果"～"后的量为"假"，则运算结果为"真"。运用逻辑操作符，可以构成复杂的逻辑表达式。用户在使用逻辑运算表达式时，一定要仔细判断其运算结果。

（3）如何定义一个变量　SPSS 11.0 for Windows 在变量的定义上与 SPSS 9.0 等早期版本有重大区别，SPSS 11.0 for Windows 定义变量可以直接在"SPSS Data Editor"上进行。我们首先单击左下角"Variable View"进入定义变量属性的界面，在此界面上可以定义变量名、变量的类型、变量的长度及小数位数、变量标签及其值签、变量的格式（包含显示宽度、对齐方式、误差值标签等）。定义变量属性的界面如图 2-38 所示。

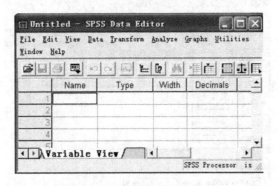

图 2-38　定义变量属性的界面

定义一个变量的步骤如下所述。

Step1： 在打开 SPSS 运行界面后，界面为 Data Variable，首先单击左下角的"Variable View"，就会显示如图 2-39 的界面。

Step2： 定义变量名

在图 2-39 中，单击"Name"所在列的第一行，就可以输入要定义的第一个变量的变量

45

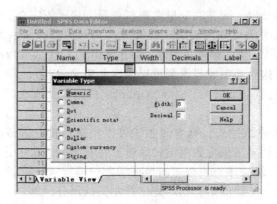

图 2-39　定义变量类型的对话框

名称。

Step3：变量类型的定义

在"Type"栏的第一行单击，会出现省略号，再单击省略号，就会出现定义变量类型的对话框。用户可以在此对话框选择变量类型及更改变量的长度和小数位数。在用户选择完变量类型并将变量长度及小数位数改为所需要的之后，单击【OK】按钮，即可回到图 2-39 的界面。定义变量类型的对话框如图 2-39 所示。

用户定义变量的长度和小数位数也可以直接在界面上的"Width"和"Decimal Places"处操作。

Step4：定义变量标签

在图 2-39 中将滚动条向右边移动之后，会显示出定义变量标签、变量标签值、误差值、显示列格式、对齐方式、测度类型的范例。首先我们定义变量标签，用户可以直接在表格处输入变量标签。

Step5：定义变量标签值

在"Values"栏内单击，可以看到出现了省略号，再单击省略号，就会出现定义变量标签值的对话框，如图 2-40 所示。

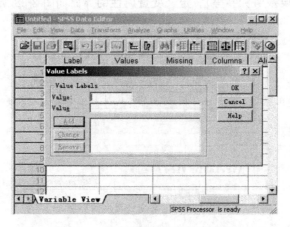

图 2-40　定义变量标签值的对话框

在图 2-40 的对话框中的第一框中输入变量的一个值，在第二框中输入对应的值标签而在第三框中显示标签列表。

例如，在定义"玫瑰颜色"变量的过程中，数值 1 代表白色，数值 2 代表红色，数值 3 代表黄色。那么先在第一个"Value"框内输入"1"，在第二个 Value 框内输入"白色"，然后按【Add】按钮，则列表框出现了一个值标签。随后，再在第一个 Value 框内输入"2"，在第二个"Value"框内输入"红色"，然后按【Add】按钮，列表框中增加了一个值标签，其显示为：2＝"红色"。依据类似的方法，可以加入第三项。

Step6：定义用户

在"Missing"栏单击会出现省略号，单击省略号就会出现【Missing Values】对话框如图 2-41 所示。

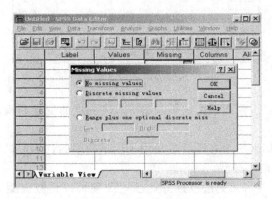

图 2-41　定义误差值对话框

用户应先选择一种误差值类型，然后进行具体定义。定义用户误差值的方法分为以下三种。

① No missing values，定义没有误差值。这是系统的缺省状态。如果当前所有变量的值均正确，无误差值，即可选择此项。

② Discrete missing values，离散的误差值。选择此项，就会出现下面的三个矩形框，在其中可以输入三个确定的或有可能出现的变量值。当然，也可以只定义一个或两个变量值。我们还是以"玫瑰颜色"变量为例，首先定义误差值为 4、5、6，即将这三个值输入三个矩形框内。当用户输入过程中输入了这几个数据之后，系统将之作为误差值来处理。

③ Range plus one optional discrete missing value，选定一个范围附加一个范围外值。选择此项，就会出现下面的三个矩形框。在"Low"框内，输入范围的下界，而在"High"框内输入范围的上界，在"Discrete"框内，输入一个范围外值。如果用户输入的值在范围之内或恰好等于范围外值，那么系统将把该值作为误差值处理。

在用户定义了误差值类型以后，单击【OK】按钮即进入图 2-39 所示的界面。

Step7：定义变量的显示格式

变量的显示格式的定义分为两方面：一是变量的显示宽度；二是变量显示的对齐方式。在如图 2-42 所示的界面上的"Columns"栏定义变量的显示宽度，在"Align"一栏定义变量显示时的对齐方式。

Step8：定义变量的显示宽度值

在表格中输入数值即可。定义变量的对齐方式，可单击"Align"列的第一个，会出现一个可选择对齐方式的下拉框，用户只需直接在其中做出选择即可。但需注意的是，对数值型变量，系统缺省的对齐方式为右对齐（选择"Right"）；对于字符型变量，系统缺省的对齐方式为左对齐（选择"Left"）。

Step9：定义变量的测度类型

在如图 2-42 所示的界面上的最右边的"Measure"一栏定义变量的测度类型，变量的测度类型分为以下三种。

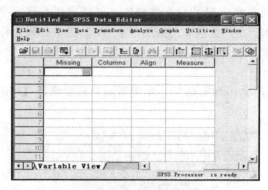

图 2-42 定义变量的测度类型的对话框

① Scale 选项。如对于距离、重量等表示等尺度测度的变量和表示比值的变量，应选用此项。

② Ordinal 选项。如果一个有序变量是用来表示顺序的，如考试排名，应选用此项。变量可以是数值型也可以是字符型。

③ Nominal 选项。对名义变量应选择此项，此项可以是数值型的变量，也可以是字符型的变量。如对喜欢哪个球队的回答。

在完成了上面的工作之后，我们就完成了定义变量的工作。

（4）概率事件（观测量）　在数据编辑器的 2D 表格中，每一列为一个变量，每一行记录了一次观测，在概率上每一次观测称为一个概率事件（在 SPSS 中用"Case"表示）。每一个"Case"是由一个观测对象其各种特征的一次观测值组成的，体现在表格上时，即为每个变量的一个值组合成的。

2.7.3　输入数据

（1）输入数据的方法　在定义完每个变量之后，我们就可以进行输入数据的工作了。输入数据可直接在数据编辑窗口进行，系统缺省的状态是显示 Data View 窗口，可以直接在此窗口下输标签和数据。但当界面是 Variable View 窗口时，则需单击左下角的 Data View 切换到 Data View 窗口然后在此窗口输入数据。

Data View 窗口显示一个 2D 表格，这个 2D 表格的横轴上每一列代表一个变量，而纵轴上每一行代表一个观测量。这个表格的每一个单元格是一个变量与一个观测量的交叉点。变量名显示在表格顶部，而观测量序号显示在表格的左侧。只要确定了变量名和观测量序号，单元格就被惟一确定了。

在一个单元格中输入数据先要确定此单元格。确定的方法是直接在此单元格上单击鼠标键，该单元格边框会被加黑，即表示该单元格被确定了。在单元格被确定后，表格上方的左边的一个边框会显示此单元格的变量名和观测量序号。

在数据编辑窗中输入数据共有两种方法：第一种方法是定义一个变量就先输入这个变量，这种方法是纵向输入数据；第二种方法是在定义完所有的变量之后，按观测量来输入数据，即输入完一个观测量之后，再输入第二个观测量，这种方法是横向进行的。下面我们逐一介绍各种输入方法和一些技巧。

① 按单元格来输入数据。当仅需要输入某个（或某些）观测量的某个（或某些）变量值时，可以拖动鼠标到要输入数据的单元格上，然后单击鼠标键确定该单元格，此时我们就可以直接在此单元格中输入数据。另外的一种输入方法是在数据输入栏输入数据，但在数据输入栏输入数据之后，数据才显示在单元格中。

② 按观测量输入数据。在定义完一个变量之后我们可以立刻输入该变量的各个数值。通常，我们从第一个变量值开始输入，在输入完数据之后，单击向下的方向键或【Tab】键即可进入此变量的下一个单元格。采用此方法，我们依次输入该变量的各个数值。

③ 按观测量来输入数据简易法。我们可以使用简单的方法来按观测量输入数据。在确定要输入的观测量之后，我们确定该观测量的第一栏，在输入相应的数值之后，使用向右的方向键即进入右边的一个单元格中。

④ 输入数据时光标控制方式的设置。在输入一个数值之后光标的移动方向是可以设置的。具体的方法如下：单击 Utilities 菜单会展开下拉框，在其中选择 Auto New Case。这样，在我们输入完一个变量值之后，光标会自动移动到下一个单元格中。这种方式也是系统的缺省方式。当我们不选用此项时，在输入完一个变量值之后，光标将不变动到其他位置，仍停留在该单元格中。

（2）查看变量信息、文件信息

① 如何查看变量信息。如图 2-43 所示单击【Utilities】菜单中的"Variables"命令就会打开【Variables】对话框。

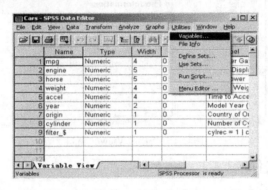

图 2-43 "Variables" 命令

在如图 2-44 所示的【Variables】对话框中，左边是变量列表，它列出了数据编辑器中有的变量名。而对话框的右边部分是"Variable Information"（变量信息）窗口，在此窗口显示左边变量列表中选中的变量的信息。

在图 2-44 中"Variable Information"栏内显示的是变量"mpg"的信息。其每行所代表的意义如下。

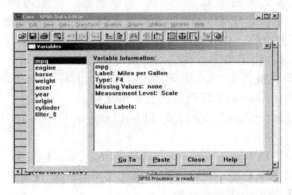

图 2-44 【Variables】对话框

➢ 第一行代表变量名，图中为 mpg。
➢ 第二行代表变量的标签，图中为 "Miles per Gallon"。

➤ 第三行代表变量类型，图中为"F4"，即为 4 个字符长的数值型变量。

➤ 第四行代表变量的误差值定义，图中为"none"，即表示没有误差值。

➤ 第五行代表系统的失误类型，系统的失误类型为"Scale"。

➤ 在一行空白之后为变量标签值，图中显示未定。

➤ 单击【Go To】按钮和【Close】按钮就返回数据编辑窗口。单击【Paste】按钮，则将选中的变量名称粘贴进 Syntax 窗口。单击【Help】按钮，可以查看辅助说明信息。

② 如何查看文件信息。在定义完变量之后，可以单击【Utilities】菜单中的"File Info"命令打开 SPSS Viewer 窗口，在此窗口内可查看当前数据框中所有的已定义的变量的信息。这些信息包含变量在数据框中的位置、变量名称、变量标签、变量标签值、变量显示格式、变量的误差值。SPSS Viewer 窗口如图 2-45 所示。

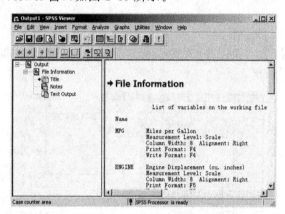

图 2-45　SPSS Viewer 窗口

2.7.4　编辑数据文件

（1）在单元格中编辑数据　有时，我们输入数据编辑框的数据有可能有错误，如果我们知道哪些部分有错误，可以直接在数据所在的单元格中修改。具体的操作方法是首先确定要修改的单元格，然后输入正确的数值或字符串。

但要寻找大量的数据中的一些有错误的数据时，SPSS 系统提供了一些让我们的操作更简单、更迅速的方法。下面逐一介绍。

① 寻找某个观测量。我们以记录美国迪斯尼乐园员工薪资的数据为例，假设对第 700 个观测量存在疑问，我们要迅速找到第 700 个观测量。所采用的方法为：依顺序单击"Data→Go to Case"，就会打开【Go to Case】对话框。在对话框中输入要寻找的观测量的序号，然后单击【OK】按钮，在数据编辑器上就会立刻到达目标观测量。

② 在某个变量中寻找指定数据。我们以记录美国西尔斯（Sears）百货公司消费顾客的数据为例，假设寻找当日消费为 3000 美元的顾客（customer）。具体的查找步骤如下：

a. 首先单击变量"customer"所列的任意一单元格。

b. 依次序单击"Edit→Find"，会打开【Find Data in Variable CUSTOMER】对话框，如图 2-46 所示。

c. 在"Find What"栏中输入"3000"，单击【Find Next】按钮。如果找到此变量，则数据编辑框会显示相应的变量所在处，否则会出现【Not Found】的对话框。

d. 单击【Cancel】按钮关闭此对话框。

在运行查找的过程中，如果用户想停止查找，单击【Stop】按钮即可停止查找。

（2）插入变量与删除变量

① 插入变量。在已有的变量基础上再在最后一个变量的右边增加一个变量，方法为在

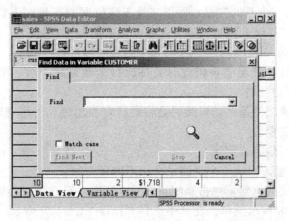

图 2-46 【Find Data in Variable CUSTOMER】对话框

添加处先单击"Variable View",此时会将这一行全部加黑,然后单击鼠标右键,会出现如图 2-47 所示的下拉菜单。

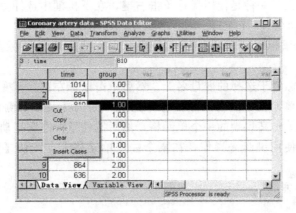

图 2-47 下拉菜单(一)

图 2-48 下拉菜单(二)

在下拉菜单中选择"Insert Variables"命令,就会插入一个新的变量。用户还可以使用【Data】菜单中的"Insert Variables"命令插入一变量。

如果用户需要在几个变量之间插入变量,则可按如下步骤进行。

a. 在用户所想插入的行处,单击该行的变量名称,则此行会被全部加黑。

b. 在变量名上单击鼠标右键,则会出现如图 2-47 所示的下拉菜单,此时选择"Insert

Variables"，就会插入一个新的变量，而原来处于该位置的变量则下移一行。用户也可以使用【Data】菜单中的"Insert Variables"命令，也可插入一变量。

② 删除变量。删除变量的两种方法如下所述。

➤ 将鼠标单击想删除的变量名，则此时会将此行全部加黑。然后单击鼠标右键出现下拉框，选择"Cut"即可。

➤ 将鼠标单击想删除的变量名，则此时会将此行全部加黑。使用【Edit】菜单中的"Cut"命令，也可删除这一变量。

（3）插入观测量与删除观测量

① 插入一个观测量。插入一个观测量有以下两种方法：

➤ 在需要插入观测量的位置，单击观测量序号，则这一行观测量会被加黑，然后单击鼠标右键，会弹出如图 2-48 所示菜单。在其中选择"Insert Cases"命令，则原来处于该位置的观测量会下移一行，在原来位置新加入一行。

➤ 第二种方法是在需要插入观测量的位置单击观测量序号，则这一行观测量会被加黑。此时，在菜单上依次单击"Data→Insert Cases"，则原来处于该位置的观测量会下移一行，在原来位置新加入一行。

我们在完成插入观测量的工作之后，就可以在此行输入数据。

② 删除一个观测量。删除一个观测量同样有两种方法：

➤ 对要删除的观测量，单击该观测量的序号，则这一行观测量会被加黑，然后单击鼠标右键，会显示下拉的菜单。在其中选择"Cut"命令，则原来处于该位置的观测量会被删除，原来位置下面的行均上移一行。

➤ 第二种方法是，在需要删除的观测量上单击观测量序号，则这一行观测量会被加黑。此时，在菜单上依次单击"Edit→Cut"，则原来处于该位置的观测量会被删除，原来位置下面的行均上移一行。

（4）数据的裁切、复制与粘贴　数据的裁切、复制与粘贴的步骤如下所述。

① 选择操作对象。对数据进行裁切、复制和粘贴，首先要选定操作对象。我们有两种方法可以选定操作对象，一种是使用鼠标单击右键，在下拉框中选择操作方法，或者使用菜单【Edit】中的各项命令。

➤ 选择观测量，将鼠标置于选择的观测量序号上，然后单击鼠标左键。该观测量会被加黑。

➤ 选择变量，将鼠标置于选择的变量名上，然后单击鼠标左键。该变量会被加黑。

➤ 连续地选择一些单元格，这可采用鼠标来完成。如选择某个观测量的第二个到第十个值，可用鼠标左键先单击某一端的一个单元格，然后按住鼠标左键拖动到另外一端，即可选定目标。我们还可以使用键盘来操作，在某个端点单元格上，按住【Shift】键，然后使用方向键来选定目标。

② 数据的裁切与复制。

➤ 裁切操作

如果要删除选定的内容，可以单击鼠标右键，在出现的菜单中选择"Cut"命令，或者在【Edit】菜单中选择"Cut"命令，即可完成裁切操作。

➤ 粘贴操作

如果要把选中的内容复制到某一位置，可以单击鼠标右键，在弹出式菜单中选择"Paste"命令，或者在【Edit】菜单中选择"Paste"命令，即可完成粘贴操作。

③ 复制一个观测量。

➤ 复制一个观测量

首先选定要复制的观测量并复制它，然后用鼠标单击观测量要插入的位置，可单击鼠标右键，在弹出的菜单中选择 "Paste" 命令，也可以单击【Edit】菜单中的 "Paste" 命令，就可将观测量插入到指定的空观测量处。

➤ 复制一个变量

首先选定要复制的变量并复制它，然后用鼠标单击变量要插入的位置，可单击鼠标右键并在弹出菜单中选择 "Paste" 命令，也可以单击【Edit】菜单中的 "Paste" 命令，就可将变量插入到指定的空变量处。

(5) 撤销操作 在用户对数据进行操作之后，如果想恢复到操作前的状态，可以单击【Edit】菜单中的 "Undo" 命令，也可以在工具栏单击 Undo 图标。

2.7.5 对数据文件的操作

(1) 数据文件

① 打开数据文件。打开数据文件的具体步骤如下。

Step1：按顺序单击 "File→Open" 或在工具栏上单击 "Open" 图标，就会打开如图 2-49 所示的【Open File】对话框。

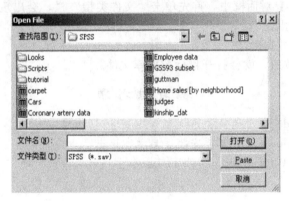

图 2-49 【Open File】对话框

在对话框中找到需要打开的数据文件。SPSS 中的可以打开的数据文件主要有以下几种。

√ *.sav，SPSS for Windows 建立的数据文件。

√ *.sys，SPSS for Windows 建立的语法。

√ *.xls，Excel 建立的表格数据文件。

√ *.dbf，数据库格式文件。

√ *.sps，SPSS 的语句文件。

Step2：在找到需要打开的数据文件之后，可以双击文件名打开文件，也可以在选中文件之后，单击对话框中的【OK】按钮。

② 保存一个数据文件。将 SPSS 文件保存在硬盘中，可以保存为 SPSS for Windows 数据文件，也可以将值保存为其他格式的数据文件。保存数据文件可以使用【File】菜单中的 "Save" 和 "Save as" 命令，也可以单击菜单栏下面的图标来完成工作。

在需要保存一个数据文件时，若这个数据文件是新建的，可以单击 Save 和 Save as 命令，此时会打开保存文件的对话框，如果这个数据文件是已经保存过的或者是从硬盘上打开的，那么单击【File】菜单中的 "Save" 命令，则将文件存到文件的原位置。单击【File】菜单中的 "Save as" 命令，会打开保存文件的对话框，可以将文件存到一个新位置。

SPSS 数据文件主要可以保存为如下几种格式。

➤ ＊.sav，保存为 SPSS for Windows 的数据文件。

➤ ＊.xls，保存为 Excel 可以读取的表格数据文件。

➤ ＊.dbf，保存为数据库格式文件。

（2）清除数据　我们常需要清除数据窗口的数据，以便输入新的数据。此项工作可以通过依序单击"File→New→Data"来完成。

如果数据窗口的数据在最后一次保存后更动过，那么单击"Data"命令之后，会出现询问是否保存数据编辑窗口的对话框窗口。如果选择"是"，则会保存数据；如果选择"否"，则不保存数据文件。在做出选择之后，数据窗口会被关闭。

（3）数据库文件的转换　许多数据文件在操作时保存在一些其他格式的数据文件中，如 DBASE、Foxbase、Foxpro、Oracle 等数据库管理系统所建立的文件。要分析此类数据文件，首先应将此类数据文件转换为 SPSS 能够读取的文件。有两种方式可以打开其他格式的数据文件：第一种方法是直接将数据库中的每个字符转换为 SPSS 格式的变量；第二种方法是利用 Database Wizard（数据库向导）。转换的步骤如下。

① 按顺序单击"File→Open→Data"，会打开【Open File】对话框。

② 在【Open File】对话框中，首先单击"文件类型"栏，会出现一个下拉框，在框中选择要打开的文件类型。

③ 找到要打开的数据库文件。

④ 单击【OK】按钮，就会打开目标数据库文件。

复习思考题

1. SPSS 11.0 for Windows 对硬件和系统有哪些要求？

2. SPSS 11.0 for Windows 软件怎样安装、启动和退出？

3. 怎样进行 SPSS 11.0 for Windows 的窗口操作？

第3章 统计假设检验

教学目标

1. 熟悉理论分布和抽样分布的基本概念，掌握统计假设检验的基本原理和一般方法。

2. 熟练掌握利用 SPSS 软件进行单个样本平均数假设检验、成组样本（独立样本）平均数假设检验和成对样本平均数假设检验的基本方法。

3. 熟练掌握参数估计的一般方法。

第一章介绍了如何用样本的特征数（如平均数、变异系数等）来描述样本。但是研究的目的不仅仅在于单纯描述一个样本，而是要求用样本统计数来推断其所属总体的参数，即统计推断。只要从总体中抽取的次数相当多，就可以用样本的统计数来估计总体，尽管存在随机误差，但通过进行大量重复试验，其总体特征可以通过个别的偶然现象显示出其必然性，而且这种随机误差可以用数学方法进行测定，在一定范围内可以得到人为控制，因此完全可以根据样本的统计数来认识总体的参数。在叙述统计推断之前，首先介绍一些统计推断的基础知识——理论分布与抽样分布。

3.1 理论分布

3.1.1 二项分布

二项分布是最重要的离散型分布之一，它在理论与实践应用上都有重要的地位，产生这种分布的重要实践源泉是贝努利试验（Bernoulli trials）。

（1）贝努利试验及其概率公式　科学研究中感兴趣的是试验中某件事 A 是否发生。例如在抽样检验中，关心抽到的样品合格还是不合格；在掷硬币时关心的是出现正面还是反面。在这类随机试验中，只有两种可能的结果或者说只有两个基本的事件 A 与 $\overline{A}$，像这样只有两种可能结果的随机试验称为贝努利试验。我们常把贝努利试验中的两种结果分别称为"成功"和"失败"，则 A（成功）与 $\overline{A}$（失败）构成整个事件。贝努利试验在完全相同的条件下独立地重复 n 次，并作为一个随机试验称之为 n 重（次）贝努利试验。这里需要注意的是，贝努利试验与 n 次贝努利试验不严格加以区分，提到贝努利试验，可能是 1 次贝努利试验，也可能是 n（$n>1$）次贝努利试验。

在贝努利试验中，事件 A 可能发生，也可能不发生；用随机变量 x 表示贝努利试验的两种结果（"成功"与"失败"），并记当 A 发生时 x 取 1，当 A 不发生时（$\overline{A}$ 发生）x 取 0。如果 A 发生的概率是 p，$\overline{A}$ 发生的概率是 q，则贝努利试验的概率公式：

$$\begin{aligned} P(x=1)&=p \\ P(x=0)&=q \end{aligned} \qquad 其中\ x=\begin{cases} 1 & 出现成功 \\ 0 & 出现失败 \end{cases} \qquad (3\text{-}1)$$

有时也把式（3-1）称为两点分布。

（2）二项分布的定义及其特点

① 二项分布的定义。二项分布是一种比较简单，但用处很广的离散型随机变量（discrete random variable）分布，其定义是在贝努利试验基础上给出的。在 n 重贝努利试验中，

事件 A 可能发生的次数是 0、1、…、n 次，考虑 n 重贝努利试验中正好发生 k（$0 \leqslant k \leqslant n$）次的概率，记为 $P_n(k)$。事件 A 在 n 次试验中正好发生 k 次（不考虑先后顺序）共有 C_n^k 种情况。由贝努利试验的独立性可知 A 在某 k 次试验中发生，而在其余的 $n-k$ 次试验中不发生的概率为 $p^k q^{n-k}$。由概率论定理有：

$$P_n(k) = C_n^k p^k q^{n-k}, \quad k = 0, 1, 2, \cdots, n \qquad (3-2)$$

式(3-2) 即是 n 次贝努利试验中事件 A 正好发生 k 次的概率。式(3-2) 称为二项概率公式。

由二项概率公式，二项分布可定义如下。

设随机变量 x 所有可能取值为零和正整数：0，1，2，…，n，且有

$$P(x=k) = P_n(k) = C_n^k p^k q^{n-k}, \quad k = 0, 1, 2, \cdots, n \qquad (3-3)$$

式中，$p>0$，$q>0$，$p+q=1$ 则称随机变量 x 服从参数为 n 和 p 的二项分布（binomial distribution），记为 $x \sim B(n,p)$。

② 二项分布的特点。很容易验证二项分布具有概率分布的一切性质，即

a. $P(x=k) = P_n(k) \geqslant 0 \quad (k = 0, 1, 2, \cdots, n)$

b. 二项分布概率之和等于 1，$\sum\limits_{k=0}^{n} C_n^k p^k q^{n-k} = (p+q)^n = 1$

c. $P(x \leqslant m) = P_n(k \leqslant m) = \sum\limits_{k=0}^{n} C_n^k p^k q^{n-k}$ \qquad (3-4)

d. $P(x \geqslant m) = P_n(k \geqslant m) = \sum\limits_{k=m}^{n} C_n^k p^k q^{n-k}$ \qquad (3-5)

e. $P(m_1 \leqslant x \leqslant m_2) = P_n(m_1 \leqslant k \leqslant m_2) = \sum\limits_{k=m_1}^{m_2} C_n^k p^k q^{n-k} \quad (m_1 \leqslant m_2)$ \qquad (3-6)

二项分布由 n 和 p 两个参数决定，其特点是：

ⓐ 当 p 值较小且 n 不大时，分布是偏倚的。但随着 n 的增大，分布逐渐趋于对称，如图 3-1 所示。

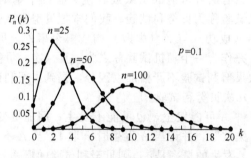

图 3-1　n 值不同的二项分布比较

ⓑ 当 p 值趋于 0.5 时，分布趋于对称，如图 3-2 所示。

ⓒ 对于固定的 n 及 p，当 k 增加时，$P_n(k)$ 先随之增加并达到某极大值，以后又下降。

（3）二项分布概率计算及应用条件　关于二项分布的计算主要有 3 个方面，以下举例说明。

① 已知随机变量 $x \sim B(n,p)$，求 x 正好有 k 次发生的概率。

【例 3-1】 有一批产品，其合格率为 0.85，在本批产品中随机抽取 6 份，求正好有 5 份

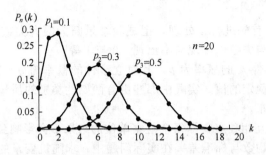

图 3-2 p 值不同的二项分布比较

该产品合格的概率？

由前述所知，在二项分布中 n 次试验正好有 k 次发生的概率计算公式；

$$P(x=k)=C_n^k p^k q^{n-k} \qquad k=0,\ 1,\ 2,\ \cdots,\ n$$

在本例中，产品抽检结果有两种，合格（记为 A）与不合格（记为 $\overline{A}$），其中合格率为 0.85，即 $P(A)=0.85$，相应 $P(\overline{A})=1-P(A)=0.15$。正好发生 5 次，即正好有 5 个合格产品的概率是

$$P(x=k)=C_n^k p^k q^{n-k}=C_6^5 0.85^5 \times 0.15^1=0.3993$$

② 已知 $x \sim B(n,p)$，求 x 至少有 k 次发生的概率。

【例3-2】 同例 3-1，问最少有 4 个合格的概率是多少？

最少有 k 个合格（发生），即可能的合格数是 k，$k+1$，$\cdots$，n。所以 $P(x \geqslant k)=\sum_{x=k}^{n} C_n^x p^x q^{n-x}$ 即是至少有 k 个合格的概率。

在本例中，

$$P(x \geqslant 4)=\sum_{x=4}^{6} C_n^x p^x q^{n-x}=C_6^4 0.85^4 \times 0.15^2+C_6^5 0.85^5 \times 0.15^1+C_6^6 0.85^6 \times 0.15^0$$

$$=0.1761+0.3993+0.3771=0.9525$$

③ 已知 $x \sim B(n,p)$，求 x 最多发生 k 次的概率。

【例3-3】 同例 3-1，问最多有 4 个合格的概率是多少？

最多有 k 个合格，即可能的合格数为 0，1，2，$\cdots$，k。所以 $P(x \leqslant k)=\sum_{x=0}^{k} C_n^x p^x q^{n-x}$ 即是最多有 k 个合格的概率。

在本例中，

$$P(x \leqslant 4)=\sum_{x=0}^{k} C_n^x p^x q^{n-x}=C_n^0 p^0 q^n+C_n^1 p^1 q^{n-1}+C_n^2 p^2 q^{n-2}+C_n^3 p^3 q^{n-3}+C_n^4 p^4 q^{n-4}$$

$$=0.00001+0.00038+0.00548+0.04145+0.17617$$

$$=0.22350$$

当然有关二项分布的计算问题，还远不只此。比如已知某事件发生的概率，确定最可能发生的次数等，本书不再介绍。

以下介绍二项分布应用条件。二项分布是一个比较重要的离散型分布，对其使用是有一

定条件的。

① 一般情况下，应首先进行预处理，把试验结果归为两大类或两种可能的结果。比如随机事件 A 与 $\overline{A}$，成功与失败，出现与不出现，0 与 1 等。

② 已知发生某一事件 A 的概率为 p，其对立事件的概率为 $q=1-p$，实际要求 p 是从大量观察中得到的比较稳定的值。实践中那些由有两属性类别的质量性状得来的次数或百分数资料常常服从二项分布。

③ n 次观察结果应互相独立，即每个观察单位的结果不会影响到其他观察单位的结果。

（4）二项分布的平均数与标准差　在实际问题中，求随机变量的分布函数（distribution function）、概率密度函数（probability density function）比较困难，而且有时并不需要了解随机变量全貌，只需要知道它的某个侧面，即用 1 个或几个特征数字来描述这个侧面。以下各节所讲的二项分布、泊松分布、正态分布均介绍两种最重要的也是最常用的随机变量数字特征——数学期望和方差。前者表示随机变量的平均值（集中位置），后者刻画随机变量相对于平均值的分散程度。

① 二项分布的均值。设 $x \sim B(n,p)$，用 μ 表示其均值。

$$\mu = \sum_{x=0}^{n} x p_x = \sum_{x=1}^{n} x C_n^x p^x (1-p)^{n-x}$$

令 $x-1=l$

$$\mu = \sum_{l=0}^{n-1} np C_{n-1}^l p^l (1-p)^{n-1-l} = np(p+1-p)^{n-1} = np$$

因此二项分布的均数为 $\mu=np$。

例如当 $x \sim B(100, 0.3)$ 的二项分布平均发生的次数为 $np=100 \times 0.3=30$，或者说该二项分布的均值为 30。

② 二项分布的方差（标准差）。设 $x \sim B(n,p)$，用 σ^2 表示其方差。

$$\sigma^2 = E(x-\mu)^2 = \sum_{x=0}^{n} (n-np)^2 C_n^x p^x (1-p)^{n-x}$$

$$= n(n-1)p^2 + np - (np)^2 = np(1-p) = npq$$

因此二项分布的总体特征数为

$$\left.\begin{array}{l} \mu=np \\ \sigma^2=npq \\ \sigma=\sqrt{npq} \end{array}\right\} \tag{3-7}$$

以上是当试验结果 x 以事件 A 发生的次数表示的情况，当试验结果以事件 A 发生的频率表示时，则

$$\left.\begin{array}{l} \mu_p=p \\ \sigma_p^2=\dfrac{pq}{n} \\ \sigma_p=\sqrt{p(1-p)/n} \end{array}\right\} \tag{3-8}$$

σ_p 也称率的标准误，当 p 未知时，常以样本率来估计。此时，σ_p 改为

$$S_{\hat{p}} = \sqrt{\hat{p}(1-\hat{p})/n} \tag{3-9}$$

上例中 $\sigma^2 = 100 \times 0.3 \times 0.7 = 21$

3.1.2 泊松分布

泊松分布可以用来描述和分析随机发生在单位空间或时间里的小概率事件的分布。要观察到这类事件，样本含量必须很大。实际研究中服从泊松分布的随机变量是常见的。如正常生产线上单位时间生产的不合格产品数，单位时间内机器发生故障的次数，每毫升饮水内大肠杆菌数，单位面积上昆虫的分布数，商店里单位时间内顾客数，意外事故，自然灾害等都是服从或近似服从泊松分布的。

（1）泊松分布的定义及特点

① 泊松分布的定义。若随机变量 $x(x=k)$ 所有可能取值是非负整数，且其概率分布为

$$P(x-k) = \frac{\lambda^k e^{-\lambda}}{k!} \tag{3-10}$$

式中，λ 为大于零的常数；$k = 0, 1, 2, \cdots, n$；e 是自然对数的底数，即 e$=2.7182\cdots$；则称随机变量 x 为服从参数为 λ 的泊松分布（Poisson's distribution），并记为 $x \sim p(\lambda)$。

② 泊松分布的特点。泊松分布作为一种离散型随机变量的概率分布，理论上已经证明其均值与方差相等，即 $\mu = \sigma^2 = \lambda$，这是泊松分布的一个显著特点。利用这个特点可以初步判断一个随机变量是否服从泊松分布。λ 是泊松分布中所依赖的惟一参数，λ 越小分布越偏，随着 λ 的增加，分布趋于对称（图 3-3）。

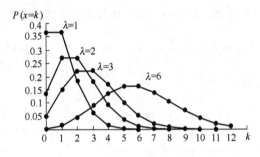

图 3-3 不同 λ 的泊松分布

（2）泊松分布的概率计算及应用条件

① 泊松分布的概率计算。泊松分布的概率计算也有计算事件 A 恰好发生 k 次、至少发生 k 次和最多发生 k 次等情况。

【例 3-4】 食品店每小时光顾的顾客人数服从 $\lambda = 3$ 的泊松分布，即 $x \sim p(3)$ 分布。设 x 表示商店每小时接待顾客的人数，则

a. 计算每小时恰有 5 名顾客的概率。

$$P(x=k=5) = \frac{\lambda^k e^{-\lambda}}{k!} = \frac{3^5 e^{-3}}{5!} = 0.1008$$

b. 1h 内顾客不超过 5 人的概率。

$$P(x = k \leqslant 5) = \sum_{k=0}^{5} \frac{\lambda^k e^{-\lambda}}{k!} = 0.916$$

c. 1h 内顾客最少有 6 人的概率。

$$P(x=k \geqslant 6) = \sum_{k=6}^{\infty} \frac{\lambda^k e^{-\lambda}}{k!} = 1 - P(x=k \leqslant 5) = 0.084$$

【例 3-5】 已知某食品厂每月某种食品原料的用量服从 $\lambda=7$ 的泊松分布，为了不使该原料库存积压过多，又不致发生短缺，问每月底库存多少才能保证下月原料不缺的概率 $P \geqslant 0.9999$。

设每月用量为 x，上月底库存量为 a，根据题意有：$P(x \leqslant a) \geqslant 0.9999$

因为 $x \sim P(7)$，故上式为：$P(x=k \leqslant a) = \sum_{k=0}^{a} \frac{\lambda^k e^{-7}}{k!} \geqslant 0.9999$

解之得 $a=16$，即该食品厂在月底库存 16 就可有 99.99% 的把握保证下月原料不缺。

【例 3-6】 为监测饮用水的污染情况，现检验某社区每毫升饮用水中细菌数，共得 400 个记录如表 3-1 所示。

表 3-1　某社区饮用水中细菌数测试记录

1mL 水中细菌数	0	1	2	≥3	合计
频数	243	120	31	6	400

试分析饮用水中细菌数的分布是否服从泊松分布。若服从则按泊松分布计算每毫升水中恰有 k 个细菌数的概率及理论数，并与实际分布作直观比较。

经计算得每毫升水中平均细菌数 $\bar{x}=0.500$，方差 $S^2=0.496$。两者很接近，故可以认为每毫升水中细菌数服从泊松分布。以 $\bar{x}=0.500$ 代替 λ，得概率函数为

$$P(x=k) = \frac{0.5^k e^{-0.5}}{k!} \quad (k=0, 1, 2, \cdots)$$

计算结果如表 3-2 所示。

表 3-2　细菌数分布比较表

1mL 水中细菌数	0	1	2	≥3	合计
实际次数	243	120	31	6	400
频率	0.6075	0.300	0.0775	0.0150	1.00
概率	0.6065	0.3033	0.0758	0.0144	1.00
理论次数	242.60	121.32	30.32	5.76	400

可见细菌数的频率分布与 $\lambda=0.5$ 的泊松分布是相当吻合的，可以认为用泊松分布描述单位容积（或面积）中细菌数的分布是适宜的。

② 泊松分布的应用条件。泊松分布是一种可以用来描述和分析随机发生在单位时间或空间里的小概率事件的概率分布。

a. 在二项分布中，当试验的次数 n 很大，试验发生的概率 P 很小时，$x \sim B(n,p)$ 可用 $\lambda \sim P(\lambda)$ 代替，用 $\lambda = np$ 进行有关计算。

b. 总体来看，二项分布的应用条件也就是应用泊松分布所要求的。当某种原因使发生在单位时间、单位面积或单位容积内稀有事件分布不随机时，不能用泊松分布描述其发生规律。如细菌在牛奶中成集落存在时，便不呈泊松分布。

3.1.3　正态分布

正态分布（normal distribution）是一种常见的连续型随机变量的概率分布。科学研究

中所涉及的许多变量都是服从或接近正态分布的，如食品中各种营养成分的含量、有害物质残留量、瓶装食品的质量和容积以及分析测定过程中的随机误差等。

(1) 正态分布的定义及其特征　许多统计分析方法都是以正态分布为基础的，不少随机变量在一定条件下是以正态分布为其极限的。

① 正态分布的定义。如果连续型随机变量 x 的概率密度函数为

$$f(x) = \frac{1}{\sigma\sqrt{2\pi}} \exp\left[-\frac{(x-\mu)^2}{2\sigma^2}\right] \tag{3-11}$$

式中，μ 为平均值，σ^2 为方差，则称随机变量 x 服从参数为 μ 与 σ^2 的正态分布，记作 $x \sim N(\mu, \sigma^2)$。正态分布密度函数曲线如图 3-4 所示。

其概率分布函数 $F(x)$ 为：

$$F(x) = \frac{1}{\sigma\sqrt{2\pi}} \int_{\infty}^{x} \exp\left[-\frac{(x-\mu)^2}{2\sigma^2}\right] dx \tag{3-12}$$

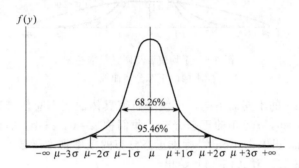

图 3-4　正态分布密度函数曲线

② 正态分布的特征。由式(3-11) 和图 3-4 可以看出正态分布具有以下特征。

a. 正态分布曲线是以均数 μ 为中心左右对称分布的单峰悬钟形曲线，在平均数的左右两侧，只要 $(x-\mu)$ 的绝对值相等，$f(x)$ 值就相等。

b. $f(x)$ 在 $x=\mu$ 处达到最大值，且 $f(\mu)=\dfrac{1}{\sigma\sqrt{2\pi}}$。

c. $f(x)$ 是非负函数，以横轴为渐近线，分布从 $-\infty$ 到 $+\infty$，且曲线在 $\mu\pm\sigma$ 处各有一个拐点。

d. 正态分布曲线是以参数 μ 和 σ^2 的不同而表现的一系列曲线，所以正态分布曲线是一个曲线族，不是一条曲线。参数 μ 是正态分布的位置参数，σ^2 是正态分布的形状参数，表示总体的变异度，σ^2 越大，曲线越"胖"，表明数据比较分散；σ^2 越小，曲线越"瘦"，说明变量越集中在平均数 μ 的周围。图 3-5 和图 3-6 表明了 μ 与 σ^2 对正态曲线位置与形状的影响。

e. 正态分布的次数多数集中于算术平均数 μ 的附近，离均数越远，其相应的次数越少，而在 $|x-\mu| \geqslant 3\sigma$ 处次数极少。

f. 曲线 $f(x)$ 与横轴之间所围成的面积等于1，即

$$P(-\infty < x < +\infty) = \frac{1}{\sigma\sqrt{2\pi}} \int_{-\infty}^{+\infty} \exp\left[-\frac{(x-\mu)^2}{2\sigma^2}\right] dx = 1$$

(2) 标准正态分布　由于正态分布是依赖于参数 μ 和 σ^2（或 σ）的一簇分布，正态曲线

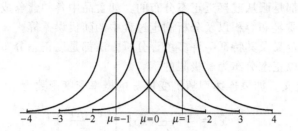

图 3-5　平均值 μ 不同，标准差 σ
相同的正态分布曲线

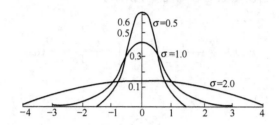

图 3-6　平均值 μ 相同，标准差 σ
不同的正态分布曲线

之位置及形态随 μ 和 σ^2 的不同而不同，这就给研究具体的正态总体带来困难，需要将一般的 N(μ,σ^2) 转换为 $\mu=0$，$\sigma^2=1$ 的正态分布。我们称 $\mu=0$，$\sigma^2=1$ 的正态分布为标准正态分布（standard normal distribution）。标准正态分布的概率密度函数及分布函数分别记作 $\varphi(u)$ 和 $\Phi(u)$，由式(3-13) 和式(3-14) 给出。

$$\varphi(u)=\frac{1}{\sqrt{2\pi}}\mathrm{e}^{\frac{u^2}{2}} \tag{3-13}$$

$$\Phi(u)=\frac{1}{\sqrt{2\pi}}\int_{-\infty}^{u}\mathrm{e}^{\frac{u^2}{2}}\mathrm{d}u \tag{3-14}$$

这时对称随机变量 u 服从标准正态分布，记作 $u\sim N(0,1)$，其密度曲线如图3-7 所示。

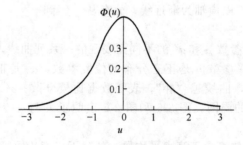

图 3-7　标准正态分布的曲线

任何一个服从正态分布 N(μ,σ^2) 的随机变量 x 都可以通过标准化变换，即

$$u=\frac{x-\mu}{\sigma} \tag{3-15}$$

将其转化为服从标准正态分布的随机变量 u，u 称为标准正态变量或标准正态离差（standard normal deviate）。

按式(3-14)计算,对不同的 u 值编成函数表,称为标准正态分布表(附表1),从中可以查到任意一个区间内曲线下的面积即概率值。这就给解决不同 μ,σ^2 的正态分布概率计算问题带来很大方便。

(3) 正态分布的概率计算

① 标准正态分布的概率计算。设 u 服从标准正态分布,则 u 在 $[u_1,u_2]$ 内取值的概率为:

$$P(u_1 \leqslant u < u_2) = \frac{1}{\sqrt{2\pi}} \int_{u_1}^{u_2} e^{\frac{u^2}{2}} du = \frac{1}{\sqrt{2\pi}} \int_{-\infty}^{u_2} e^{\frac{u^2}{2}} du - \frac{1}{\sqrt{2\pi}} \int_{-\infty}^{u_1} e^{\frac{u^2}{2}} du$$
$$= \Phi(u_2) - \Phi(u_1) \tag{3-16}$$

而 $\Phi(u_1)$ 和 $\Phi(u_2)$ 可由附表1查得。

由式(3-16)及正态分布的对称性可推出下列关系式,再借助附表1便能方便地计算有关概率:

$$\left.\begin{array}{l} P(0 \leqslant u < u_1) = \Phi(u_1) - 0.5 \\ P(u \geqslant u_1) = \Phi(-u_1) \\ P(|u| \geqslant u_1) = 2\Phi(-u_1) \\ P(|u| < u_1) = 1 - 2\Phi(-u_1) \\ P(u_1 \leqslant u < u_2) = \Phi(u_2) - \Phi(u_1) \end{array}\right\} \tag{3-17}$$

【例 3-7】 已知 $u \sim N(0,1)$,试求:$P(u < -1.64) = ?$,$P(u \geqslant 2.58) = ?$,$P(|u| \geqslant 2.56) = ?$,$P(0.34 \leqslant u < 1.53) = ?$

利用式(3-17),查附表1得

$$P(u < -1.64) = 0.05050$$

$$P(u \geqslant 2.58) = \Phi(-2.58) = 0.004940$$

$$P(|u| \geqslant 2.56) = 2\Phi(-2.56) = 2 \times 0.005234 = 0.010468$$

$$P(0.34 \leqslant u < 1.53) = \Phi(1.53) - \Phi(0.34) = 0.93699 - 0.6331 = 0.30389$$

关于标准正态分布,以下几种概率应当熟记:

$$P(-1 \leqslant u < 1) = 0.6826$$

$$P(-2 \leqslant u < 2) = 0.9545$$

$$P(-3 \leqslant u < 3) = 0.9973$$

$$P(-1.96 \leqslant u < 1.96) = 0.95$$

$$P(-2.58 \leqslant u < 2.58) = 0.99$$

u 变量在上述区间以外取值的概率分别为:

$$P(|u| \geqslant 1) = 2\Phi(-1) = 1 - P(-1 \leqslant u < 1) = 1 - 0.6826 = 0.3174$$

$$P(|u| \geqslant 2) = 2\Phi(-2) = 1 - P(-2 \leqslant u < 2) = 1 - 0.9545 = 0.0455$$

$$P(|u| \geqslant 3) = 2\Phi(-3) = 1 - P(-3 \leqslant u < 3) = 1 - 0.9973 = 0.0027$$

$$P(|u| \geqslant 1.96) = 2\Phi(-1.96) = 1 - P(-1.96 \leqslant u < 1.96) = 1 - 0.95 = 0.05$$

$$P(|u| \geqslant 2.58) = 2\Phi(-2.58) = 1 - P(-2.58 \leqslant u < 2.58) = 1 - 0.99 = 0.01$$

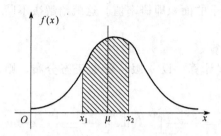

图 3-8 正态分布的概率

② 一般正态分布的概率计算。正态分布密度曲线和横轴围成的一个区域其面积为 1，这实际上表明了随机变量 x 在 $(-\infty, +\infty)$ 之间取值是一个必然事件，其概率为 1。若随机变量 x 服从正态分布 $N(\mu, \sigma^2)$，则 x 的取值落在任意区间 $[x_1, x_2]$ 的概率，记作 $P(x_1 \leqslant x < x_2)$，等于图 3-8 中阴影部分的面积。即

$$P(x_1 \leqslant x < x_2) = \frac{1}{\sigma\sqrt{2\pi}} \int_{x_1}^{x_2} e^{-\frac{(x-\mu)^2}{2\sigma^2}} dx \qquad (3-18)$$

对式(3-18) 作变换 $u = (x-\mu)/\sigma$，得 $dx = \sigma du$ 故有

$$P(x_1 \leqslant x < x_2) = \frac{1}{\sigma\sqrt{2\pi}} \int_{x_1}^{x_2} e^{-\frac{(x-\mu)^2}{2\sigma^2}} dx = \frac{1}{\sigma\sqrt{2\pi}} \int_{(x_1-\mu)/\sigma}^{(x_2-\mu)/\sigma} e^{-\frac{u^2}{2}} du$$

$$= \frac{1}{\sqrt{2\pi}} \int_{u_1}^{u_2} e^{-\frac{u^2}{2}} du$$

这表明服从正态分布 $N(\mu, \sigma^2)$ 的随机变量 x 落在 $[x_1, x_2]$ 内的概率等于服从标准正态分布随机变量 u 落在 $[(x_1-\mu)/\sigma, (x_2-\mu)/\sigma]$ 即 (u_1, u_2) 的概率，因此，计算一般正态分布的概率时，只要将区间的上、下限标准化，就可用查标准正态分布表的方法求得概率值。

【例 3-8】 已知 $x \sim N(100, 2^2)$ 求 $P(100 \leqslant x < 102) = ?$

由以上方法可得：

$$P(100 \leqslant x < 102) = P\left(\frac{100-100}{2} \leqslant \frac{x-100}{2} < \frac{102-100}{2}\right)$$

$$= P(0 \leqslant u < 1) = \Phi(1) - \Phi(0) = 0.8413 - 0.5000 = 0.3413$$

关于一般正态分布，以下几个概率计算是经常用到的：

$$P(\mu - \sigma \leqslant x < \mu + \sigma) = 0.6826$$

$$P(\mu - 2\sigma \leqslant x < \mu + 2\sigma) = 0.9545$$

$$P(\mu - 3\sigma \leqslant x < \mu + 3\sigma) = 0.9973$$

$$P(\mu - 1.96\sigma \leqslant x < \mu + 1.96\sigma) = 0.95$$

$$P(\mu - 2.58\sigma \leqslant x < \mu + 2.58\sigma) = 0.99$$

在统计分析中，不仅要注意随机变量 x 在平均数加减不同倍数标准差区间 $(\mu - k\sigma, \mu + k\sigma)$ 内取值的概率，而且也很关心 x 在此区间外取值的概率。我们把随机变量 x 在平均数 μ 加减不同倍数标准差区间之外取值的概率称作两尾（双侧）概率（two-tailed probability），记作 α。对应于两尾概率可以求得随机变量 x 小于 $\mu-k\sigma$ 或大于 $\mu+k\sigma$ 的概率，称为一尾（单侧）概率（one-tailed probability），记作 $\alpha/2$。例如，x 在（$\mu-1.96\sigma$，$\mu+1.96\sigma$）之外取值的两尾概率为 0.05，而一尾概率为 0.025。即

$$P(x<\mu-1.96\sigma)=P(x>\mu+1.96\sigma)=0.025$$

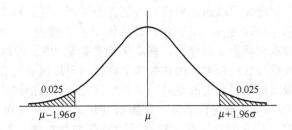

图 3-9　两尾概率或一尾概率

两尾概率或一尾概率如图 3-9 所示。

x 在（$\mu-2.58\sigma$，$\mu+2.58\sigma$）之外取值的两尾概率为 0.01，而一尾概率为 0.005。

附表 2 给出了满足 $P(|u|\geqslant u_\alpha)=\alpha$ 的双侧分位 u_α 的值。因此，只要知道两尾概率 α 值，由附表 2 就可直接查出对应的双侧分位数 u_α。

【**例 3-9**】 已知某饮料罐内饮料量（mL）服从正态分布 $N(250,1.58^2)$，若 $P(x<l_1)=P(x\geqslant l_2)=0.05$，求 l_1 和 l_2。

由题意可知，$\alpha/2=0.05$，$\alpha=0.1$，由附表 2 查得：$u_{0.1}=1.644854$，所以$(l_1-250)/1.58=-1.644854$，$(l_2-250)/1.58=1.644854$。

即　$l_1=247.40$，$l_2=252.60$。

l_1 和 l_2 分别为原总体的 $\alpha=0.1$（双侧）时的下侧分位数和上侧分位数。

前边介绍的 3 个重要的理论分布中，前两个属离散型的，后一个属连续型的。对于二项分布，在 n 较大，np、nq 较接近时，该分布接近于正态分布；当 $n\to\infty$ 时，其极限分布是正态分布。尤其在 $n\to\infty$、$p\to0.5$ 这种情况下，正态分布中的 μ、σ^2 可用二项分布中的 np、$np(1-p)$ 代之。在实际计算中，当 $p>0.1$，且 n 很大时，二项分布可由正态分布近似。在 $n\to\infty$、$p\to0$，且 $np=\lambda$（较小常数）情况下，二项分布趋于泊松分布，且以泊松分布为极限。在实际计算中，当 $p<0.1$，且 n 很大时，二项分布可由泊松分布近似。对于泊松分布，当 $\lambda=20$ 时，分布接近于正态分布；当 $\lambda=50$ 时，可以认为泊松分布呈正态分布；当 $\lambda\to\infty$ 时，泊松分布以正态分布为极限。在实际计算中，当 $\lambda\geqslant20$（也有人认为 $\lambda\geqslant6$）时，用泊松分布中的 λ 代替正态分布中的 μ 和 σ^2，即可由后者对前者进行近似计算。

3.2　抽样分布

研究总体及其样本之间的关系是统计学的中心内容之一。研究这种关系可从两方面着手，一是从总体到样本，即研究抽样分布（sampling distribution）问题；二是从样本到总体，即统计推断（statistical inference）问题。统计推断是以总体分布和样本抽样分布的理论关系为基础，正确地利用样本去推断总体。为了能正确地理解统计推断的结论，须对样本的抽样分布有所了解。

我们知道，由总体中随机地抽取若干个体组成样本，即使每次抽取的样本含量相等，其统计量（如 $\bar{x}$，S）也将随样本的不同而有所不同，因而样本统计量也是随机变量，也有其概率分布。我们把统计量的概率分布称为抽样分布。本节仅就样本平均数及两样本均数差数的抽样分布加以介绍。

3.2.1　样本平均数的抽样分布

由总体随机抽样（random sampling）的方法可分为返置抽样和非返置抽样两种。前者指每次抽出一个个体后，这个个体应返置回原总体；后者指每次抽出的个体不返置回原总体。对于无限总体，返置与否关系不大，都可保证各个体被抽到的机会均等。对于有限总体，要保证随机抽样，就应该采取返置抽样，否则各个体被抽到的机会就不均等。

设有一个总体，总体均数为 μ，方差为 σ^2，总体中各变数为 x，将此总体称为原总体。现从这个总体中随机抽取含量为 n 的样本，样本平均数据记为 $\bar{x}$。可以设想，从原总体可抽出很多甚至无穷多个含量为 n 的样本，由这些样本算得的平均数有大有小，不尽相同，与原总体均数 μ 相比往往表现出不同程度的差异。这种差异是由随机抽样造成的，称为抽样误差（sampling error）。显然，样本平均数也是一个随机变量，其概率分布叫做样本平均数的抽样分布。由样本平均数 $\bar{x}$ 构成的总体称为样本平均数的抽样总体，其平均数和标准差分别记为 $\mu_{\bar{x}}$ 和 $\sigma_{\bar{x}}$。$\sigma_{\bar{x}}$ 是样本平均数抽样总体的标准差，简称标准误差（standard error），它表示平均数抽样误差的大小。统计学上已证明 $\bar{x}$ 总体的两个参数与 x 总体的两个参数有如下关系：

$$\mu_{\bar{x}} = \mu, \ \sigma_{\bar{x}} = \frac{\sigma}{\sqrt{n}} \tag{3-19}$$

为了验证这个结论及了解平均数抽样总体与原总体概率分布间的关系，可进行模拟抽样试验。

设有一 N 为 4 的有限总体，变数为 2、3、3、4。根据 $\mu = \sum x / N$ 和 $\sigma^2 = \sum (x - \mu)^2 / N$，求得该总体的 μ、σ^2、σ 为：$\mu = 3$、$\sigma^2 = 1/2$、$\sigma = \sqrt{1/2} = 0.707$。

从有限总体作返置随机抽样，所有可能的样本数为 N^n 个，其中 n 为样本含量。以上述总体而论，如果从中抽取 $n = 2$ 的样本，共可得 $4^2 = 16$ 个样本。如果样本含量 n 增至 4，则一共可得 $4^4 = 256$ 个样本。分别求这些样本的平均数 $\bar{x}$，其频数分布如表 3-3 所示。根据表 3-3，在 $n = 2$ 的试验中，样本均数、抽样总体的均数、方差与标准差分别为：

$$\mu_{\bar{x}} = \frac{\sum f \bar{x}}{N^n} = 48.0/16 = 3 = \mu$$

$$\sigma_{\bar{x}}^2 = \frac{\sum f (\bar{x} - \mu_{\bar{x}})^2}{N^n} = \frac{\sum f \bar{x}^2 - (\sum f \bar{x})^2 / N^n}{N^n} = \frac{148.00 - 48.0^2/16}{16}$$

$$= 4/16 = 1/4 = (1/2) \times (1/2) = \sigma^2/n$$

$$\sigma_{\bar{x}} = \sqrt{\sigma_{\bar{x}}^2} = \sqrt{1/4} = \sqrt{1/2}/\sqrt{2} = \sigma/\sqrt{n}$$

表 3-3　$N = 4$，$n = 2$，$n = 4$ 时 $\bar{x}$ 的频数分布

$\bar{x}$	f	$f\bar{x}$	$f\bar{x}^2$	$\bar{x}$	f	$f\bar{x}$	$f\bar{x}^2$
	$N^n = 4^2 = 16$				$N^n = 4^4 = 256$		
2.0	1	2.0	4.00	2.00	1	2.00	4.00
2.5	4	10.0	25.00	2.25	8	18.00	40.50
3.0	6	18.0	54.00	2.50	28	70.00	175.00
3.5	4	14.0	49.00	2.75	56	154.00	423.00
4.0	1	4.0	16.00	3.00	70	210.00	630.00
				3.25	56	182.00	591.50
				3.50	28	98.00	343.00
				3.75	8	30.00	112.50
				4.00	1	4.00	16.00
Σ	16	48.0	148.0	Σ	256	768	2336

同理，可得 $n=4$ 时：

$$\mu_{\overline{x}}=768/256=3=\mu \qquad \sigma_{\overline{x}}^{2}=32/256=1/8=(1/2)/4=\sigma^{2}/n$$

$$\sigma_{\overline{x}}=\sqrt{1/8}=\sqrt{1/2}/\sqrt{4}=\sigma/\sqrt{n}$$

这就验证了 $\mu_{\overline{x}}=\mu$，$\sigma_{\overline{x}}=\sigma/\sqrt{n}$ 的正确性。

若将表 3-3 中两个样本的抽样总体作频数分布图，则如图 3-10 所示。

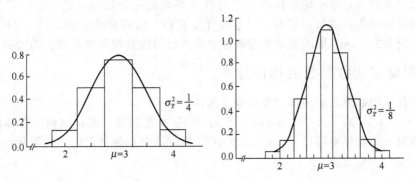

图 3-10 平均数 $\overline{x}$ 的抽样分布

由以上模拟抽样试验可以看出，虽然原总体并非正态分布，但从中随机抽取样本，即使样本含量很小（$n=2$，$n=4$），样本平均数的分布却趋向于正态分布形式。随着样本含量 n 的增大，样本平均数的分布愈来愈趋向连续的正态分布。比较图 3-10 两个分布，在 n 由 2 增到 4 时，这种趋势表现得相当明显。当 $n>30$ 时，$\overline{x}$ 的分布就近似正态分布了。x 变量与 $\overline{x}$ 变量概率分布间的关系可由下列两个定理说明。

① 若随机变量 x 服从正态分布 $N(\mu,\sigma^{2})$；x_{1}，x_{2}，…，x_{n} 是由 x 总体得来的随机样本，则统计量的 $\overline{x}=\sum x_{i}/n$ 概率分布也是正态分布，且有 $\mu_{\overline{x}}=\mu$，$\sigma_{\overline{x}}^{2}=\sigma^{2}/n$，即 $\overline{x}$ 服从正态分布 $N(\mu,\sigma^{2}/n)$。

② 若随机变量 x 服从平均数是 μ，方差是 σ^{2} 的分布（不是正态分布）；x_{1}，x_{2}，…，x_{n} 是由此总体得来的随机样本，则统计量 $\overline{x}=\sum x_{i}/n$ 的概率分布，当 n 相当大时逼近正态分布 $N(\mu,\sigma^{2}/n)$。这就是中心极限定理。

上述两个定理保证了样本平均数的抽样分布服从或者逼近正态分布。

中心极限定理告诉我们：不论 x 服从何种分布，一般只要 $n>30$，就可以认为 $\overline{x}$ 的分布是正态的。若 x 的分布不很偏斜，在 $n>20$ 时，x 的分布就近似于正态分布了。这就是为什么正态分布较之其他分布应用更为广泛的原因。

3.2.2 均数标准误

均数标准误（standard error）$\sigma_{\overline{x}}$ 的大小与原总体的标准差 σ 成正比，与样本含量 n 的平方根成反比。均数标准误（平均数抽样总体的标准差）$\sigma_{\overline{x}}=\sigma/\sqrt{n}$ 的大小反映样本数 $\overline{x}$ 的抽样误差的大小，即精确性的高低。$\sigma_{\overline{x}}$ 大，说明各样本数 $\overline{x}$ 间差异程度大，样本平均数的精确性低；反之，$\sigma_{\overline{x}}$ 小，说明 $\overline{x}$ 间的差异程度小，样本平均数的精确性高。从某特定总体抽样，因为 σ 是一常数，所以只有增大样本含量才能降低样本均数 $\overline{x}$ 的抽样误差。

实际上总体标准差 σ 往往未知，无法求得 $\sigma_{\overline{x}}$。一般用样本标准差 S 估计 σ，用 $S/\sqrt{n}$ 估计 $\sigma_{\overline{x}}$，将 $S_{\overline{x}}$ 称作样本标准误或均数标准误。若样本中各观察值为 x_{1}，x_{2}，…，x_{n}，则

$$S_{\overline{x}}=\frac{S}{\sqrt{n}}=\sqrt{\frac{\sum(x_{i}-\overline{x})^{2}}{n(n-1)}}=\sqrt{\frac{\sum x_{i}^{2}-(\sum x_{i})^{2}/n}{n(n-1)}} \tag{3-20}$$

应当注意，样本标准差与样本标准误是既有联系又有区别的两个统计量，式(3-20)已表明了两者的联系。样本标准差 S 是反映样本中各变数 x_1，x_2，…，x_k 变异程度大小的一个指标，它的大小说明了 $\overline{x}$ 对该样本代表性的强弱。样本标准误是样本平均数 $\overline{x}_1$，$\overline{x}_2$，…，$\overline{x}_k$ 的标准差，它是 $\overline{x}$ 抽样误差的估计值，其大小说明了样本间变异程度的大小及 $\overline{x}$ 精确性的高低。

对于大样本资料，常将样本标准差 S 与样本平均数配合使用，记为 $\overline{x} \pm S$，用以说明所考察性状或指标的优良性与稳定性。对于小样本资料，常将样本标准误 $S_{\overline{x}}$ 与样本平均数 $\overline{x}$ 配合使用，记为 $\overline{x} \pm S_{\overline{x}}$，用以表示所考察性状或指标的优良性与抽样误差的大小。

3.2.3 两样本均数差数的抽样分布

关于两样本均数差数的抽样分布有以下规律：

设 $x_1 \sim N(\mu_1, \sigma_1^2)$，$x_2 \sim N(\mu_2, \sigma_2^2)$，且 x_1 与 x_2 相互独立，若从这两个总体里抽取所有可能的样本对（无论样本容量 n_1，n_2 大或小），则样本平均数之差 $\overline{x}_1 - \overline{x}_2$ 服从正态分布，即 $(\overline{x}_1 - \overline{x}_2) \sim N(\mu_{\overline{x}_1 - \overline{x}_2}, \sigma_{\overline{x}_1 - \overline{x}_2}^2)$。

且总体参数有如下关系：

$$\left. \begin{aligned} \mu_{\overline{x}_1 - \overline{x}_2} &= \mu_1 - \mu_2 \\ \sigma_{\overline{x}_1 - \overline{x}_2}^2 &= \frac{\sigma_1^2}{n_1} + \frac{\sigma_2^2}{n_2} \end{aligned} \right\} \tag{3-21}$$

若所有样本均来自同一正态总体 $x \sim N(\mu, \sigma^2)$，则其平均数差数的抽样分布（不论样本容量 n_1、n_2 大小）服从正态分布，且

$$\left. \begin{aligned} \mu_{\overline{x}_1 - \overline{x}_2} &= 0 \\ \sigma_{\overline{x}_1 - \overline{x}_2}^2 &= \sigma^2 \left(\frac{1}{n_1} + \frac{1}{n_2} \right) \end{aligned} \right\} \tag{3-22}$$

若所有样本均来自非正态的同一总体，则其平均数差数的抽样分布按中心极限定理在 n_1 和 n_2 相当大时（大于30）才逐渐接近于正态分布，参数间的关系同式(3-22)。

若所有样本均来自两个非正态总体，尤其 σ_1^2 和 σ_2^2 相差很大时，则其平均数差数的抽样分布很难确定，当 σ_1^2 与 σ_2^2 相差不太大，且 n_1 和 n_2 趋于无穷大时，均数差数的抽样分布逐渐趋于正态分布，参数间的关系同式(3-21)。

3.2.4 样本均数差数标准误

实际上 σ_1^2 与 σ_2^2 一般未知，常用 S_1^2 与 S_2^2 分别来代替 σ_1^2 与 σ_2^2，$\sigma_{\overline{x}_1 - \overline{x}_2}$ 可用 $\sqrt{\dfrac{S_1^2}{n_1} + \dfrac{S_2^2}{n_2}}$ 估计，记为

$$S_{\overline{x}_1 - \overline{x}_2} = \sqrt{\frac{S_1^2}{n_1} + \frac{S_2^2}{n_2}} \tag{3-23}$$

并简称 $S_{\overline{x}_1 - \overline{x}_2}$ 为均数差数标准误（亦称均数差异标准差）。

在式(3-23)中，S_1^2 与 S_2^2 分别是样本含量为 n_1 及 n_2 的两个样本方差。如果它们所估计的各自总体方差 σ_1^2 与 σ_2^2 相等，即 $\sigma_1^2 = \sigma_2^2 = \sigma^2$，那么 S_1^2 与 S_2^2 都是 σ^2 的估计值，这时应将 S_1^2 与 S_2^2 的加权平均值 S_0^2 作为 σ^2 的估计值较为合理。在假设 $\sigma_1^2 = \sigma_2^2 = \sigma^2$ 的条件下有：

$$S_0^2 = \frac{S_1^2 \cdot df_1 + S_2^2 \cdot df_2}{df_1 + df_2} = \frac{SS_1 + SS_2}{n_1 + n_2 - 2} = \frac{\sum(x_1 - \overline{x}_1)^2 + \sum(x_2 - \overline{x}_2)^2}{n_1 + n_2 - 2} \tag{3-24}$$

于是

$$S_{\overline{x}_1 - \overline{x}_2} = \sqrt{\left(\frac{1}{n_1} + \frac{1}{n_2}\right) S_0^2} \tag{3-25}$$

3.2.5 t 分布

t 分布首先于 1908 年由英国统计学家 W. S. Gosset 发现并于 1926 年由 R. A. Fisher 加以完善。

由样本平均数抽样分布的性质知道：若 $x \sim N(\mu, \sigma^2)$，则 $\overline{x} \sim N(\mu_{\overline{x}}, \sigma_{\overline{x}}^2)$。将随机变量 $\overline{x}$ 标准化得：$u = (\overline{x} - \mu)/\sigma_{\overline{x}}$，则 $u \sim N(0, 1)$。当 σ^2 未知时，以 S 代替 σ 所得到的统计量 $(\overline{x} - \mu)/S_{\overline{x}}$ 记为 t。即

$$t = (\overline{x} - \mu)/S_{\overline{x}} \tag{3-26}$$

在计算 $S_{\overline{x}}$ 时，由于采用 S 来代替 σ，使得 t 变量不再服从标准正态分布，而是服从 t 分布（t-distribution）。它的概率密度函数如下：

$$f(t) = \frac{1}{\sqrt{\pi df}} \frac{\Gamma[(df+1)/2]}{\Gamma(df/2)} \left(1 + \frac{t^2}{df}\right)^{-\frac{df+1}{2}} \tag{3-27}$$

式中，t 的取值范围是 $-\infty < t < +\infty$；$df = n - 1$ 为自由度。

t 分布的平均数和标准差为：

$$\mu_t = 0(df > 1), \quad \sigma_t = \sqrt{df/(df-2)} \quad (df > 2) \tag{3-28}$$

t 分布的曲线如图 3-11 所示，其特点是：

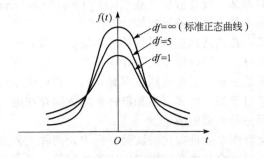

图 3-11 不同自由度的 t 分布

① t 分布受自由度的制约，每一个自由度对应 1 条 t 分布曲线。

② 分布密度曲线以 $t = 0$ 为轴，两边对称，且在 $t = 0$ 时，分布密度函数取得最大值。

③ 与标准正态分布相比，t 分布曲线顶部略低，两尾部稍高而平，df 越小这种趋势越明显。df 越大，t 分布越趋近于标准正态分布。当 $n > 30$ 时，t 分布与标准正态分布的区别很小；$n > 100$，t 分布基本与标准正态分布相同；$n \to \infty$ 时，t 分布与标准正态分布完全一致。t 分布函数为：

$$F_{t(df)} = P(t < t_1) = \int_{-\infty}^{t_1} f(t) \, \mathrm{d}t \tag{3-29}$$

因而其右尾从 t_1 到 $+\infty$ 的面积（概率）为 $1 - F_{t(df)}$。由于 t 分布左右对称，其左尾从

$-\infty$ 到 $-t$ 的概率也为 $1-F_{t(df)}$。于是 t 分布曲线下由 $-\infty$ 到 $-t_1$ 和由 t_1 到 $+\infty$ 两个相等的尾部面积之和（两尾概率）为 $2(1-F_{t(df)})$。对于不同自由度下 t 分布的两尾概率及其对应的临界 t 值已编制成附表 3，即 t 值表。该表第一列为自由度 df，表头为两尾概率值，表中数字即为临界 t 值。

例如，当 $df=15$ 时，查附表 3 得两尾概率等于 0.05 的临界 t 值为 $t_{0.05(15)}=2.131$，其意义是：$P(-\infty<t<-2.131)=P(2.131<t<+\infty)=0.025$；
$$P(-\infty<t<-2.131)+P(2.131<t<+\infty)=0.05。$$

由附表 3 可知，当 df 一定时，概率 P 越大，临界 t 值越小；概率 P 越小，临界 t 值越大。当概率 P 一定时，随着 df 的增加，临界 t 值在减小，当 $df=\infty$ 时，临界 t 值与标准正态分布的 u 相等。

3.3 统计假设检验概述

样本平均数的抽样分布是从总体到样本的方向来研究样本与总体的关系的，但在试验过程中，所获得的通常都是样本的资料，而我们希望了解的却是样本所在总体的情况。因此，还须从由样本到总体的方向来研究样本与总体的关系，即进行统计推断（statistical inference）。所谓统计推断，就是根据抽样分布规律和概率理论，由样本资料去推论总体特征的方法，包括假设检验（hypothesis test）和参数估计（parameter estimation）。

假设检验又叫显著性检验（test of significance），根据涉及的统计量不同，分为 u 检验、t 检验、F 检验和 χ^2 检验等不同方法。这些方法虽然用途和使用条件各不相同，但基本原理是相似的。参数估计有点估计（point estimation）和区间估计（interval estimation）之分，本节着重介绍参数的区间估计。

3.3.1 统计假设检验的意义和基本原理

（1）统计假设检验的意义　统计假设检验（test of statistical hypothesis）是一种由样本的差异去推断样本所在总体是否存在差异的统计方法。

由于抽样误差，从某一总体随机抽样得到的样本均数与该总体均数会存在抽样引起的随机变异。当某样本平均数与某已知群体平均数存在差异时，就存在两种可能，一种可能是该样本来自于此群体，差异是由抽样引起的随机变异；另一种可能是该样本来自于另外一个群体总体，此差异主要是来自于另一群体与已知群体平均数间存在的真实差异。此时要根据统计假设检验来作出属于哪一种可能的结论。

在科学研究中，常会有两个处理的比较试验。例如，两种工艺方法的比较，一种新添加剂与对照两处理的比较，两种食品内含物测定方法的比较等；也常会有检验某产品是否达到某项质量标准，或在某项有害物指标上是否超标的试验。对于这一类试验数据，均可采用统计假设检验来分析，从而保证获得相对正确可靠的结论。

（2）统计假设检验的基本原理　统计假设检验，首先是对研究总体提出假设，在此假设下构造合适的统计量，并由该统计量的抽样分布估计样本统计量的概率，根据概率值的大小做出接受或否定假设的推断。

① 对研究总体提出假设。这里有两个假设：一个假设是被检验的假设，用 H_0 表示。其内容是假设被检验的两个总体均值相等（必须这样假设，因为这是构造合适的统计量和进行相应概率运算的前提）。这个假设称为无效假设（null hypothesis）。通过检验，无效假设 H_0 可能被接受，也可能被否定。与无效假设相对应的还有一个假设，叫作备择假设（alternate hypothesis），记作 H_A。其内容与无效假设相对立，也即试验的处理效应存在。备择假设是在无效假设被否定时，准备接受的假设。

② 在无效假设 H_0 成立的前提下，构造合适的统计量，并由该统计量的抽样分布计算样本统计量的概率。

无效假设 H_0：$\mu = \mu_0$ 成立，说明试验的表面效应 $|\bar{x} - \mu_0|$ 纯属误差造成，处理效应 $(\mu - \mu_0)$ 为零。此时也可把试验中所获得的 $\bar{x}$ 看成是从 μ_0 总体中随机抽出的一个样本平均数。由样本均数抽样分布理论可知，从一个平均数 μ_0、方差为 σ^2 的正态总体中抽样，所得的一系列样本平均数 $\bar{x}$ 的分布呈正态分布 $N\left(\mu_0, \dfrac{\sigma^2}{n}\right)$，对 $\bar{x}$ 作标准化，则有

$$u = \frac{\bar{x} - \mu_0}{\sigma/\sqrt{n}} \sim N(0, 1) \tag{3-30}$$

由式(3-30)即可计算出样本统计量 u 值，并估计出 H_0 条件下 $|u|$ 超过样本实得值的概率。

③ 根据估计出的统计量的概率值大小，做出接受或否定无效假设的推断。

如果估计出的统计量的概率值非常小，说明无效假设 H_0 认为的表面效应 $(\bar{x} - \mu_0)$ 纯属误差造成的情况为小概率事件。根据小概率事件的实际不可能性原理，可以认为，表面效应不可能仅由试验误差造成，处理效应应该是存在的。因而原先所作的无效假设 H_0 是不正确的，应予以否定，转而接受备择假设 H_A；反之，如果估计出的统计量的概率值不很小，说明表面效应 $(\bar{x} - \mu_0)$ 纯属误差造成的情况有较大可能会出现，此时的无效假设 H_0 很可能是正确的，不能被否定。

然而，做出否定或接受 H_0 的决定应以多大的概率值作为小概率标准？统计学上把决定接受或否定 H_0 的小概率标准称为显著水平（significance level）或显著水准，常用 α 表示。实际中常用的显著水平有 0.05 和 0.01 两个。当估计出的概率值 $P < \alpha$ 时，则否定 H_0；当估计出的概率值 $P > \alpha$ 时，就接受 H_0。

显著水平在统计假设检验中是由人为确定的。在实际工作中，所用的显著水平除 0.05 和 0.01 外，还常有 0.001、0.1 等。到底选哪种显著水平，可根据试验的目的意义、试验条件和试验结论的重要性等因素综合考虑而定。如试验中难以控制的因素较多，试验误差可能较大，则显著水平可选低些，即将 α 定得大点；反之，如果试验耗费较大，对精度的要求较高，不容许反复，或者试验结论的应用事关重大，则所选显著水平应高些，即 α 值应该小些。另外，还可结合对假设检验中的两类错误的控制来考虑显著水平的确定，显著水平对假设检验的结论是有直接影响的，所以它应在试验开始前即规定下来。

3.3.2 统计假设检验的步骤

综上所述，统计假设检验的基本步骤为：

(1) 建立假设　对样本所属总体提出假设，包括无效假设 H_0 和备择假设 H_A。后面会看到假设的内容依两尾或一尾检验而有所不同。

(2) 确定显著水平 α　实践中最常用的显著水平为 $\alpha = 0.05$ 和 $\alpha = 0.01$。

(3) 计算检验统计量　即从无效假设 H_0 出发，根据样本提供的信息计算检验统计量。不同的假设检验，所得统计量不同（如 t，u 等），进而根据检验统计量的分布，估计表面效应仅由误差造成的概率。

(4) 统计推断　根据估计的概率值的大小来推断无效假设是否正确，从而决定接受还是否定 H_0。

由于常用显著水平 α 有 0.05 和 0.01 两个，故以小概率标准来做统计推断时就有 3 种可能结果，每次检验必须且只能得其中之一。

① 当计算出的概率 $P>0.05$ 时，说明表面效应仅由误差造成的概率不很小，故应接受无效假设 H_0，拒绝 H_A，此时称为差异 $\bar{x}-\mu_0$ 不显著。

② 当计算出的概率 $0.01<P<0.05$ 时，说明表面效应仅由误差造成的概率很小，则应否定 H_0，接受 H_A，此时称为差异显著，通常是在计算的检验统计量值上标记上一个"＊"表示。

③ 当计算出的概率 $P<0.01$ 时，说明表面效应仅由误差造成的概率更小，更应否定 H_0。为了与 $\alpha=0.05$ 上的显著性有所区别，此时称为差异极显著，在检验统计量值上标记"＊＊"来表示。

在实际检验中，计算概率可以简化。因为在标准正态分布下，对应于给定的概率 α 总可以找到一个正态离差值 u_α 使得 $P(|u|\geqslant u_\alpha)=\alpha$ 成立。

α 与 u_α 的这种对应关系已由附表 2〔正态分布的双侧分位数（u_α）表〕给出。因此，在用 u 分布（标准正态分布）作假设检验时，只需要将由样本值 u 与显著水平 α 对应的 u_α 相比较，推知所求概率是大于或小于显著水平 α，进而做出统计推断，而不必再计算实得 u 值对应的概率。若实得 $|u|\geqslant u_\alpha$，则对应概率 $P\leqslant\alpha$，此时应否定 H_0；若实得 $|u|<u_\alpha$，则概率 $P>\alpha$，此时应接受 H_0。这里的 u_α 叫作临界 u 值。

3.3.3 统计假设检验中的两类错误

统计假设检验是根据小概率事件的实际不可能性原理来决定否定或接受无效假设，在做出是否定无效假设的统计推断时，没有 100% 的把握，总要冒一定的下错误结论的风险。表 3-4 列出了在一次统计假设检验中可能出现的 4 种情况。

表 3-4 列出的 4 种情况中，有两种情况的检验结果是错误的。其中当 H_0 本身正确，但通过假设检验后却否定了它，也就是将非真实差异错判为真实差异，这样的错误统计上称为第一类错误（type I error）；反之，当 H_0 本身错误时，通过假设检验后却接受了它，也即把真实差异错判为非真实差异，这样的错误叫做第二类错误（type II error）。否定无效假设 H_0 时可能犯第一类错误，而接受无效假设时可能犯第二类错误，并且犯两类错误的概率有多大是可知的，是可以适当调控的。

表 3-4　统计假设检验结果的 4 种情况

检验结果	客 观 存 在	
	H_0 正确	H_0 错误
否定 H_0	第一类错误	没有错误
接受 H_0	没有错误	第二类错误

犯第一类错误的概率通常不会超过显著水平 α。因为在假设检验中，是由显著水平 α 确定否定区间的。在无效假设 H_0 正确的情况下，从 μ_0 总体中随机抽出的样本平均数 $\bar{x}$ 仍有 α 大小的概率出现在否定区间。然而在假设检验中，一旦 $\bar{x}$ 落入否定区间，就否定 H_0。因此，犯第一类错误的概率通常不会超过 H_0 正确时 $\bar{x}$ 出现在否定区间的概率 α，即显著水平。所以第一类错误又叫做 α 错误。由此可见，当在显著水平下做出否定 H_0 的推断时，只有 $1-\alpha$ 的把握保证结论正确，同时要冒 α 这样大的下错结论的风险。要使犯第一类错误的概率小一些，可将显著水平定得小一点。

犯第二类错误的概率常记为 β，故这类错误又叫做 β 错误。β 的大小通常难以确切估计，但与一些因素有关。图 3-12 说明了 β 的大小与一些相关因素的关系。图中左边的曲线是 H_0：$\mu=\mu_0$ 为真时，μ_0 总体的 $\bar{x}$ 的分布曲线；右边的曲线是 H_A：$\mu\neq\mu_0$ 为真时，μ 总体的 $\bar{x}$

的分布曲线。两条曲线往往存在相互叠加的情况。由于统计假设检验是在 H_0：$\mu = \mu_0$ 下进行的，故接受域和否定域均在 μ_0 总体的分布曲线范围内划分。这样就使得犯第二类错误的概率 β 即为图中的斜线阴影部分。因为在 H_0 错误（H_A：$\mu \neq \mu_0$ 正确）的情况下，来自 μ 总体的样本平均数 $\bar{x}$ 仍有 β 这么大的概率出现在接受域。所以在假设检验时，一旦 $\bar{x}$ 出现在接受域，就接受 H_0，认为 $\bar{x}$ 来自于 μ_0 总体，显然此时接受了一个错误的 H_0，犯了第二类错误。所以犯第二类错误的概率 β 就是在 $\mu \neq \mu_0$ 的情况下，来自于 μ 总体 $\bar{x}$ 的在 H_0 接受区间出现的概率，即 μ 总体的 $\bar{x}$ 的分布曲线下的斜线阴影面积。

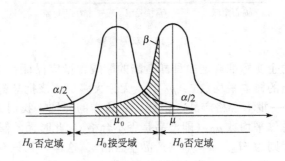

图 3-12　两类错误示意图

由图 3-12 可见，犯第二类错误的概率 β 的大小，与两条曲线的叠加部分大小直接相关。而叠加部分大小又主要与 $|\mu - \mu_0|$ 和均数标准误 $\sigma_{\bar{x}}$ 的大小有关。在均数标准误不变的情况下，$|\mu - \mu_0|$ 大，两曲线相隔就远，叠加部分就少，相应 β 就小；反之，$|\mu - \mu_0|$ 小，两曲线靠得就近，叠加部分就多，β 也就大。而在 $|\mu - \mu_0|$ 一定的条件下，$\sigma_{\bar{x}}$ 大，曲线就会更矮胖一些，两曲线叠加就会更多些，β 相应就大些；相反，$\sigma_{\bar{x}}$ 小，曲线瘦高一些，两曲线叠加就少一点，β 也就小一些。由于 μ 与 μ_0 的相差往往不是主观能够改变的客观存在，因此在试验过程中，通常是通过减少均数标准误 $\sigma_{\bar{x}}$ 来减小犯第二类错误的概率的。而均数标准误的减小，又是通过精密的试验设计、严格的试验操作和增大样本容量 n 来实现的。

另外，图 3-12 还提示出犯第一类、第二类错误的概率 α 与 β 在大小上的互变关系。一般 α 大，β 就小，也即越易犯第一类错误时，犯第二类错误的可能性就小；反之，α 小，β 就大。由于 α 又是显著水平，是由试验者所确定的，因此在实践中，可以根据试验目的，通过调整 α 的大小来控制检验时犯错误的概率。通常是当试验者对某检验希望获得"差异显著"的检验结果时，由于求成心理作用，试验者易于接受第一类错误结果（因为若出现第二类错误结果时，由于与试验者的期望相反，而不易被接受）。因此，此时第一类错误的危害性更大些，应重点控制，故应适当减小显著水平 α。如果某次检验中，试验者希望获得"差异不显著"的结果时（如检验某食品质量是否达标的试验），同样由于心理作用，试验者易于接受第二类错误结果。此时就应把重点放在防止第二类错误上，故应适当增大显著水平 α，实际上就是减小 β。

3.3.4　两尾检验与一尾检验

上述假设检验中，对应于无效假设 H_0：$\mu = \mu_0$ 的备择假设为 H_A：$\mu \neq \mu_0$。它实际上包含了 $\mu < \mu_0$ 或 $\mu > \mu_0$ 这两种情况，因而这种检验有两个否定域，分别位于 $\bar{x}$ 分布曲线的两尾，故叫做两尾检验（two-tailed test），也称双侧检验，见图 3-13。两尾检验的目的在于判断 μ 与 μ_0 有无差异，而不考虑 μ 与 μ_0 谁大谁小，把 $\mu < \mu_0$ 和 $\mu > \mu_0$ 合为一种结果。这种检验中运用的显著水平 α 也被平分在两尾，各尾占有 $\alpha/2$，叫做两尾概率。两尾检验在试验过程中被广泛应用。但是，在有些情况下两尾检验不一定符合实际需要。

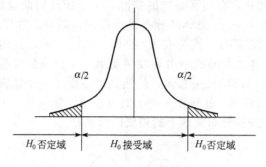

图 3-13 双侧检验

例如，某酿醋厂的企业标准规定曲种酿造醋的醋酸含量应保证在 12% 以上（μ_0），如果进行抽样检验，则抽出的样本平均数 $\bar{x} \geqslant \mu_0$ 时，无论大多少，该批醋都应是合格产品。但若 $\bar{x} < \mu_0$ 时，却有可能是一批不合格产品。因此，对这样的问题，我们关心的是 $\bar{x}$ 所在总体平均数 μ 是否小于已知总体平均数 μ_0（即产品是否不合格）。此时无效假设仍应为 H_0：$\mu = \mu_0$（产品合格），备择假设则为 H_A：$\mu < \mu_0$（产品不合格）。这样，就只有一个否定域，并且位于 $\bar{x}$ 分布曲线的左尾，显著水平 α 也集中在左尾。当 $\alpha = 0.05$ 时，其否定域为 $\bar{x} \leqslant \mu_0 - 1.64 \sigma_{\bar{x}}$ [图 3-14（b）]。又如，国家规定酿造白酒中的甲醇含量不得大于 0.04g/100mL（μ_0）。在抽样检验中，当样本平均数 $\bar{x} \leqslant \mu_0$ 时，无论小多少，均应判定该批白酒为合格品。而当 $\bar{x} > \mu_0$ 时，则可能为不合格产品。在这样的问题中，我们希望了解的是 μ 是否大于 μ_0。因此，无效假设仍应为 H_0：$\mu = \mu_0$，备择假设则为 H_A：$\mu > \mu_0$。此时，仍只有一个否定域，但位于 $\bar{x}$ 分布曲线的右尾，显著水平 α 也同样集中在右尾。当 $\alpha = 0.05$ 时，其否定域为 $\bar{x} \geqslant \mu_0 + 1.64 \sigma_{\bar{x}}$ [图 3-14（a）]，这类否定域位于 $\bar{x}$ 分布曲线某一尾的统计假设检验称为一尾检验（one-tailed test）。

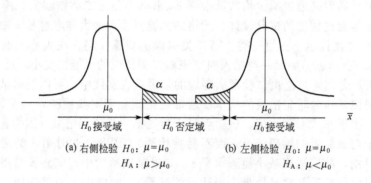

(a) 右侧检验 H_0：$\mu = \mu_0$ (b) 左侧检验 H_0：$\mu = \mu_0$

H_A：$\mu > \mu_0$ H_A：$\mu < \mu_0$

图 3-14 一尾检验

选用两尾检验还是一尾检验应根据专业的要求在试验设计时就确定。一般而论，若事先不知道 μ 与 μ_0 谁大谁小，为了检验 μ 与 μ_0 是否有差异，则用两尾检验；如果凭借一定的专业知识和经验，推测 μ 不会小于 μ_0 时，为了检验 μ 是否大于 μ_0，应用一尾检验；反之，为了检验 μ 是否小于 μ_0，仍应用一尾检验。两种一尾检验的 H_A 有所不同。

3.4 样本平均数的假设检验

3.4.1 单个样本（one-sample）平均数的假设检验与 SPSS 实现

（1）基本数学原理 这是检验某一样本平均数 $\bar{x}$ 与一已知总体平均数 μ_0 是否有显著差

异的方法，对于单个正态总体并且方差未知的情况下，用下面的统计量来检验其平均数的显著性（假设样本均值与总体均值相等，即 $\mu = \mu_0$）。

$$t = \sqrt{n}\,\frac{\overline{x} - \mu_0}{S} \tag{3-31}$$

当原假设成立时，上面的统计量应服从自由度为 $n-1$ 的 t 分布。

（2）应用实例与 SPSS 实现

【例 3-10】 某食品企业厂生产瓶装矿泉水，其自动装罐机在正常工作状态时每罐净容量具正态分布 $N(500, 64)$（单位为 mL）。某日随机抽查了 10 瓶水，得结果如下：505，512，497，493，508，515，502，495，490，510，问罐装机该日工作是否正常？

操作步骤如下。

Step1：输入数据后依次选中 "Analyze→Compare Means→One-Sample T Test"，如图 3-15 所示，即可打开【One-Sample T Test】主对话框。

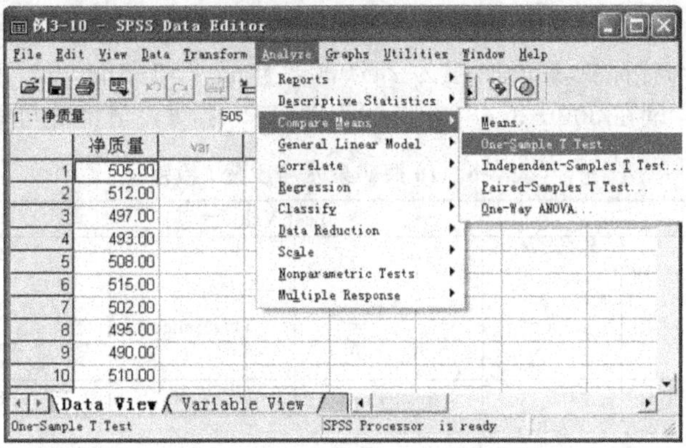

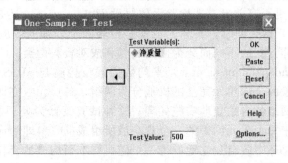

图 3-15 SPSS 数据编辑窗口

Step2：用中间的左箭头按钮从左边的原变量名列表框中将变量名 "净质量" 转移到 "Test Variable" 列表框中，则 "净质量" 对应的变量数据将进行均值检验。

Step3：在 "Test Value" 输入框中输入总体均值 500，如图 3-16 所示。

图 3-16 【One-Sample T Test】对话框

Step4：单击 Options 按钮，打开 "One-Sample T Test：Options" 对话框，如图 3-17 所示。利用该对话框，设置检验时采用的置信度。

Step5：单击【OK】完成。

输出结果及分析：

表 3-5 是 10 瓶矿泉水净容量统计表，包括测量个数、平均数、标准差和平均数的标准误差。

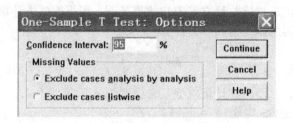

图 3-17   One-Sample T Test：Options 窗口

表 3-5   10 瓶矿泉水净容量统计表

	N	Mean	Std. Deviation	Std. Error Mean
净质量	10	502.7000	8.64163	2.73272

从表 3-6 可以看出，t 值为 0.988，自由度 df 为 9，双尾显著性概率 Sig.（2-tailed）为 0.349，总体平均数与样品检验值的差为 2.7000，样品平均数的 95% 置信区间是 −3.4819 到 8.8819，即灌装容量在 500−3.4819～500+8.8819 之间，估计的可靠度为 95%。

表 3-6   10 瓶矿泉水净质量 t 检验

	Test Value=500					
	t	df	Sig. (2-tailed)	Mean Difference	95% Confidence Interval of the Difference	
					Lower	Upper
净质量	.988	9	.349	2.7000	−3.4819	8.8819

统计推断：由自由度 df=9 和显著水平 α=0.01 查附表 3 得临界 t 值 $t_{0.01(9)}$=3.250。由于实得 $|t|$=0.988<$t_{0.01(9)}$，故 p>0.01，应接受 H_0，说明该日装罐机工作正常。

3.4.2   两个样本平均数的假设检验与 SPSS 实现

两个样本平均数的假设检验就是由两个样本平均数之差（$\bar{x}_1 - \bar{x}_2$）去推断两个样本所在总体平均数 μ_1，μ_2 是否有差异，即检验无效假设 H_0：$\mu_1 = \mu_2$，还是备择假设 H_A：$\mu_1 \neq \mu_2$ 或 $\mu_1 > \mu_2$（$\mu_1 < \mu_2$）这类问题。实际上也就是检验两个处理的效应是否一样。检验方法因试验设计或调查取样方式的不同而分为成组资料和成对资料两类。

（1）成组资料（independent-sample）平均数的假设检验与 SPSS 实现   一个试验中若有两个处理，可将试验的全部单元完全随机地分为两组，各单元数亦即重复数可以相等，也可以不等。然后再对两组各自独立地实施处理。这种试验设计为处理数 k=2 的完全随机化设计。由这样的试验中每个单元测得的一个观察值所组成的资料即为成组资料。另外，若在试验调查时，从两个总体中各自独立地取得一个随机样本而构成的资料，也是成组资料。成组资料的特点是两组数据相互独立无关，各组数据的个数可等可不等。

① 基本数学原理。进行两个独立的正态总体下样本总体均值的比较时，根据方差相等与方差不等两种情况，应用不同的统计量进行检验。

方差不等时，统计量为：$t = \dfrac{\bar{x} - \bar{y}}{\sqrt{\dfrac{S_x^2}{m} + \dfrac{S_y^2}{n}}}$ (3-32)

式中，$\bar{x}$ 和 $\bar{y}$ 表示样本 1 和样本 2 的均值；S_x^2 和 S_y^2 为样本 1 和样本 2 的方差；m 和 n 为样本 1 和样本 2 的数据个数。

方差相等时，采用统计量为：$t=\dfrac{\overline{x}-\overline{y}}{S_W\sqrt{\dfrac{1}{m}+\dfrac{1}{n}}}$ (3-33)

式中，S_W 为两个样本差值的标准差，它是样本 1 和样本 2 的方差的加权平均值的方根，计算公式为 $S_W=\sqrt{\dfrac{(m-1)S_x^2+(n-1)S_y^2}{m+n+1}}$ (3-34)

当两个总体的均值差异不显著时，该统计量应服从自由度为 $m+n-2$ 的 t 分布。

② 应用实例与 SPSS 实现。

【例 3-11】 表 3-7 为随机抽取的秦冠和红富士苹果果实各 11 个的果肉硬度（磅/cm^2，1 磅＝0.4536kg），问两品种的果肉硬度有无显著差异？

表 3-7 苹果果实的果肉硬度　　　　　　　　　　　　单位：磅/cm^2

品种序号	1	2	3	4	5	6	7	8	9	10	11
秦冠	14.5	16.0	17.5	19.0	18.5	19.0	15.5	14.0	16.0	17.0	19.0
红富士	17.0	16.0	15.5	14.0	14.0	17.0	18.0	19.0	19.0	15.0	15.0

操作步骤如下。

Step1：将表 3-7 中的测定结果输入 SPSS Data Editor 后，依次选中"Analyze→Compare Means→Independent-Sample T Test"，如图 3-18 所示，即可打开【Independent-Sample T Test】主对话框。

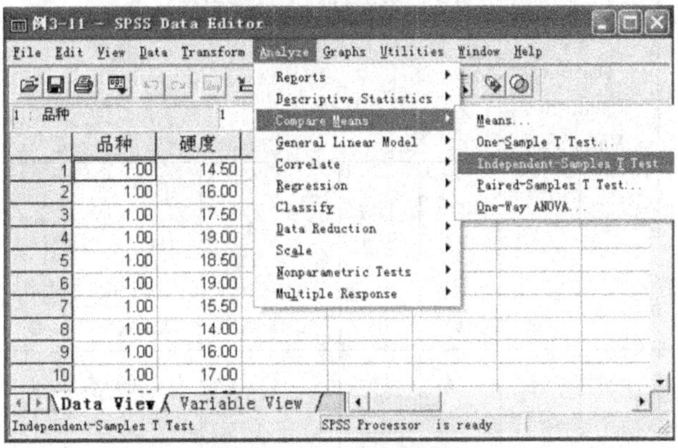

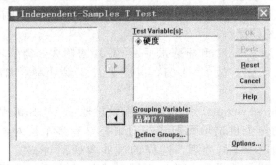

图 3-18　SPSS 数据编辑窗口

Step2：将"硬度"选入"Test Variable"框中作为检验方差。将"品种"选入"Grouping Variable"框中作为分组方差，如图 3-19 所示。

图 3-19　Independent-Samples T Test 窗口

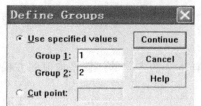

图 3-20 【Define Groups】对话框

Step3：单击【Define Groups】，打开【Define Groups】对话框，在"Group 1"后的框中输入"1"，并在"Group 2"后的框中输入"2"，单击【Continue】返回，如图 3-20 所示。

Step4：单击【OK】完成。

输出结果及分析：

表 3-8 是分组统计量表，列出的统计量包括观测量个数、平均数、标准差和平均数的标准误差。

表 3-8 分组统计量表

	品种	N	Mean	Std. Deviation	Std. Error Mean
硬度	1.00	11	16.9091	1.84144	.55522
	2.00	11	16.3182	1.82034	.54885

表 3-9 是独立样本 t 检验结果，Equal variances assumed 行是假设方差相等进行的检验，当方差相等时考察这一行的结果；Equal variances not assumed 行是假设方差不等进行的检验，当方差不等时考察这一行的结果。在 Levene's Test for Equality of Variances 列中，显著值为 0.947＞0.05，可以视为方差是相等的，所以应考察第一行的结果。

表 3-9 成组资料 t 检验结果

		Levene's Test for Equality of Variances		t-test for Equality of Means						
									95% Confidence Interval of the Difference	
		F	Sig.	t	df	Sig. (2-tailed)	Mean Difference	Std. Error Difference	Lower	Upper
硬度	Equal variances assumed	.005	.947	.76	20	.458	.5909	.78071	−1.038	2.219
	Equal variances not assumed			.76	20	.458	.5909	.78071	−1.038	2.219

表 3-9 第一行的结果表明，t 为 0.76，自由度为 20，两尾检验差异显著性水平为 0.458，两品种苹果硬度平均数的差值为 0.5909，标准误为 0.78071，平均数的差值的 95％置信区间为−1.038 和 2.219，因为 Sig.＞0.05，所以表明两品种的果肉硬度无显著差异。也可采用以下方法查 t 表进行统计推断。

统计推断：由自由度 $df=20$ 和显著水平 $\alpha=0.01$ 查附表 3 得临界 t 值 $t_{0.01(20)}=2.845$。由于实得 $|t|=0.76<t_{0.01(20)}$，故 $p>0.01$，应接受 H_0，说明秦冠和富士苹果的硬度无显著差异。

（2）成对资料（paired-sample）平均数的假设检验与 SPSS 实现　若试验设计是将条件、性质相同或相近的两个供试单元配成一对，并设有多个配对，然后对每一配对的两个供试单元分别随机地给予不同处理，这样的试验叫做配对试验。它的特点是配成对子的两个试验单元的非处理条件尽量一致，不同对子的试验单元之间的非处理条件允许有差异，每一个对子就是试验处理的一个重复。配对试验的配对方式有自身配对和同源配对两种。所谓自身配对是指在同一试验单元上进行处理前与处理后的对比，如同一食品在贮藏前后的变化等；同源配对是指将非处理条件相近的两试验单元组成对子，然后分别对配对的两个试验单元施以不同的处理，如按产品批次划分对子、在每一批产品内分别安排一对处理的试验或同一食品对分成两部分来安排一对处理的试验等。配对试验因加强了配对处理间的试验控制（非处理条件高度一致），使处理间可比性增强，试验误差降低，因而试验精度较高。

从配对试验中获得的观察值因是成对出现的，故叫做成对资料。与成组资料相比，成对资料中两个处理的数据不是相互独立的，而是存在着某种联系。因而对其作样本平均数的差异显著性检验时，应从成对数据的角度切入。

① 基本数学原理。成对样本的均值比较 t 检验，假设这两个样本之间的均值差异为零，用于检验的统计量为

$$
t = \frac{\overline{x} - \overline{y}}{\sqrt{\dfrac{\displaystyle\sum_{i=1}^{n}(x_i - y_i)^2 - \left[\displaystyle\sum_{i=1}^{n}(x_i - y_i)\right]^2 \big/ n}{n(n-1)}}}
\tag{3-35}
$$

式中，$n-1$ 为自由度；n 为数据对数。

② 应用实例与 SPSS 实现。

【例 3-12】 为研究电渗处理对草莓果实中钙离子含量的影响，选用 10 个草莓品种来进行电渗处理与对照的对比试验，结果见表 3-10。问电渗处理对草莓钙离子含量是否有影响？本例因每个品种实施了一对处理，所以试验资料为成对资料。

表 3-10　电渗处理草莓果实钙离子含量

品种号	1	2	3	4	5	6	7	8	9	10
电渗处理量/mg	22.23	23.42	23.25	21.28	24.45	22.42	24.37	21.75	19.82	22.56
对照量/mg	18.04	20.32	19.64	16.38	21.37	20.43	18.45	20.04	17.38	18.42

操作步骤如下。

Step1：将表 3-10 中测定结果输入 SPSS Data Editor 后，依次选中 "Analyze→Compare Means→Paired-Samples T Test"，如图 3-21 所示，即可打开【Paired-Samples T Test】主对话框。

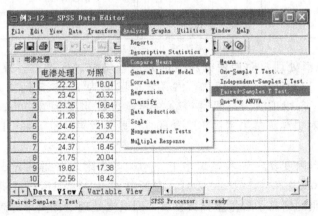

图 3-21　SPSS 数据编辑窗口

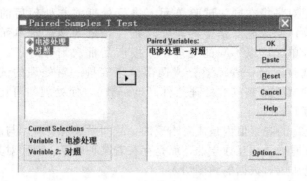

图 3-22　Paired-Samples T Test 对话框

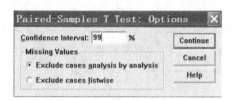

图 3-23　Options 对话框

Step2：将"电渗处理"及"对照"选入"Paired Variables"框中，如图 3-22 所示。

Step3：单击【Options】按钮，打开"Paired - Samples T Test：Options"对话框，利用该对话框，设置检验时采用的置信度，如图 3-23 所示。

Step4：单击【OK】完成。

输出结果及分析：

表 3-11 是电渗处理及对照统计量表，列出的统计量包括平均数、观测量个数、标准差和平均数的标准误差。

表 3-11　电渗处理及对照统计量表

	Mean	N	Std. Deviation	Std. Error Mean
Pair 1　电渗处理	22.5550	10	1.41399	.44714
对照	19.0470	10	1.56072	.49354

表 3-12 说明本例共有 10 对观察值，Correlation 为 0.611，相关系数的显著性检验表明显著值为 0.061。

表 3-12　电渗处理及对照相关性表

	N	Correlation	Sig.
Pair 1　电渗处理 & 对照	10	.611	.061

表 3-13 说明电渗处理及对照两两相减的差值平均数、标准差、差值平均数的标准误差分别为 3.5080、1.31900、0.41710，99％置信区间为 2.1525 到 4.8635。配对检验结果表明 t 为 8.410，自由度为 9，两尾检验差异显著性水平为 0.000，因为 Sig.<0.01，所以表明电渗处理对提高草莓果实钙离子含量有极显著效果。也可采用以下方法查 t 表进行统计推断。

统计推断：由自由度 $df=9$ 和显著水平 $\alpha=0.01$ 查附表 3 得临界 t 值 $t_{0.01(9)}=3.250$。由于实得 $|t|=8.410>t_{0.01(9)}$，故 $p<0.01$，应否定 H_0，接受 H_A，说明电渗处理后草莓果实钙离子含量与对照的钙离子含量差异极显著，即电渗处理对提高草莓果实钙离子含量有极显著效果。

表 3-13　电渗处理及对照配对样本 t 检验

	Paired Differences							
	Mean	Std. Deviation	Std. Error Mean	99% Confidence Interval of the Difference		t	df	Sig. (2-tailed)
				Lower	Upper			
Pair 1　电渗处理 　　　　对照	3.5080	1.31900	.41710	2.1525	4.8635	8.410	9	.000

3.5　参数的区间估计

研究样本的目的是为了了解其总体特征，描述总体特征的数为参数。总体参数往往无法直接求得，都是由样本统计量来估计的。在前面统计假设检验方法的学习中，我们都是用某一个样本统计数直接估计相应的总体参数，例如以样本平均数 $\bar{x}$ 估计总体平均数 μ，以样本方差 S^2 估计总体方差 σ^2，这样的参数估计方法叫做点估计（point estimation）。但由于样本是由总体中抽出的部分个体构成，受抽样误差的影响，使得不同的样本求得的 $\bar{x}$，S^2 不同。究竟用哪个样本的统计数更能代表相应的总体参数很难判断。因此，合理的办法是在一定概率保证下，结合抽样误差，估计出参数可能出现的一个范围（区间），使绝大多数该参数的点估计值都包含在这个区间内。这种估计参数的方法叫做参数的区间估计（interval estimation）。所给出的这个区间称为置信区间（confidence interval）。区间的上、下限称为置信上限（upper）、下限（lower），一般用 L_1 表示置信下限，L_2 表示置信上限。保证参数在置信区间内的概率称为置信度或置信概率（confidence probability），以 $P=1-\alpha$ 表示。描述总体的参数有多种。各种参数的区间估计计算方法有所不同，但基本原理是一致的，都是运用样本统计数的抽样分布来计算相应参数置信区间的上、下限。本节介绍总体平均数 μ，两个总体平均数之差 $\mu_1-\mu_2$ 的区间估计方法。

3.5.1　总体平均数 μ 的区间估计

（1）利用正态分布进行总体平均数 μ 的区间估计　当样本来自正态总体，且总体方差 σ^2 已知时，总体平均数 μ 的置信度为 $1-\alpha$ 的置信区间是

$$\bar{x}-\mu_\alpha\frac{\sigma}{\sqrt{n}}\leqslant\mu\leqslant\bar{x}+\mu_\alpha\frac{\sigma}{\sqrt{n}} \tag{3-36}$$

于是

$$\bar{x}-\mu_\alpha\frac{\sigma}{\sqrt{n}}=L_1$$

$$\bar{x}+\mu_\alpha\frac{\sigma}{\sqrt{n}}=L_2$$

式中，μ_α 为对应两尾概率 α 的临界 u 值，当 $\alpha=0.05$ 或 0.01 时，$u_{0.05}=1.96$，$u_{0.01}=2.58$。

由公式(3-36)可见，若置信度大，求出的置信区间就宽，而相应的估计精度就较低；反之，置信度小，置信区间就窄，相应的估计精度就较高。这里置信度与估计精度成了一对矛盾。解决这一矛盾的办法，应是降低试验误差和适当增加样本容量。

（2）利用 t 分布进行总体平均数 μ 的区间估计　当总体方差为 σ^2，不论小样本还是大样本，统计量 $t=\dfrac{\bar{x}-\mu}{S/\sqrt{n}}$；服从具有自由度 $df=n-1$ 的 t 分布。于是很容易推导出总体平均数

μ 的 $1-\alpha$ 置信度的置信区间为

$$\bar{x} - t_{\alpha(df)}\frac{S}{\sqrt{n}} \leqslant \mu \leqslant \bar{x} + t_{\alpha(df)}\frac{S}{\sqrt{n}} \tag{3-37}$$

式中，$\bar{x} - t_{\alpha(df)}\dfrac{S}{\sqrt{n}} = L_1$，$\bar{x} + t_{\alpha(df)}\dfrac{S}{\sqrt{n}} = L_2$，$t_{\alpha(df)}$ 为由置信度 $1-\alpha$ 时的两尾概率 α 及自由度 $df = n-1$ 查附表 3 得到的临界 t 值。

【例 3-13】 试估算例 3-10 中灌装容量平均值的 95% 置信区间。

本例中，$\bar{x} = 502.7$，$S = 8.64$，$n = 10$，$df = n-1 = 10-1 = 9$

由 $1-\alpha = 0.95$ 可知 $\alpha = 0.05$，查附表 3 得 $t_{0.05(9)} = 2.262$。由式 (3-37) 计算得

$$L_1 = 502.7 - 2.262 \times \frac{8.64}{\sqrt{10}} = 496.52$$

$$L_2 = 502.7 + 2.262 \times \frac{8.64}{\sqrt{10}} = 508.88$$

即灌装容量在 $496.52 \sim 508.88$ 之间，估计的可靠度为 95%。

在大样本情况下，也可由式 (3-36) 对 μ 作较为粗略的区估计，此时其中的 σ 由 S 代替。

3.5.2 两个总体平均数差数 $\mu_1 - \mu_2$ 的区间估计

这是由两个样本平均数的差数 $\bar{x}_1 - \bar{x}_2$ 去作它们所在总体平均数差数 $\mu_1 - \mu_2$ 的区间估计。这种估计一般在确认两个总体平均数有本质差异时才有意义。估计的方法也因采用的概率分布不同而异。

（1）利用正态分布进行两总体平均数差数 $\mu_1 - \mu_2$ 的区间估计　如果两总体为正态总体，且两总体方差已知，对 $\mu_1 - \mu_2$ 的 $1-\alpha$ 置信度的置信区间为

$$(\bar{x}_1 - \bar{x}_2) - u_\alpha \sigma_{\bar{x}_1 - \bar{x}_2} \leqslant \mu_1 - \mu_2 \leqslant (\bar{x}_1 - \bar{x}_2) + u_\alpha \sigma_{\bar{x}_1 - \bar{x}_2} \tag{3-38}$$

其中

$$(\bar{x}_1 - \bar{x}_2) - u_\alpha \sigma_{\bar{x}_1 - \bar{x}_2} = L_1$$

$$(\bar{x}_1 - \bar{x}_2) + u_\alpha \sigma_{\bar{x}_1 - \bar{x}_2} = L_2$$

$$\sigma_{\bar{x}_1 - \bar{x}_2} = \sqrt{\sigma_1^2/n_1 + \sigma_2^2/n_2}$$

式中，u_α 为置信度 $1-\alpha$ 对应的两尾概率 α 的临界 u 值。

（2）利用 t 分布进行两总体平均数差数 $\mu_1 - \mu_2$ 的区间估计　利用 t 分布进行 $\mu_1 - \mu_2$ 的区间估计方法又因为试验设计和数据特点不同而分为针对成组资料和成对资料的两种方法。

① 成组资料两总体平均数差数 $\mu_1 - \mu_2$ 的区间估计。如果两总体方差未知，但两总体方差相等，不论是大、小样本，只要是分别独立获得的，则有 $t = \dfrac{(\bar{x}_1 - \bar{x}_2) - (\mu_1 - \mu_2)}{S_{\bar{x}_1 - \bar{x}_2}}$ 服从具有自由度 $df = n_1 + n_2 - 2$ 的 t 分布。

由此容易导出满足上述条件的 $\mu_1 - \mu_2$ 的 $1-\alpha$ 置信区间：

$$(\bar{x}_1 - \bar{x}_2) - t_{\alpha(df)} S_{\bar{x}_1 - \bar{x}_2} \leqslant \mu_1 - \mu_2 \leqslant (\bar{x}_1 - \bar{x}_2) + t_{\alpha(df)} S_{\bar{x}_1 - \bar{x}_2} \tag{3-39}$$

并有 $(\bar{x}_1 - \bar{x}_2) - t_{\alpha(df)} S_{\bar{x}_1 - \bar{x}_2} = L_1$

$(\bar{x}_1 - \bar{x}_2) + t_{\alpha(df)} S_{\bar{x}_1 - \bar{x}_2} = L_2$

式(3-39) 中 $t_{\alpha(df)}$ 为由置信度 $1-\alpha$ 时的两尾概率 α 和自由度 $df = n_1 + n_2 - 2$ 查附表 3 所得临界 t 值 $S_{\bar{x}_1 - \bar{x}_2}$；由式(3-25) 求得。

【例 3-14】 根据例 3-11 的数据，试估计两品种的果肉硬度相差的 95% 置信区间。

本例 $\bar{x}_1 = 16.91$，标准差 $S_1 = 1.84$；$\bar{x}_2 = 16.32$，标准差 $S_2 = 1.82$；$n_1 = n_2 = 11$

$$S_{\bar{x}_1 - \bar{x}_2} = \sqrt{\frac{S_1^2 + S_2^2}{n}} = \sqrt{\frac{1.84^2 + 1.82^2}{11}} = 0.78$$

$1-\alpha = 0.95$ 时，$\alpha = 0.05$；$df = n_1 + n_2 - 2 = 11 + 11 - 2 = 20$，所以 $t_{0.05(20)} = 2.086$。

由式(3-39)可求得 $\mu_1 - \mu_2$ 的 95% 置信区间：

$$L_1 = (16.91 - 16.32) - 2.086 \times 0.78 = -1.04$$

$$L_2 = (16.91 - 16.32) + 2.086 \times 0.78 = 2.22$$

所以，两品种果肉硬度相差的 95% 置信区间为 $-1.04 \sim 2.22$ （见表 3-9）。

两样本均为大样本时，$\mu_1 - \mu_2$ 也可由式(3-38) 较粗略估计。

② 成对资料总体差数 μ_d 的区间估计。成对资料两总体平均数差数 μ_d （也等于两总体差数均数）可由式(3-40) 作置信度为 $1-\alpha$ 的区间估计。

$$\bar{d} - t_{\alpha(df)} \frac{S_{\bar{d}}}{\sqrt{n}} \leqslant \mu \leqslant \bar{d} + t_{\alpha(df)} \frac{S_{\bar{d}}}{\sqrt{n}} \tag{3-40}$$

并有 $$\bar{d} - t_{\alpha(df)} S_{\bar{d}} = L_1$$

$$\bar{d} + t_{\alpha(df)} S_{\bar{d}} = L_2$$

式(3-40) 中 $t_{\alpha(df)}$ 为自由度 $df = n-1$ 和置信度 $1-\alpha$ 时的两尾概率 α 对应的临界 t 值 $S_{\bar{d}}$，由公式 $S_{\bar{d}} = \dfrac{S_d}{\sqrt{n}} = \sqrt{\dfrac{\sum(d_i - \bar{d})^2}{n(n-1)}} = \sqrt{\dfrac{\sum d_i^2 - \dfrac{(\sum d_i)^2}{n}}{n(n-1)}}$ 求得。

【例 3-15】 对例 3-12 中电渗处理和对照两种草莓果实的钙离子含量差异 μ_d 作置信度为 99% 的区间估计。

已知：$\bar{d} = 3.518 \text{mg}$，$S_{\bar{d}} = \dfrac{S_d}{\sqrt{n}} = 0.4209 \text{mg}$，$df = n-1 = 10-1 = 9$，$1-\alpha = 0.99$ 时，$\alpha = 0.01$，$t_{0.01(9)} = 3.250$

由式(3-40) 计算出 μ_d 的 99% 的置信区间为

$$L_1 = 3.518 - 3.250 \times 0.4209 = 2.150 (\text{mg})$$

$$L_2 = 3.518 + 3.250 \times 0.4209 = 4.886 (\text{mg})$$

所以，可推断电渗处理后草莓果实的钙离子含量比对照的草莓果实钙离子含量要高 $2.150 \sim 4.886 \text{mg}$，此估计可靠度为 99%。

3.6 统计假设检验中应注意的问题

（1）试验设计合理 试验中各处理间的非处理条件应尽可能一致，以保证各样本是从方差同质的总体中抽取的。这样可使假设检验中获得较小而无偏的标准误，提高分析精度，减少犯两类错误的可能性。由于研究变量的类型、问题的性质和条件、试验设计方法以及样本大小等的不同，所适宜的统计假设检验方法也不相同。因而在使用检验方法时，应认真考虑其适用条件，不能滥用。

（2）正确理解差异显著性的统计意义　显著性检验结论中的"差异显著"或"差异极显著"，不应误解为两个平均数相差很大或非常大；也不能认为在专业上一定就有重要或很重要的价值。"显著"或"极显著"是指所检验的两个样本来自同一总体的可能性小于 0.05 或 0.01，已达到了可以认为它们有实质性差异的显著水平。有些试验结果虽然两样本平均数差别大，但由于试验误差也大，也许还不能得出"差异显著"的结论；而有些试验结果的两样本平均数的差异较小，但因试验误差也小，反而可能推断为"差异显著"。"差异不显著"是指两样本平均数表面上的差异在同一总体中出现的可能性并不小于统计上公认的概率水平（如 0.05 或 0.01），不能简单地理解为试验的两处理间没有差异。下"差异不显著"结论时，客观上存在两种可能：①两处理间本质上有差异，但被较大的试验误差所掩盖，表现不出差异的显著性来。如果减小试验误差或增大样本容量，则可能表现出差异显著性。②可能两处理间确无本质上的差异。统计假设检验只是依据一定的概率来确定无效假设能否被推翻，而不能 100％ 地肯定无效假设是否正确。

（3）合理建立统计假设，正确计算检验的统计量　对于单个样本平均数的假设检验和两个样本平均数的假设检验来说，无效假设 H_0 和备择假设 H_A 的建立一般如前所述，但有时也有例外。例如，经过收益与成本的综合经济分析知道，采用新工艺加工某种食品比原工艺提高的成本需由新工艺的生产性能提高 d 个单位获得的收益来抵消。那么，要检验两种工艺在生产性能、经济收益上是否有差异时，无效假设应为 H_0：$\mu_1 - \mu_2 = d$，备择假设为 H_A：$\mu_1 - \mu_2 \neq d$。相应的 u 或 t 检验公式为

$$u \text{ 或 } t = \frac{(\bar{x}_1 - \bar{x}_2) - d}{S_{\bar{x}_1 - \bar{x}_2}}$$

如果不能否定无效假设，可以认为采用新工艺得失相抵，没有实质性效果。只有当 $\bar{x}_1 - \bar{x}_2 > d$ 达到一定程度而否定了 H_0，才能认为采用新工艺在提高生产性能、增加收益上有明显效果。

（4）结论不能绝对化　影响统计假设检验结果的因素很多，如被研究事物本身存在的差异、试验误差的大小、样本容量以及所选用的显著水平等。同一种试验，试验条件本身差异程度不同、样本容量大小不同、显著水平高低不同，统计推断结论可能不同。因此，在否定 H_0 时，可能犯第一类错误；接受 H_0 时，可能犯第二类错误。尤其在计算得的概率 P 接近显著水平 α 时，下结论应更加慎重。有时还应用重复试验来验证。总之，具有实用意义的结论要从多方面综合考虑，不能单纯依靠统计结论。此外，报告结论时，应列出由样本算得的检验统计量值（如 t 值，u 值），注明是一尾检验还是两尾检验。并写出概率 P 值的确切范围，如 $0.01 < P < 0.05$，以便读者结合有关资料进行对比分析。

复习思考题

1. 简述理论分布和抽样分布同试验设计与数据处理的关系。
2. 简述统计假设检验的基本原理和基本步骤，作假设检验时应注意哪些问题？
3. 一尾检验和两尾检验各在什么情况下应用，它们的无效假设及备择假设是怎样设定的？
4. 什么是显著水平？怎样确定显著水平？常用的显著水平有哪些？
5. 什么叫参数的点估计和区间估计？两者有何区别？

6. 某公司利用果品加工副产物提取果胶，采用传统工艺和改进工艺各测定 30 个生产日的平均果胶提取率，如表 3-14 所示。试检验改进工艺和传统工艺的果胶平均得率有无显著差异。

表 3-14　采用传统工艺和改进工艺果胶日平均得率记录　　　　单位:%

改进工艺(x_1)						传统工艺(x_2)					
74	71	56	54	71	78	65	53	54	60	56	69
62	57	62	69	73	63	58	49	51	53	66	62
61	72	62	70	78	74	58	58	66	71	53	56
77	65	54	58	63	62	60	70	65	58	56	69
59	62	78	53	67	70	68	70	52	55	55	57

7. 分别在 10 个食品厂各自测定了大米饴糖和玉米饴糖的还原糖含量，结果见表 3-15。试比较两种饴糖的还原糖含量有无显著差异。

表 3-15　大米饴糖和玉米饴糖的还原糖含量表　　　　单位:%

厂序号	1	2	3	4	5	6	7	8	9	10
大米	39.0	37.5	36.9	38.1	37.9	38.5	37.0	38.0	37.5	38.0
玉米	35.0	35.5	36.0	35.5	37.0	35.5	37.0	36.5	35.8	35.5

8. 海关检查某罐头厂生产的出口红烧花蛤罐头时发现，虽然罐头外观无胖听现象，但产品存在质量问题。于是从该厂随机抽取 6 个样品，同时随机抽取 6 个正常罐头测定其 SO_2 含量，测定结果如表 3-16 所示。试检验两种罐头的 SO_2 含量是否有差异。

表 3-16　正常罐头与异常罐头 SO_2 含量记录　　　　单位: $\mu g/mL$

正常罐头(x_1)	100.0	94.2	98.5	99.2	96.4	102.5
异常罐头(x_2)	130.2	131.3	130.5	135.2	135.2	133.5

9. 比较两种茶多糖提取工艺的试验，分别从两种工艺中各取 1 个随机样本来测定其粗提物中的茶多糖含量，结果见表 3-17，问两种工艺的粗提物中茶多糖含量有无显著差异？

表 3-17　醇沉淀法和超滤法粗提物中茶多糖含量　　　　单位:%

醇沉淀法(x_1)	27.52	27.78	28.03	28.88	28.75	27.94
超滤法(x_2)	29.32	28.15	28.00	28.58	29.00	29.32

第4章 方差分析

教学目标

1. 理解方差分析的基本原理。
2. 熟练掌握方差分析的基本方法和多重比较方法。
3. 领会方差分析的几种模型、期望均方和基本假定。
4. 学会正确进行数据转换。

方差分析（analysis of variance）又称变量分析。作为一种统计假设检验方法，方差分析与 t 检验相比，应用更加广泛，且对问题分析的深度加强，因而它是试验研究中分析试验数据的重要方法。

第 3 章介绍了单个样本均数与总体均数及两样本均数相比较的假设检验方法。生产实践中经常会遇到检验多个样本均数差异是否显著的问题，此时 t 检验方法不再适用。这是因为：①检验程序繁琐。例如，5 个均数两两比较，需进行 10 次 t 检验。倘若处理数 $k=10$ 时，则需进行 $k(k-1)/2=10 \times 9/2=45$ 次 t 检验。随着处理数增多，使得统计假设检验十分繁琐。②无统一的试验误差，且对试验误差估计的精确性降低。设有 k 个处理，每个处理有 n 个观察值（n 个重复）。处理进行两两比较时，每比较一次就需估计一个均数差异标准差 $S_{\bar{x}_i-\bar{x}_j}$（即试验误差），各次比较的试验误差不一致，且只能由 $2(n-1)$ 个自由度估计均数差异标准差 $S_{\bar{x}_i-\bar{x}_j}$，而不能由 $k(n-1)$ 个自由度来估计。如 $k=5$，$n=4$ 时，只能用 $2 \times (4-1)=6$ 个自由度，而不是 $5 \times (4-1)=15$ 个自由度。由于未能充分利用资料提供的信息，故使试验误差估计的精度降低，这种信息量的损失随着处理数 k 的增大而增大。③增大了犯 I 型错误的概率。在进行多个处理均数比较时，若仍使用 t 检验的方法必然降低 α 水准，把本来没有差异的两个处理误认为有显著差异，而且处理数越多，产生这种 I 型错误的概率就越大。这里的主要原因：一是对导致变异的各种因素所起作用的大小量的估计不精确；二是因为没有考虑相互比较的多个处理均数依其大小依次排列的秩次距问题。

为了解决上述问题，1923 年英国统计学家 R. A. Fisher 提出了方差分析。这种方法是将 k 个处理的观察值作为一个整体看待，把表示观察值总变异的平方和及其自由度分解为相应于不同变异原因的平方和及自由度，进而获得相同变异原因的总体方差估计值，通过计算这些估计值的适当比值就能检验各样本所属总体均值是否相等。概括来讲，方差分析的最大功用在于：①它能将引起变异的多种因素的各自作用一一剖析出来，做出量的估计，进而辨明哪些因素起主要作用，哪些因素起次要作用。②它能充分利用资料提供的信息将试验中由于偶然因素造成的随机误差无偏地估计出来，从而大大提高了对实验结果分析的精确性，为统计假设检验的可靠性提供了科学的理论依据。

因此，方差分析的实质是关于观察值变异原因的数量分析，是科学研究的重要工具。

4.1 单因素方差分析的基本原理

4.1.1 各处理重复数相等的方差分析

（1）平方和与自由度的分解 方差分析之所以能将试验数据的总变异分解成各种因素所

引起的相应变异，是根据总平方和与总自由度的可分解性而实现的。方差即标准差的平方，是平方和与相应自由度的比值。在方差分析中通常将各种样本方差称为均方（mean squares）。下面根据单因素试验资料的模式说明平方和与自由度的分解。设一个试验共有 k 个处理，每个处理 n 个重复，则该试验资料共有 nk 个观察值，其数据分组如表 4-1 所示。

表 4-1　k 个处理每个处理有 n 个观察值的数据模式

处理	观察值	$(x_{ij}, i=1,2,\cdots,k; j=1,2,\cdots,n)$					合计 x_i	平均 $\bar{x}_i$	均方 S_i^2
1	x_{11}	x_{12}	$\cdots$	x_{1j}	$\cdots$	x_{1n}	$x_{1.}$	$\bar{x}_{1.}$	S_1^2
2	x_{21}	x_{22}	$\cdots$	x_{2j}	$\cdots$	x_{2n}	$x_{2.}$	$\bar{x}_{2.}$	S_2^2
$\vdots$	$\vdots$	$\vdots$		$\vdots$		$\vdots$	$\vdots$	$\vdots$	$\vdots$
i	x_{i1}	x_{i2}	$\cdots$	x_{ij}	$\cdots$	x_{in}	$x_{i.}$	$\bar{x}_{i.}$	S_i^2
$\vdots$	$\vdots$	$\vdots$		$\vdots$		$\vdots$	$\vdots$	$\vdots$	$\vdots$
k	x_{k1}	x_{k2}	$\cdots$	x_{kj}	$\cdots$	x_{kn}	$x_{k.}$	$\bar{x}_{k.}$	S_k^2
							$x_{..}$	$\bar{x}_{..}$	

在表 4-1 中，反映全部观察值总变异的总平方和是各观察值 x_{ij} 与总平均数 $\bar{x}_{..}$ 的离均差平方和，记为 SS_T。即

$$SS_T = \sum_{i=1}^{k}\sum_{j=1}^{n}(x_{ij}-\bar{x}_{..})^2 \tag{4-1}$$

因为

$$\sum_{i=1}^{k}\sum_{j=1}^{n}(x_{ij}-\bar{x}_{..})^2 = \sum_{i=1}^{k}\sum_{j=1}^{n}[(\bar{x}_{i.}-\bar{x}_{..})+(x_{ij}-\bar{x}_{i.})]^2 =$$

$$\sum_{i=1}^{k}\sum_{j=1}^{n}[(\bar{x}_{i.}-\bar{x}_{..})^2+2(\bar{x}_{i.}-\bar{x}_{..})(x_{ij}-x_{i.})+(x_{ij}-\bar{x}_{i.})^2] =$$

$$n\sum_{i=1}^{k}(\bar{x}_{i.}-\bar{x}_{..})^2+2\sum_{i=1}^{k}(\bar{x}_{i.}-\bar{x}_{..})\sum_{j=1}^{n}(x_{ij}-\bar{x}_{i.})+\sum_{i=1}^{k}\sum_{j=1}^{n}(x_{ij}-\bar{x}_{i.})^2$$

其中
$$\sum_{j=1}^{n}(x_{ij}-\bar{x}_{i.})=0$$

所以　　$$\sum_{i=1}^{k}\sum_{j=1}^{n}(x_{ij}-\bar{x}_{..})^2 = n\sum_{i=1}^{k}(\bar{x}_{i.}-\bar{x}_{..})^2+\sum_{i=1}^{k}\sum_{j=1}^{n}(x_{ij}-\bar{x}_{i.})^2$$

上式中，$n\sum_{i=1}^{k}(\bar{x}_{i.}-\bar{x}_{..})^2$ 是各处理均数 $\bar{x}_{i.}$ 与总平均数 $\bar{x}_{..}$ 的离均差平方和与重复数 n 的乘积，反映了重复 n 次的处理间的变异，称为处理间平方和，记为 SS_t。即

$$SS_t = n\sum_{i=1}^{k}(\bar{x}_{i.}-\bar{x}_{..})^2 \tag{4-2}$$

而 $\sum_{i=1}^{k}\sum_{j=1}^{n}(x_{ij}-\bar{x}_{i.})^2$ 则是各处理内离均差平方和之和，反映了各处理内的变异即误差，称为处理内平方和或误差平方和，记为 SS_e。即

$$SS_e = \sum_{i=1}^{k}\sum_{j=1}^{n}(x_{ij}-\bar{x}_{i.})^2 \tag{4-3}$$

SS_e 实际上是各处理内平方和之和，即 $SS_e = \sum_{i=1}^{k}SS_i$。

于是有　　　　　　　　　　　　　$$SS_T = SS_t + SS_e \tag{4-4}$$

式(4-4) 是单因素试验结果总平方和、处理间平方和、处理内平方和的关系式。这个关系式中 3 种平方和的简便计算公式如下：

$$
\left.
\begin{aligned}
SS_T &= \sum_{i=1}^{k} \sum_{j=1}^{n} x_{ij}^2 - C \\
SS_t &= \frac{1}{n} \sum_{i=1}^{k} x_{i.}^2 - C \\
SS_e &= \sum_{i=1}^{k} \sum_{j=1}^{n} x_{ij}^2 - \frac{1}{n} \sum_{i=1}^{k} x_{i.}^2 = SS_T - SS_t
\end{aligned}
\right\} \tag{4-5}
$$

式(4-5) 中的 C 称为矫正数，即

$$
C = \left(\sum_{i=1}^{k} \sum_{j=1}^{n} x_{ij} \right)^2 / nk = x_{..}^2 / nk \tag{4-6}
$$

在计算总平方和时，资料中各观察值要受 $\sum_{i=1}^{k} \sum_{j=1}^{n} (x_{ij} - \bar{x}..) = 0$ 这一条件的约束，故总自由度等于资料中观察值的总个数减 1，即 $nk-1$。总自由度记为 df_T，即 $df_T = nk-1$。

在计算处理间平方和时，各处理均数 $\bar{x}_{i.}$ 要受 $\sum_{i=1}^{k} (\bar{x}_{i.} - \bar{x}..) = 0$ 这一条件的约束，故处理间的自由度为处理数减 1，即 $k-1$。处理间的自由度记为 df_t，$df_t = k-1$。

在计算处理内平方和时要受 k 个条件的约束，即 $\sum_{j=1}^{n} (x_{ij} - \bar{x}_{i.}) = 0 \quad i = 1, 2, \cdots, k$。故处理内自由度为资料中观察值总个数减 k，即 $nk-k$。处理内自由度记为 df_e，即 $df_e = nk - k = k(n-1)$，这实际上是各处理内的自由度之和。

因为　　　　　　　　$nk - 1 = (k-1) + (nk-k) = (k-1) + k(n-1)$

所以
$$
\left.
\begin{aligned}
df_T &= df_t + df_e \\
df_T &= nk-1 \\
df_t &= k-1 \\
df_e &= df_T - df_t
\end{aligned}
\right\} \tag{4-7}
$$

各种平方和除以各自的自由度便得到总均方（mean square）、处理间均方和处理内均方，分别记为 MS_T、MS_t、MS_e。即

$$
\left.
\begin{aligned}
MS_T &= SS_T / df_T \\
MS_t &= SS_t / df_t \\
MS_e &= SS_e / df_e
\end{aligned}
\right\} \tag{4-8}
$$

MS_e 实际是各处理内变异的合并均方。

式(4-8) 从均方（即方差）角度反映了总变异、处理间变异和处理内（误差）变异。

(2) F 分布与 F 检验

① F 分布。设想我们做这样的抽样试验，即在一正态总体 $N(\mu, \sigma^2)$ 中随机抽取样本含量为 n 的样本 k 个，将各样本观察值整理成表 4-1 的形式。此时所谓的各处理没有真实差异，各处理只是随机分的组。因此，由式(4-8) 计算出 S_t^2 的（MS_t）和 S_e^2 的（MS_e）都是误差方差 σ^2 的估计值。这时，我们把 S_t^2 称为组间均方，S_e^2 称为组内均方，以 S_e^2 为分母，S_t^2 为分子，求其比值。统计学上把两个方差之比值称为 F 值。即

$$
F = S_t^2 / S_e^2 \tag{4-9}
$$

F 具有两个自由度：$df_1 = df_t = k-1$，$df_2 = df_e = k(n-1)$

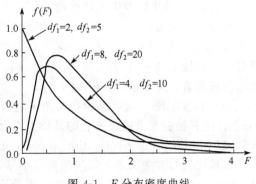

图 4-1　F 分布密度曲线

若在给定的 k 和 n 的条件下，继续从该总体中进行一系列的抽样，则可获得一系列相应的 F 值。F 作为一个随机变量，其所具有的概率分布称为 F 分布（F-distribution），F 分布的密度曲线是随自由度 df_1，df_2 的变化而变化的一簇偏态曲线，其形态随着 df_1，df_2 的增大逐渐趋于对称，如图 4-1 所示。

F 分布的取值范围是（$0, +\infty$），其平均值 $\mu_F = 1$。

用 $f(F)$ 表示 F 分布的概率密度函数，则分布函数 $F(F_\alpha)$ 为：

$$F(F_\alpha) = P(F < F_\alpha) = \int_0^{F_\alpha} f(F)\mathrm{d}F \tag{4-10}$$

因而 F 分布右尾从 F_α 到 $+\infty$ 的概率为：

$$P(F \geqslant F_\alpha) = 1 - F(F_\alpha) = \int_{F_\alpha}^{+\infty} f(F)\mathrm{d}F \tag{4-11}$$

附表 4 列出的是不同 df_1，df_2 下 $P(F \geqslant F_\alpha) = 0.05$ 和 $P(F \geqslant F_\alpha) = 0.01$ 的 F 值，即右尾概率 $\alpha = 0.05$ 和 $\alpha = 0.01$ 的临界 F 值，一般记作 $F_{0.05(df_1, df_2)}$ 和 $F_{0.01(df_1, df_2)}$。如查附表 4，当 $df_1 = 4$，$df_2 = 15$ 时，$F_{0.05(4,15)} = 3.06$，$F_{0.01(4,15)} = 4.89$。这表示若以 $df_1 = df_t = 4$，$df_2 = df_e = 15$ 在同一正态总体中连续抽样，则所得的 F 值大于等于 3.06 的仅为 5%，而大于等于 4.89 的仅为 1%。或者说，在同一正态总体中以 $df_1 = 4$，$df_2 = 15$ 抽一次样，所得 F 值大于等于 3.06 的概率为 5%，而大于等于 4.89 的概率仅为 1%。

② F 检验。附表 4（F 值表）是专门为检验 S_t^2 代表的总体方差是否比 S_e^2 代表的总体方差大而设计的。若实际计算的 F 值大于 $F_{0.05(df_1, df_2)}$，则 F 值在 $\alpha = 0.05$ 的水平上显著，我们以 95% 的可靠性（即冒 5% 的风险）推断 S_t^2 代表的总体方差大于 S_e^2 代表的总体方差。如果实际计算的 F 值大于 $F_{0.01(df_1, df_2)}$，则 F 值在 $\alpha = 0.01$ 的水平上显著，我们以 99% 的可靠性（即冒 1% 的风险）推断 S_t^2 代表的总体方差大于 S_e^2 代表的总体方差。这种用 F 值出现概率的大小推断两个方差是否相等的方法称为 F 检验（F-test）。

在方差分析中所进行的 F 检验，目的在于推断处理间的差异是否存在，检验某项变异原因的效应方差是否为零。因此，在计算 F 值时总是以被检验因素的均方作分子，以误差均方作分母。应当注意，分母项的正确选择是由方差分析的数学模型和各变异原因的期望均方决定的（这方面的内容将在后面作适当介绍）。

在单因素试验资料的方差分析中，无效假设为 H_0：$\mu_1 = \mu_2 = \cdots = \mu_k$，备择假设为 H_A：各 μ_i 不相等或不全相等，或 H_0：$\sigma_a^2 = 0$，H_A：$\sigma_a^2 \neq 0$（σ_a^2 为随机模型处理效应方差）；$F = MS_t/MS_e$。这里 F 检验的目的是要判断处理间均方是否显著大于处理内（误差）均方。如果结论是肯定的，将否定 H_0；反之，不否定 H_0。从另一角度来理解，如果 H_0 是正确的，那么 MS_t 和 MS_e 都是总体误差 σ^2 的估计值，理论上讲，F 值等于 1；如果 H_0 是错误的，那么 MS_t 之期望均方中的效应方差 σ_a^2（或 k_a^2）就不等于零，理论上讲，F 值大于 1。但是，由于抽样的原因，即使 H_0 正确也会出现 F 值大于 1 的情况。所以只有 F 值大于 1 达到一定程度时，才有理由否定 H_0。

实际进行 F 检验时，是将由试验资料算得的 F 值与根据 $df_1 = df_t$（分子均方的自由度）、$df_2 = df_e$（分母均方的自由度）查附表 4 所得的临界 F 值（$F_{0.05(df_1, df_2)}$ 和

$F_{0.01(df_1,df_2)}$）相比较做出统计推断。

若 $F<F_{0.05(df_1,df_2)}$，即 $P>0.05$，不能否定 H_0，可认为各处理间差异不显著；若 $F_{0.05(df_1,df_2)}\leqslant F<F_{0.01(df_1,df_2)}$，即 $0.01<P\leqslant 0.05$，否定 H_0，接受 H_A，认为各处理间差异显著，且标记"＊"；若 $F\geqslant F_{0.01(df_1,df_2)}$，即 $P\leqslant 0.01$，否定 H_0，接受 H_A，认为各处理间差异极显著，且标记"＊＊"。

（3）多重比较　统计学中把多个平均数两两间的比较称为多重比较（multiple comparisons）。在 F 检验显著或极显著的基础上再做平均数间的多重比较称做 Fisher 保护下的多重比较（Fisher's protected multiple comparisons）。

多重比较的方法很多，常用的有最小显著差数法和最小显著极差法，后者又包括 q 法和 Duncans（邓肯氏）新复极差法两种。现分别介绍如下。

① 最小显著差数法。最小显著差数法（least significant difference）简称 LSD 法。其检验程序是：在处理间的 F 检验为显著的前提下，计算出显著水平为 α 的最小显著差数 LSD_α；任何两个处理平均数间的差数 $(\bar{x}_{i.}-\bar{x}_{j.})$，若其绝对值 $\geqslant LSD_\alpha$，则为在 α 水平上差异显著；反之，则为在 α 水平上差异不显著。这种方法又称为保护性最小显著差数法（protected LSD 或 $PLSD$）。LSD 法实质上是 t 检验。

已知：
$$t=\frac{\bar{x}_{i.}-\bar{x}_{j.}}{S_{\bar{x}_{i.}-\bar{x}_{j.}}}(i,j=1,2,\cdots,k;i\neq j)$$

若 $|t|\geqslant t_\alpha$，$\bar{x}_{i.}-\bar{x}_{j.}$ 即为在 α 水平上差异显著。因此，最小显著差数为

$$LSD_\alpha=t_{\alpha(df_e)}\times S_{\bar{x}_{i.}-\bar{x}_{j.}} \tag{4-12}$$

$$S_{\bar{x}_{i.}-\bar{x}_{j.}}=\sqrt{2MS_e/n} \tag{4-13}$$

式中，MS_e 为 F 检验中的误差均方，n 为各处理内的重复数。

利用 LSD 法进行具体比较时，可按如下步骤进行。

a. 列出平均数的多重比较表，比较表中各处理按其平均数从大到小至上而下排列；

b. 计算最小显著差数 $LSD_{0.05}$ 和 $LSD_{0.01}$；

c. 将平均数多重比较表中两两平均数的差数与 $LSD_{0.05}$、$LSD_{0.01}$ 比较，做出统计推断。

关于 LSD 法的应用有以下几点说明。

a. LSD 法实质上就是 t 检验法。它是根据两个样本平均数差数（$k=2$）的抽样分布提出的。但是，由于 LSD 法是利用 F 检验中的误差自由度 df_e 查临界 t_α 值，利用误差均方 MS_e 计算均数差异标准误 $S_{\bar{x}_{i.}-\bar{x}_{j.}}$，因而 LSD 法又不同于每次利用两组数据进行多个平均数两两比较的 t 检验法。它解决了本章开头指出的 t 检验法检验过程繁琐，无统一的试验误差且估计误差的精确性低这两个问题，但并未解决推断的可靠性降低、犯 I 型错误的概率变大的问题。

b. 有人提出，与检验任意两个均数间的差异相比较，LSD 法适用于各处理组与对照组比较而处理组间不进行比较的比较形式。实际上关于这种形式的比较更适用的方法有顿纳特（Dunnett）法。

c. 因为 LSD 法实质上是 t 检验，故有人指出其最适宜的比较形式是：在进行试验设计时就确定各处理只是固定的两个两个相比，每个处理平均数在比较中只比较一次。例如，在一个试验中共有 4 个处理，设计时已确定只是处理 1 与处理 2、处理 3 与处理 4（或 1 与 3，2 与 4；或 1 与 4，2 与 3）比较，而其他的处理间不进行比较。因为这种形式实际上不涉及多个均数的极差问题，所以不会增大犯 I 型错误的概率。

综上所述，对于多个处理平均数所有可能的两两比较，LSD 法的优点在于方法比较简

便，克服一般 t 检验法所具有的某些缺点，但是由于没有考虑相互比较的处理平均数依数值大小排列上的秩次，故仍有推断可靠性低、犯Ⅰ型错误的概率增大的问题。为克服此弊病，统计学家提出了最小显著极差法。

② 最小显著极差法。最小显著极差法（least significant rang）简称 LSR 法。其特点是把平均数差数看成是平均数的极差，根据极差范围内所包含的处理数（称为秩次距）K 的不同而采用不同的检验尺度，以克服 LSD 法的不足。这些在显著水平 α 上依秩次距 K 的不同而采用的不同的检验尺度叫做最小显著极差（LSR）。例如，有 10 个 $\bar{x}$ 要相互比较，先将 10 个 $\bar{x}$ 依其数值大小顺次排列，两极端平均数的差数（极差）的显著性由其差数是否大于秩次距 $K=10$ 时的最小显著极差决定（大于等于为显著，小于为不显著）；而后是秩次距 $K=9$ 的平均数的极差的显著性，则由差数是否大于 $K=9$ 时的最小显著极差决定……直到任何两个相邻平均数的差数的显著性由这些差数是否大于秩次距 $K=2$ 时的最小显著极差决定为止。因此，有 k 个平均数相互比较，就有 $k-1$ 种秩次距（k，$k-1$，$k-2$，…，2），因而需求得 $k-1$ 个最小显著极差（LSR_α，K），以作为判断各秩次距（K）平均数的差数是否显著的标准。

因为 LSR 法是一种极差检验法，所以当一个平均数大集合的极差不显著时，其中所包含的各个较小集合极差也应一概作不显著处理。

LSR 法克服了 LSD 法的不足部分，但检验的工作量有所增加。常用 LSR 法有 q 检验法和新复极差法两种。

a. q 检验法（q-test）（S-N-K 法）

此法是以统计量 q 的概率分布为基础的。q 值由下式求得：

$$q = R/S_{\bar{x}} \tag{4-14}$$

式中，R 为极差；$S_{\bar{x}} = \sqrt{MS_e/n}$ 为标准误；q 分布依赖于误差自由度 df_e 及秩次距 K。

利用 q 检验法进行多重比较时，为了简便起见，不是将由式（4-14）算出的 q 值与临界值 $q_{\alpha(df_e,K)}$ 比较，而是将极差与 $q_{\alpha(df_e,K)} \times S_{\bar{x}}$ 比较，从而做出统计推断。$q_{\alpha(df_e,K)} \times S_{\bar{x}}$ 为 α 水平上的最小显著极差。即

$$LSR_{\alpha,k} = q_{\alpha(df_e,K)} \times S_{\bar{x}} \tag{4-15}$$

当显著水平 $\alpha=0.05$ 和 0.01 时，从附表 5（q 值表）中根据自由度 df_e 及秩次距 K 查出 $q_{0.05(df_e,K)}$ 和 $q_{0.01(df_e,K)}$ 并代入式（4-15）计算 LSR 值。

实际利用 q 检验法进行多重比较时，可按如下步骤进行：列出平均数多重比较表；由自由度 df_e、秩次距 K 查临界 q 值，计算最小显著极差 $LSR_{0.05,K}$，$LSR_{0.01,K}$；将平均数多重比较表中的各极差与相应的最小显著极差 $LSR_{0.05,K}$，$LSR_{0.01,K}$ 比较，做出统计推断。

b. 新复极差法

邓肯（D. B. Duncan）于 1955 年提出了新复极差法（new multiple range），又称邓肯氏法，又称最短显著极差法（shortest significant ranges，SSR 法）。

新复极差法与 q 检验法的检验步骤相同，惟一不同的是计算最小显著极差时需查 SSR 表（附表 6）而不是查 q 值表。最小显著极差计算公式为：

$$LSR_{\alpha,K} = SSR_{\alpha(df_e,K)} \times S_{\bar{x}} \tag{4-16}$$

所得的最小显著极差值在秩次距 $K>2$ 时比 q 检验时小。

当各处理重复数不等时，为简便起见，不论 LSD 法还是 LSR 法，可用式（4-17）计算出一个各处理平均的重复数 n_0，以代替计算 $S_{\bar{x}_{1.}-\bar{x}_{2.}}$ 或 $S_{\bar{x}}$ 所需的 n。

$$n_0 = \frac{1}{n-1}\left(\sum n_i - \frac{\sum n_i^2}{\sum n_i}\right) \qquad (4\text{-}17)$$

式中，$n_i(i=1, 2, \cdots, k)$为第 i 处理的重复数，k 为试验的处理数。

（4）多重比较结果的表示法　各处理平均数经多重比较后，应以简捷明了的形式将结果表示出来，常用的表示方法有 2 种。

① 三角形表示法。此法是将全部均数从大到小自上而下顺次排列，然后算出各个平均数间的差数。差异显著性凡达到 $\alpha=0.05$ 水平的在右上角标一个"＊"号，凡达到 $\alpha=0.01$ 水平的在右上角标两个"＊"号，凡未达到 $\alpha=0.05$ 水平的则不予标记。三角形法简便直观，但占篇幅较大，特别是当处理的平均数较多时。因此，在科技论文中用得较少。

② 标记字母法。此法是先将各处理平均数由大到小自上而下排列，然后在最大平均数后标记字母 a，并将各平均数依次相比，凡差异不显著者标记同一字母 a，直到某一个与其差异显著的平均数标记字母 b；再以标有字母 b 的平均数为标准，与上方比它大的各个平均数比较，凡差异不显著者一律再加标 a，直至显著为止；再以标记有字母 b 的最大平均数为标准，与下面各未标记字母的平均数相比，凡差异不显著者继续标记字母 b，直至某一个与其差异显著的平均数标记 c；……如此重复下去，直至最小一个平均数被标记比较完毕为止。这样，各平均数间凡有一个相同字母的即为差异不显著者，凡无相同字母的即为差异显著。用小写拉丁字母表示显著水平 $\alpha=0.05$，用大写拉丁字母表示显著水平 $\alpha=0.01$。在利用字母标记法表示多重比较结果时，常在三角形法的基础上进行。此法的优点是占篇幅小，在科技文献中常见。应当注意的是，无论采用哪种方法表示多重比较的结果，都应注明用的是哪种多重比较的方法。

（5）多重比较方法的选择　以上介绍的几种多重比较方法，其检验尺度有如下关系：

$$LSD\text{法} \leqslant \text{新复极差法} \leqslant q \text{ 检验法}$$

当秩次距 $K=2$ 时，取等号（这是因为对同一资料，此时 $SSR_a = q_a = t_a\sqrt{2}$）；秩次距 $K \geqslant 3$ 时，取小于号。在多重比较中，LSD 法的尺度最小，q 检验法尺度最大，新复极差法尺度居中。用上述排列顺序中的前面方法检验显著的结果，用后面方法检验未必显著；用后面方法检验显著的结果，用前面方法检验必然显著。试验结果究竟采用哪一种多重比较方法，主要应根据否定一个正确的 H_0 和接受一个不正确的 H_0 的相对重要性来决定。如果否定正确的 H_0 是事关重大或后果严重的，或对试验要求严格时，用 q 检验法较为妥当；如果接受一个不正确的 H_0 是事关重大或后果严重的，则宜用新复极差法；在生物试验中，由于试验误差较大，常采用新复极差法。在 F 检验显著后为了简便，也可采用 LSD 法。

（6）方差分析的基本步骤　前面结合单因素试验结果方差分析的实例介绍了方差分析的基本原理和方法。现将方差分析的基本步骤归纳如下：①将资料总变异的自由度和平方和分解为各变异原因的自由度和平方和；②列出方差分析表，计算各项均方及有关均方比，做出 F 检验，以明了各变异因素的重要程度；③若 F 检验显著，则对各平均数进行多重比较。如果是随机模型，F 检验显著后一般进行方差组分的估计。

4.1.2　各处理重复数不相等的方差分析

（1）平方和与自由度的分解　这种情况下方差分析的基本步骤与各处理重复数相等的情况相同，只是有关计算公式需作相应改变。

设处理数为 k，各处理重复数为 $n_1, n_2, \cdots, n_k$，试验观察值总数为 $N = \sum\limits_{i=1}^{k} n_i$，则在方差分析时有关公式为：

$$SS_T = \sum_{i=1}^{k}\sum_{j=1}^{n_i}(x_{ij} - \bar{x}..)^2 = \sum_{i=1}^{k}\sum_{j=1}^{n_i}x_{ij}^2 - C \left.\vphantom{\begin{array}{c}1\\1\\1\\1\\1\\1\\1\end{array}}\right\}$$

其中 $C = x^2../N$

$$SS_t = \sum_{i=1}^{k}n_i(\bar{x}_{i.} - \bar{x}..)^2 = \sum_{i=1}^{k}(x_{i.}^2/n_i) - C \qquad (4\text{-}18)$$

$$SS_e = \sum_{i=1}^{k}\sum_{j=1}^{n_i}(x_{ij} - \bar{x}..)^2 - \sum_{i=1}^{k}n_i(\bar{x}_{i.} - \bar{x}..)^2 = SS_T - SS_t$$

$$\begin{aligned} df_T &= \sum_{i=1}^{k}n_i - 1 = N - 1 \\ df_t &= k - 1 \\ df_e &= \sum_{i=1}^{k}n_i - k = df_T - df_t \end{aligned} \left.\vphantom{\begin{array}{c}1\\1\\1\\1\\1\\1\end{array}}\right\} \qquad (4\text{-}19)$$

（2）多重比较　平均数的标准误 $S_{\bar{x}}$ 为：

$$S_{\bar{x}} = \sqrt{MS_e/n_0} \qquad (4\text{-}20)$$

或

$$S_{\bar{x}_{i.} - \bar{x}._j} = \sqrt{2MS_e/n_0} \qquad (4\text{-}21)$$

其中 n_0 由式（4-17）计算。

4.2　单因素方差分析应用实例与 SPSS 实现

根据所研究试验因素的多少，方差分析可分为单因素、两因素和多因素试验资料的方差分析。单向分组资料是指利用完全随机试验设计，观察值仅按一个方向分组的单因素试验资料。单向分组资料的方差分析，根据各处理内重复数相等与否又分为各处理重复数相等与重复数不等两种情况。当重复数不等时，平方和、自由度以及多重比较中标准误的计算略有不同。但以上两种情况在 SPSS 处理过程中具有相同的方法。

【例 4-1】　对 4 种食品 1，2，3，4 某一质量指标进行感官试验检查，满分为 20 分，评分结果列于表 4-2，试比较其差异性。

表 4-2　4 种食品感官指标检查评分结果

食 品	评　　分						
1	14	15	11	13	11	15	11
2	17	14	15	17	14	17	15
3	13	15	13	12	13	10	16
4	15	13	14	15	14	12	17

操作步骤如下。

Step1：将表 4-2 数据输入 SPSS Data Editor 窗口后，依次选中"Analyze → Compare Means→One-Way ANOVA"，即可打开【One-Way ANOVA】主对话框，如图 4-2 和图 4-3 所示。

Step2：用中间的右箭头按钮从左边的原变量名列表框中将变量名"评分"转移到"Dependent List"列表框中，将因子"食品"转移到"Factor"内，如图 4-3 所示。

Step3：选择【Post Hoc...】打开【Post Hoc...】对话框，选择"LSD"、"Duncan"两种方法，差异显著性水平默认为 0.05，也可以选用 0.01，然后单击【Continue】返回。如图 4-4 所示。

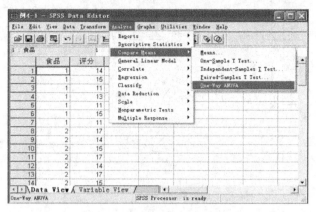

图 4-2　SPSS 数据编辑窗口

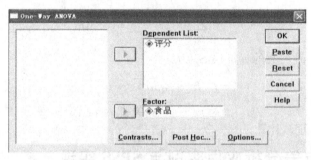

图 4-3　One-Way ANOVA 对话框

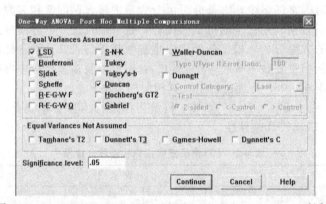

图 4-4　One-Way ANOVA：Post Hoc Multiple Comparisons 对话框

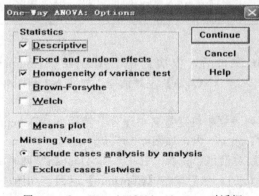

图 4-5　One-Way ANOVA：Options 对话框

Step4：单击图 4-3 中的【Options…】按钮，打开【Options】对话框，如图 4-5 所示。选择 "Descriptive"（描述统计量）、"homogeneity of variance test"（方差齐性检验），然后单击【Continue】返回。

Step5：单击【OK】完成。

输出结果及分析如下。

表 4-3 是 4 种食品 1，2，3，4 某一质量指标进行感官试验检查统计表，包括测量个数、平均数、标准差和平均数的标准误差、平均值的 95% 置信区间、最小值、最大值。

评分　　　　　　　　　　　　　　表 4-3　描述统计量表

	N	Mean	Std. Deviation	Std. Error	95%Confidence Interval for Mean		Minimum	Maximum
					Lower Bound	Upper Bound		
1	7	12.86	1.864	.705	11.13	14.58	11	15
2	7	15.57	1.397	.528	14.28	16.86	14	17
3	7	13.14	1.952	.738	11.34	14.95	10	16
4	7	14.29	1.604	.606	12.80	15.77	12	17
Total	28	13.96	1.953	.369	13.21	14.72	10	17

表 4-4 为单因素方差分析表，处理间离均差平方和 $SS_t = 32.107$，处理间均方 $MS_t = 10.702$，处理内离均差平方和 $SS_e = 70.857$，处理内均方 $MS_e = 2.952$，总离均差平方和 $SS_T = 102.964$，$F = 3.625$，Sig. $= 0.027$，因为实际计算的差异显著性水平 Sig. $= 0.027$，小于 0.05，表明 4 种食品的感官质量有显著差异。

评分　　　　　　　　　　　　　　表 4-4　方差分析表

	Sum of Squares	df	Mean Square	F	Sig.
Between Groups	32.107	3	10.702	3.625	.027
Within Groups	70.857	24	2.952		
Total	102.964	27			

在 F 值和自由度已知的情况下，也可采用以下方法分析试验结果。由自由度 $df_1 = 3$，$df_2 = 24$ 和显著水平 $\alpha = 0.05$ 查附表 4 得临界 F 值 $F_{0.05(3,24)} = 3.01$。由于实得，$F = 3.625 > F_{0.05(3,24)}$，故 $P < 0.05$，应拒绝 H_0，接受 H_A，说明 4 种食品的感官指标有显著差异。

表 4-5 为采用 LSD 法进行平均数多重比较的检验结果。表中各项意义分别为：表中方法（I）与方法（J）之间的均值差（Mean Difference），标准误差（Std. Error），显著性水平（Sig.）和平均数差值的 95% 置信区间（95% Confidence Interval）。表中"Mean Difference"列对应的数据中右上角有"＊"的表示该数据对应的两组均值之间有显著差异。如第 1 种食品和第 2 种食品的感官质量有显著差异（Sig. $= 0.007$），第 1 种食品和第 3 种食品的感官质量无显著差异（Sig. $= 0.758$）。

Dependent Variable：评分　　　　　　　表 4-5　LSD 法多重比较表

	(I)食品	(J)食品	Mean Difference (I-J)	Std. Error	Sig.	95% Confidence Interval	
						Lower Bound	Upper Bound
LSD	1	2	-2.71^*	.918	.007	-4.61	$-.82$
		3	$-.29$	.918	.758	-2.18	1.61
		4	-1.43	.918	.133	-3.32	.47
	2	1	2.71^*	.918	.007	.82	4.61
		3	2.43^*	.918	.014	.53	4.32
		4	1.29	.918	.174	$-.61$	3.18
	3	1	.29	.918	.758	-1.61	2.18
		2	-2.43^*	.918	.014	-4.32	$-.53$
		4	-1.14	.918	.225	-3.04	.75
	4	1	1.43	.918	.133	$-.47$	3.32
		2	-1.29	.918	.174	-3.18	.61
		3	1.14	.918	.225	$-.75$	3.04

＊：The mean difference is significant at the .05 level.

表 4-6 为"Duncan"平均数多重比较检验表，只要平均数不在一列的差异就显著。由表 4-6 可知显著性水平在 0.05 时，食品 1、3、4 三者均数间差异不显著，食品 2 与 4 差异不显著，食品 1 和食品 2 之间差异显著，食品 3 和食品 2 之间差异显著。和 LSD 法的分析结果是一致的。

表 4-6 Duncan 法多重比较表

食品		N	Subset for alpha= .05	
			1	2
Duncan[a]	1	7	12.86	
	3	7	13.14	
	4	7	14.29	14.29
	2	7		15.57
Sig.			.154	.174

Means for groups in homogeneous subsets are displayed.

a. Uses Harmonic Mean Sample Size=7.000.

4.3 两因素方差分析的基本原理

设试验考察 A，B 两个因素，A 因素分 a 个水平，B 因素分 b 个水平。若 A 因素的每个水平与 B 因素的每个水平均衡交叉搭配则形成了 ab 个水平组合即处理，试验中因素 A、因素 B 处于平等地位。如果将试验单位随机分成 ab 个组，每组随机接受一个处理，那么试验数据也按两因素交叉分组，这种试验数据资料称为两向分组资料，也叫交叉分组资料。按完全随机设计的两因素交叉分组试验资料都是两向分组资料，其方差分析按各组合内有无重复观察值分为两种不同情况。

4.3.1 两向分组单独观察值试验的方差分析

A，B 两个试验因素的全部 ab 个水平组合中，每个水平组合只有 1 个观察值，全部试验共有 ab 个观察值，其数据模式如表 4-7 所示。

表 4-7 两向分组单独观察值试验数据模式

A 因素	B 因素						合计	平均($\bar{x}_{i.}$)
	B_1	B_2	⋯	B_j	⋯	B_b		
A_1	x_{11}	x_{12}	⋯	x_{1j}	⋯	x_{1b}	$x_{1.}$	$\bar{x}_{1.}$
A_2	x_{21}	x_{22}	⋯	x_{2j}	⋯	x_{2b}	$x_{2.}$	$\bar{x}_{2.}$
⋮	⋮	⋮		⋮		⋮	⋮	⋮
A_i	x_{i1}	x_{i2}	⋯	x_{ij}	⋯	x_{ib}	$x_{i.}$	$\bar{x}_{i.}$
⋮	⋮	⋮		⋮		⋮	⋮	⋮
A_a	x_{a1}	x_{a2}	⋯	x_{aj}	⋯	x_{ab}	$x_{a.}$	$\bar{x}_{a.}$
合计 $x_{.j}$	$x_{.1}$	$x_{.2}$	⋯	$x_{.j}$	⋯	$x_{.b}$	$x_{..}$	
平均 $\bar{x}_{.j}$	$\bar{x}_{.1}$	$\bar{x}_{.2}$	⋯	$\bar{x}_{.j}$	⋯	$\bar{x}_{.b}$		

表 4-7 中，$x_{i.}=\sum\limits_{j=1}^{b}x_{ij}$，$\bar{x}_{i.}=\dfrac{1}{b}\sum\limits_{j=1}^{b}x_{ij}$，$x_{.j}=\sum\limits_{i=1}^{a}x_{ij}$，$\bar{x}_{.j}=\dfrac{1}{a}\sum\limits_{i=1}^{a}x_{ij}$，$x_{..}=\sum\limits_{i=1}^{a}\sum\limits_{j=1}^{b}x_{ij}$。

在两因素交叉分组单独观察值的试验中，A 因素的每个水平有 b 个重复，B 因素的每个水平有 a 个重复，每个观察值同时受到 A、B 两因素及随机误差的作用。因此全部 ab 个观察值的总变异可以剖分为 A 因素水平间变异、B 因素水平间变异及试验误差 3 部分；自由度也相应剖分。平方和与自由度的分解式如下：

$$SS_T=SS_A+SS_B+SS_e$$
$$df_T=df_A+df_B+df_e$$

(4-22)

各项平方和与自由度的计算公式：

矫正数	$C = x_{..}^2 / ab$	

$$SS_T = \sum_{i=1}^{a}\sum_{j=1}^{b}(x_{ij} - \bar{x}_{..})^2 = \sum_{i=1}^{a}\sum_{j=1}^{b}x_{ij}^2 - C$$

总平方和

因素 A 平方和
$$SS_A = b\sum_{i=1}^{a}(x_{i.} - \bar{x}_{..})^2 = \frac{1}{b}\sum_{i=1}^{a}x_{i.}^2 - C$$

因素 B 平方和
$$SS_B = a\sum_{j=1}^{b}(x_{.j} - \bar{x}_{..})^2 = \frac{1}{a}\sum_{j=1}^{b}x_{.j}^2 - C$$

(4-23)

误差平方和 $SS_e = SS_T - SS_A - SS_B$

总自由度 $df_T = ab - 1$

因素 A 自由度 $df_A = a - 1$

因素 B 自由度 $df_B = b - 1$

误差自由度 $df_e = df_T - df_A - df_B = (a-1)(b-1)$

相应均方为 $MS_A = SS_A / df_A, MS_B = SS_B / df_B, MS_e = SS_e / df_e$

对于固定模型 F 检验所作假设为 H_0：$\mu_{A_1} = \mu_{A_2} = \cdots = \mu_{A_a}$，$\mu_{B_1} = \mu_{B_2} = \cdots = \mu_{B_b}$，$H_A$：各 μ_{A_i} 及各 μ_{B_j} 分别不相等或不全相等（即 H_0：$k_A^2 = 0$，$k_B^2 = 0$；H_A：$k_A^2 \neq 0$，$k_B^2 \neq 0$），对于随机模型则是 H_0：$\sigma_A^2 = 0$，$\sigma_B^2 = 0$；H_A：$\sigma_A^2 \neq 0$，$\sigma_B^2 \neq 0$；混合模型（A 固定，B 随机）是：H_0：$k_A^2 = 0$，$\sigma_B^2 = 0$；H_A：$k_A^2 \neq 0$，$\sigma_B^2 \neq 0$。

对两向分组单独观察值试验资料的方差分析，不论是固定、随机还是混合模型，F 检验分母均方都是误差均方 MS_e。

两向分组单独观察值试验资料的方差分析，其误差自由度一般不应小于 12，目的在于较精确地估计误差。

在进行两因素或多因素的试验时，除了研究每一因素对试验指标的影响外往往更希望研究因素之间的交互作用，这在科学研究和生产中是十分重要的。例如，通过研究温度、湿度、气体成分对果实呼吸作用的影响，对控制果实的生命活动、保持贮藏质量有重要意义。又如在新产品的设计、开发、试制过程中，必须对影响该产品产量与质量的主要因素以及这些因素间相互作用的内在规律进行充分的分析研究，只有这样才能定出具体的加工工艺。

两因素单独观察值试验只适用于两因素间无交互作用的情况。若两因素间有交互作用，则每个水平组合中只设一个试验单位（观察单位）的试验设计是不正确的或不完善的。这是因为：①在这种情况下，式(4-23) 中 SS_e、df_e 实际是 A、B 两因素交互作用平方和与自由度，所算得的 MS_e 是交互作用均方，主要反映由交互作用引起的变异；②这时若仍按例 4-1 所采用的方法进行方差分析，由于误差均方值大（包含交互作用在内），有可能掩盖试验因素的显著性，从而增大犯Ⅱ型错误的概率；③因为每个水平组合只有 1 个观察值，所以无法估算真正的试验误差，因而不可能对因素的交互作用进行研究。

因此，进行两因素或多因素试验时，一般应设置重复，以便正确估计试验误差，深入研究因素间的交互作用。

4.3.2 两向分组有相等重复观察值试验的方差分析

对两因素和多因素有重复观察值试验结果的分析，能研究因素的简单效应、主效应和因素间的交互作用（互作）。下面通过一个例子对这些概念给予直观解释。

设 A 及 B 两因素分别具有 a 个和 b 个水平，共有 ab 个水平组合，每个水平组合有 n

次重复，则全部试验共有 abn 个观察值。这类试验结果方差分析的数据模式如表 4-8 所示。

表 4-8　两因素有重复试验数据模式

A 因素	B 因素				A_i 合计 $x_{i.}$	A_i 平均 $\bar{x}_{i.}$
		B_1	B_2	$\cdots$	B_b		
A_1	x_{1jl}	x_{111} x_{112} $\vdots$ x_{11n}	x_{121} x_{122} $\vdots$ x_{12n}	$\cdots$ $\cdots$ $\cdots$	x_{1b1} x_{1b2} $\vdots$ x_{1bn}	$x_{1..}$	$\bar{x}_{1..}$
	$x_{1j.}$	$x_{11.}$	$x_{12.}$	$\cdots$	$x_{1b.}$		
	$\bar{x}_{1j.}$	$\bar{x}_{11.}$	$\bar{x}_{12.}$	$\cdots$	$\bar{x}_{1b.}$		
A_2	x_{2jl}	x_{211} x_{212} $\vdots$ x_{21n}	x_{221} x_{222} $\vdots$ x_{22n}	$\cdots$ $\cdots$ $\cdots$	x_{2b1} x_{2b2} $\vdots$ x_{2bn}	$x_{2..}$	$\bar{x}_{2..}$
	$x_{2j.}$	$x_{21.}$	$x_{22.}$	$\cdots$	$x_{2b.}$		
	$\bar{x}_{2j.}$	$\bar{x}_{21.}$	$\bar{x}_{22.}$	$\cdots$	$\bar{x}_{2b.}$		
$\vdots$		$\vdots$	$\vdots$		$\vdots$	$\vdots$	$\vdots$
A_a	x_{ajl}	x_{a11} x_{a12} $\vdots$ x_{a1n}	x_{a21} x_{a22} $\vdots$ x_{a2n}	$\cdots$ $\cdots$ $\cdots$	x_{ab1} x_{ab2} $\vdots$ x_{abn}	$x_{a..}$	$\bar{x}_{a..}$
	$x_{aj.}$	$x_{a1.}$	$x_{a2.}$	$\cdots$	$x_{ab.}$		
	$\bar{x}_{aj.}$	$\bar{x}_{a1.}$	$\bar{x}_{a2.}$	$\cdots$	$\bar{x}_{ab.}$		
B_j 合计	$x_{.j.}$	$x_{.1.}$	$x_{.2.}$	$\cdots$	$x_{.b.}$	$x_{...}$	
B_j 平均	$\bar{x}_{.j.}$	$\bar{x}_{.1.}$	$\bar{x}_{.2.}$	$\cdots$	$\bar{x}_{.b.}$		$\bar{x}_{...}$

表 4-8 中

$$x_{ij.} = \sum_{l=1}^{n} x_{ijl} \qquad \bar{x}_{ij.} = \sum_{l=1}^{n} x_{ijl}/n$$

$$x_{i..} = \sum_{j=1}^{b}\sum_{l=1}^{n} x_{ijl} \qquad \bar{x}_{i..} = \sum_{j=1}^{b}\sum_{l=1}^{n} x_{ijl}/bn$$

$$x_{.j.} = \sum_{i=1}^{a}\sum_{l=1}^{n} x_{ijl} \qquad \bar{x}_{.j.} = \sum_{i=1}^{a}\sum_{l=1}^{n} x_{ijl}/an$$

$$x_{...} = \sum_{i=1}^{a}\sum_{j=1}^{b}\sum_{l=1}^{n} x_{ijl} \qquad \bar{x}_{...} = \sum_{i=1}^{a}\sum_{j=1}^{b}\sum_{l=1}^{n} x_{ijl}/abn$$

两向分组有重复观察值的数学模型为

$$x_{ijl} = \mu + \alpha_i + \beta_j + (\alpha\beta)_{ij} + \varepsilon_{ijl} \tag{4-24}$$
$$(i = 1, 2, \cdots, a; \ j = 1, 2, \cdots, b; \ l = 1, 2, \cdots, n)$$

式中，μ 为总平均数；α_i 为 A_i 的效应；β_j 为 B_j 的效应；$(\alpha\beta)_{ij}$ 为 A_i 与 β_j 的互作效应。$\alpha_i = \mu_{i.} - \mu$，$\beta_i = \mu_j - \mu$，$(\alpha\beta)_{ij} = \mu_{ij} - \mu_{i.} - \mu_j + \mu$，$\mu_{i.}$、$\mu_j$、$\mu_{ij}$ 分别为 A_i、B_j、A_iB_j 观察值总体平均数；且 $\sum_{i=1}^{a}\alpha_i = 0$，$\sum_{j=1}^{b}\beta_i = 0$，$\sum_{i=1}^{a}(\alpha\beta)_{ij} = \sum_{j=1}^{b}(\alpha\beta)_{ij} = \sum_{i=1}^{a}\sum_{i=1}^{b}(\alpha\beta)_{ij} = 0$，$\varepsilon_{ijl}$ 为随机误差，相互独立，且服从 $N(0, \sigma^2)$。

两因素有重复观察值试验结果方差分析平方和与自由度的分解式为

$$SS_T = SS_A + SS_B + SS_{A \times B} + SS_e \atop df_T = df_A + df_B + df_{A \times B} + df_e \Big\}$$

(4-25)

式中，$SS_{A \times B}$，$df_{A \times B}$为 A 因素与 B 因素交互作用平方和及自由度。

若用 SS_{AB}，df_{AB} 表示 A、B 水平组合的平方和与自由度，即处理（水平组合）间平方和与自由度，则因处理变异可剖分为 A 因素、B 因素及 A、B 交互作用变异三部分，于是 SS_{AB}，df_{AB} 可剖分为：

$$SS_{AB} = SS_A + SS_B + SS_{A \times B} \atop df_{AB} = df_A + df_B + df_{A \times B} \Big\}$$

(4-26)

各项平方和、自由度及均方的计算公式如下：

矫正数	$C = x^2/abn$
总平方和及其自由度	$SS_T = \sum\sum\sum x_{ijl}^2 - C, df_T = abn - 1$
水平组合平方和及其自由度	$SS_{AB} = \frac{1}{n}\sum\sum x_{ij.}^2 - C, df_{AB} = ab - 1$
因素 A 平方和及其自由度	$SS_A = \frac{1}{bn}\sum x_{i..}^2 - C, df_A = a - 1$
因素 B 平方和及其自由度	$SS_B = \frac{1}{an}\sum x_{.j.}^2 - C, df_B = b - 1$
交互作用平方和及其自由度	$SS_{A \times B} = SS_{AB} - SS_A - SS_B$
误差平方和及其自由度	$SS_e = SS_T - SS_{AB}$ $df_e = ab(n-1)$
相应均方为	$MS_A = SS_A/df_A, MS_B = SS_B/df_B,$
	$MS_{A \times B} = SS_{A \times B}/df_{A \times B}, MS_e = SS_e/df_e$

(4-27)

4.4 两因素方差分析应用实例与 SPSS 实现

4.4.1 两因素单独观察值试验结果的方差分析方法

【例 4-2】 某葡萄酒企业有化验员 3 人，担任葡萄酒酒精度检验。每人从 B_1 到 B_{10} 10 个贮酒罐随机抽样 1 次进行检验，检验结果如表 4-9 所示。试分析 3 名化验员的化验技术有无差异，以及每罐葡萄酒的酒精度有无差异。

表 4-9　各罐葡萄酒酒精度测定结果

化验员	贮酒罐编号									
	B_1	B_2	B_3	B_4	B_5	B_6	B_7	B_8	B_9	B_{10}
A_1	11.71	10.81	12.39	12.56	10.64	13.26	13.34	12.67	11.27	12.68
A_2	11.78	10.70	12.50	12.35	10.32	12.93	13.81	12.48	11.60	12.65
A_3	11.61	10.75	12.40	12.41	10.72	13.10	13.58	12.88	11.46	12.94

操作步骤如下。

Step1：将表 4-9 数据输入 SPSS Data Editor 窗口后，依次选择 "Analyze→General Linear Model→Univariate…"，即可打开【Univariate】主对话框，如图 4-6 和图 4-7 所示。

Step2：将左边 "酒精度" 变量选入右边 "Dependent Variable"（因变量列表），"酒罐号"、"化验员" 项目选入 "Fixed Factor（s）"（自变量），如图 4-7 所示。

Step3：选择【Model...】按钮，打开【Univariate：Model】子对话框，如图 4-8 所示。在此对话框中选择"Custom"（自定义模型），将左边"酒罐号"、"化验员"项目选入"Model"中。中间的选择框选择"Main effects"，按【Continue】按钮返回【Univariate】主对话框。

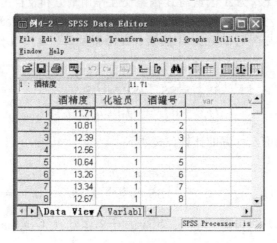

图 4-6　SPSS 数据编辑窗口

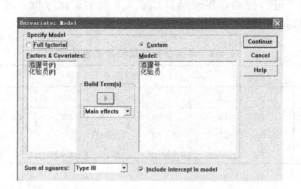

图 4-7　【Univariate】对话框

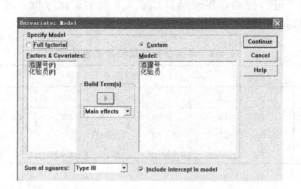

图 4-8　【Univariate：Model】对话框

Step4：选择【Post Hoc...】打开【Post Hoc Multiple Comparisons for...】对话框，将左边"酒罐号"、"化验员"项目选入"Post Hoc Tests for"中。选择"Duncan"，单击【Continue】返回【Univariate】主对话框，如图 4-9 所示。

100

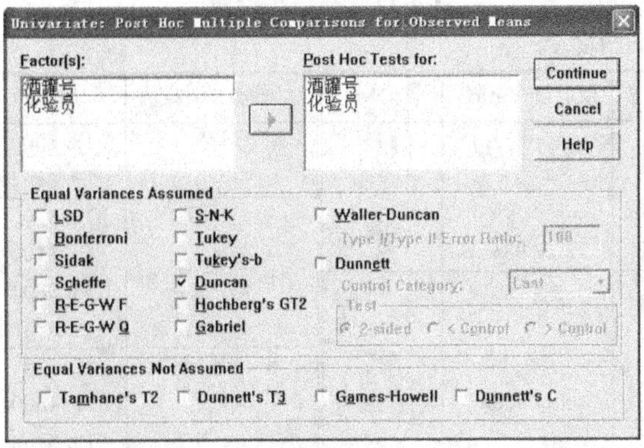

图 4-9 【Univariate：Post Hoc Multiple Comparisons for Observed Means】对话框

Step5：选择【Options...】打开【Options】对话框，选择"Descriptive statistics"（说明统计量），如图 4-10 所示。单击【Continue】返回【Univariate】主对话框。

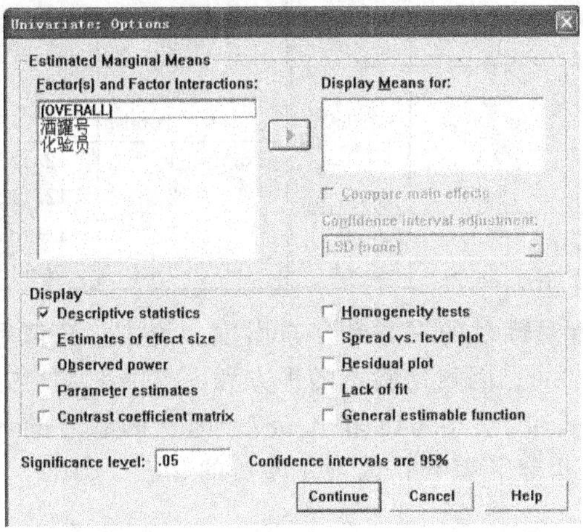

图 4-10 【Univariate：Options】对话框

Step6：单击【OK】完成。

输出结果及分析：

从表 4-10 可知，因素"酒罐号"有 10 个酒罐，每个酒罐抽取 3 个样品；"化验员"有 3 名，每名化验员抽取 10 个样品，每个酒罐抽取样品 1 个。

表 4-10 主因子描述表

项目	序号	样品数 N	项目	序号	样品数 N
酒罐号	1	3	酒罐号	8	3
	2	3		9	3
	3	3		10	3
	4	3	化验员	1	10
	5	3		2	10
	6	3		3	10
	7	3			

由表 4-11 可知每个罐葡萄酒的平均酒精度和平均数的标准差。

表 4-11　描述统计量表

Dependent Variable：酒精度

酒罐号	化验员	Mean	Std. Deviation	N	酒罐号	化验员	Mean	Std. Deviation	N
1	1	11.7100	.	1	6	3	13.1000	.	1
	2	11.7800	.	1		Total	13.0967	.16503	3
	3	11.6100	.	1	7	1	13.3400	.	1
	Total	11.7000	.08544	3		2	13.8100	.	1
2	1	10.8100	.	1		3	13.5800	.	1
	2	10.7000	.	1		Total	13.5767	.23502	3
	3	10.7500	.	1	8	1	12.6700	.	1
	Total	10.7533	.05508	3		2	12.4800	.	1
3	1	12.3900	.	1		3	12.8800	.	1
	2	12.5000	.	1		Total	12.6767	.20008	3
	3	12.4000	.	1	9	1	11.2700	.	1
	Total	12.4300	.06083	3		2	11.6000	.	1
4	1	12.5600	.	1		3	11.4600	.	1
	2	12.3500	.	1		Total	11.4433	.16563	3
	3	12.4100	.	1	10	1	12.6800	.	1
	Total	12.4400	.10817	3		2	12.6500	.	1
5	1	10.6400	.	1		3	12.9400	.	1
	2	10.3200	.	1		Total	12.7567	.15948	3
	3	10.7200	.	1	Total	1	12.1330	.96988	10
	Total	10.5600	.21166	3		2	12.1120	1.04146	10
6	1	13.2600	.	1		3	12.1850	.99971	10
	2	12.9300	.	1		Total	12.1433	.96937	30

　　从表 4-12 可知，因素酒罐号的平方和、自由度、均方、F 值和 Sig. 值分别为 26.759、9、2.973、115.452 和 0.000；因素化验员的平方和、自由度、均方、F 值和 Sig. 值分别为 2.825×10^{-2}、2、1.412×10^{-2}、0.548 和 0.587。因素酒罐号的 Sig. < 0.01，说明不同酒罐内的葡萄酒酒精度存在极显著差异；因素化验员的 Sig. > 0.05，说明 3 个化验员的检验技术没有显著差异。

表 4-12　方差分析表

Dependent Variable：酒精度

Source	Type Ⅲ Sum of Squares	df	Mean Square	F	Sig.
Corrected Model	26.787[a]	11	2.435	95.560	.000
Intercept	4423.816	1	4423.816	171778.9	.000
酒罐号	26.759	9	2.973	115.452	.000
化验员	2.825E-02	2	1.412E-02	.548	.587
Error	.464	18	2.575E-02		
Total	4451.067	30			
Corrected Total	27.251	29			

　　a. R Squared=.983（Adjusted R Squared=.973）

　　也可采用查表方法对差异显著性作出判断。因素"酒罐号" $F = 115.452$，由自由度 $df_1 = 9$，$df_2 = 18$ 和显著水平 $\alpha = 0.01$ 查附表 4 得临界 F 值 $F_{0.01(9,18)} = 3.60$。由于实得 $F = 115.452$，$F_{0.01(9,18)} = 3.60$，故 $P < 0.01$，应拒绝 H_0，接受 H_A，说明不同酒罐葡萄酒的酒精度有极显著差异。因素"化验员" $F = 0.548$，由自由度 $df_1 = 2$，$df_2 = 18$ 和显著水平 $\alpha = 0.01$ 查附表 4 得临界 F 值 $F_{0.01(2,18)} = 6.01$。由于实得 $F = 0.548$，$F_{0.01(2,18)} = 6.01$，

故 $P>0.01$，应接受 H_0，拒绝 H_A，说明 3 个化验员的化验技术没有显著差异。

表 4-13 结果表明，除 B_2 与 B_5，B_1 与 B_9，B_4 与 B_3，B_8 与 B_3、B_4，B_{10} 与 B_8 差异不显著外，其余不同贮酒罐葡萄酒的酒精度均差异显著。酒精度最高的是 B_7，最低的是 B_5 和 B_2。

表 4-13   Ducan 多重比较表

Duncan[a,b]

酒罐号	N	Subset					
		1	2	3	4	5	6
5	3	10.5600					
2	3	10.7533					
9	3		11.4433				
1	3		11.7000				
3	3			12.4300			
4	3			12.4400			
8	3			12.6767	12.6767		
10	3				12.7567		
6	3					13.0967	
7	3						13.5767
Sig.		.157	.066	.090	.549	1.000	1.000

Means for groups in homogeneous subsets are displayed.

Based on Type III Sum of Squares

The error term is Mean Square (Error) $=2.575E-02$.

a. Uses Harmonic Mean Sample Size$=3.000$.

b. Alpha$=.05$.

4.4.2   两因素有重复观察值试验结果的方差分析方法

【例 4-3】   为了提高某产品的得率，研究了提取温度（A）和提取时间（B）对产品得率的影响。提取温度（A）有 3 个水平，A_1 为 80℃，A_2 为 90℃，A_3 为 100℃；提取时间（B）有 3 个水平，B_1 为 40min，B_2 为 30min，B_3 为 20min，共组成 9 个水平组合（处理），每个水平组合含有 3 个重复。试验结果如表 4-14 所示。试分析提取温度和提取时间对该产品得率的影响。

表 4-14   不同提取温度和提取时间对某产品得率的影响

提取温度/℃	提取时间/min			提取温度/℃	提取时间/min		
	B_1	B_2	B_3		B_1	B_2	B_3
A_1	8	7	6	A_2	8	6	6
	8	7	5	A_3	7	8	10
	8	6	6		7	7	9
A_2	9	7	8		6	8	9
	9	9	7				

操作步骤如下。

Step1：将表 4-14 所示数据输入 SPSS 数据编辑窗口，如图 4-11 所示。然后依次选择 "Analyze→General Linear Model→Univariate…"，即可打开【Univariate】主对话框，如图 4-12 所示。

Step2：将左边 "得率" 变量选入右边 "Dependent Variable"（因变量列表），"时间"、"温度" 项目选入 "Fixed Factor（s）"（自变量），如图 4-12 所示。

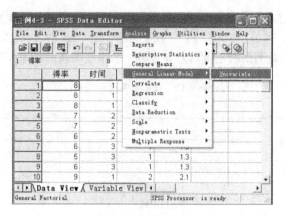

图 4-11　SPSS 数据编辑窗口

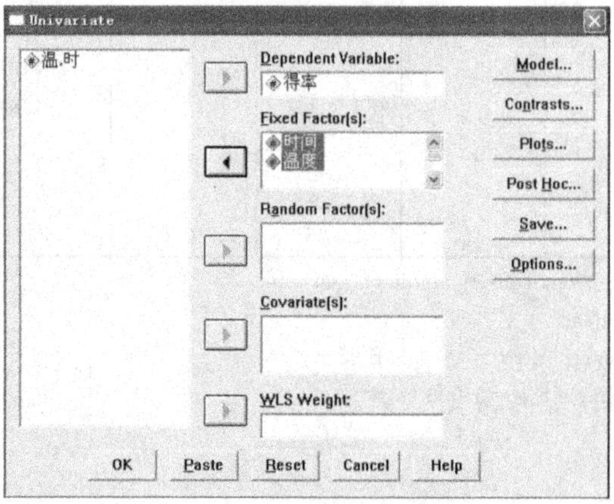

图 4-12　【Univariate】对话框

Step3：选择【Model...】按钮，打开【Univariate Model】子对话框，如图 4-13 所示。在此对话框中选择 "Custom"，分别将左侧对话框中的 "温度" 和 "时间" 选入右侧栏内，再将左侧 "温度和时间" 同时选入右侧栏内，单击【Continue】按钮返回【Univariate】主对话框。

图 4-13　【Univariate：Model】对话框

Step4：选择【Plots...】对话框，将 "时间" 项目选入 "Horizontal Axis" 栏内，将 "温度" 项目选入 "Horizontal Axis" 栏内，单击【Add】按钮，如图 4-14 所示，单击【Continue】返回。
Step5：选择【Post Hoc...】打开【Post Hoc Multiple Comparisons for...】对话框，选择 "Duncan"，单击【Continue】返回【Univariate】主对话框，如图 4-15 所示。
Step6：选择【Options...】打开【Options】对话框，选择 "Descriptive statistics"（说明统

104

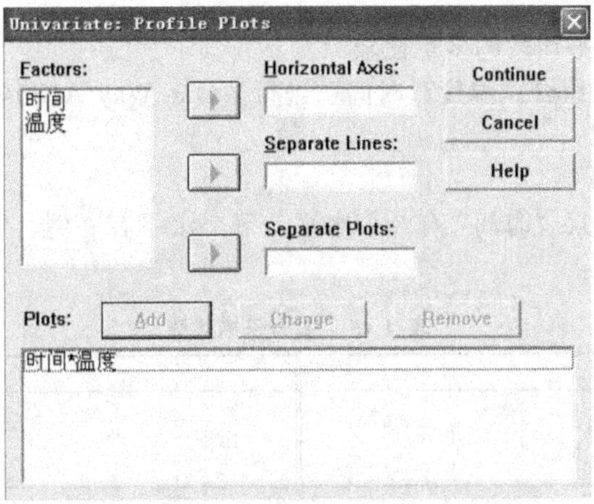

图 4-14 Univariate：Profile Plots 对话框

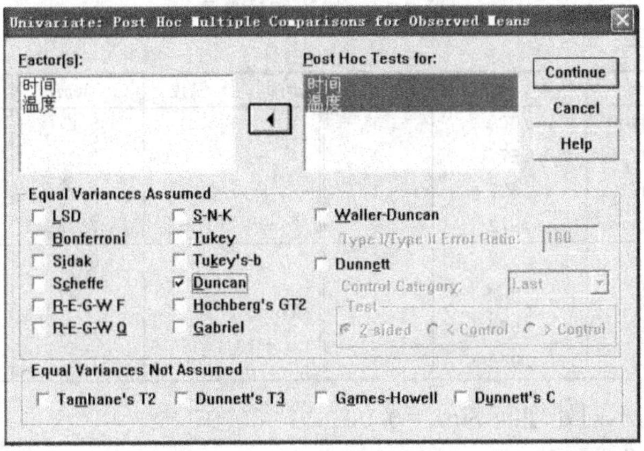

图 4-15 Univariate：Post Hoc Multiple Comparisons for Observed Means 对话框

计量），如图 4-16 所示。单击【Continue】返回【Univariate】主对话框。

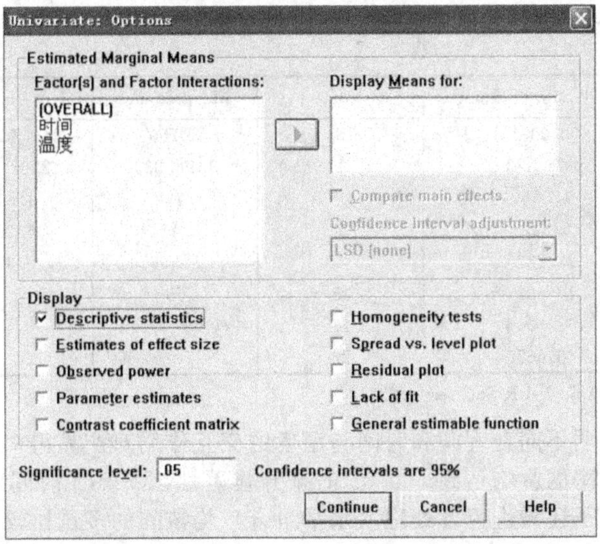

图 4-16 Univariate：Options 对话框

Step7：单击【OK】完成。

Step8：进行各水平组合平均数的多重比较。

对"得率"、各水平组合"温度、时间"进行"One-Way ANOVA"中的"Duncan"多重比较。方法参见例 4-1。

输出结果及分析：

从表 4-15 可知，因素"时间"有 3 个水平，每个水平有 9 例、"温度"有 3 个水平，每个水平有 9 例。

表 4-15   主因子描述表

		N				N
时间	1	9	温度	1		9
	2	9		2		9
	3	9		3		9

从表 4-16 可知时间和温度每水平各重复 3 次的平均数和标准差。

表 4-16   描述统计量表

Dependent Variable：得率

时间	温度	Mean	Std. Deviation	N	时间	温度	Mean	Std. Deviation	N
1	1	8.00	.000	3	3	1	5.67	.577	3
	2	8.67	.577	3		2	7.00	1.000	3
	3	6.67	.577	3		3	9.33	.577	3
	Total	7.78	.972	9		Total	7.33	1.732	9
2	1	6.67	.577	3	Total	1	6.78	1.093	9
	2	7.33	1.528	3		2	7.67	1.225	9
	3	7.67	.577	3		3	7.89	1.269	9
	Total	7.22	.972	9		Total	7.44	1.251	27

由表 4-17 可知，不同处理间 Sig. $=0.001$，$P<0.01$

时间 Sig. $=0.294$，$P>0.05$

温度 Sig. $=0.016$，$P<0.05$

时间 $*$ 温度 Sig. $=0.000$，$P<0.01$

表 4-17   方差分析表

Dependent Variable：得率

Source	Type Ⅲ Sum of Squares	df	Mean Square	F	Sig.
Corrected Model	30.000[a]	8	3.750	6.328	.001
Intercept	1496.333	1	1496.333	2525.063	.000
时间	1.556	2	.778	1.313	.294
温度	6.222	2	3.111	5.250	.016
时间 * 温度	22.222	4	5.556	9.375	.000
Error	10.667	18	.593		
Total	1537.000	27			
Corrected Total	40.667	26			

a. R Squared $=.738$ (Adjusted R Squared $=.621$)。

方差分析结果表明不同处理间和时间与温度的交互作用对产品得率的影响达到了极显著水平，温度对产品得率的影响达到了 0.05 的差异显著性水平，而时间对产品得率的影响差异不显著。对显著因子还需进行各处理（水平组合）均数间的多重比较。

表 4-18 与表 4-19 所进行的多重比较，实际上是温度和时间两因素主效应的分析。结果表明温度 A_3 与 A_1 之间差异显著、A_2 与 A_1 差异显著、A_2 与 A_3 差异不显著，而时间的不

106

表 4-18　不同处理时间对产品得率影响的 Ducan 多重比较表

Duncan[a,b]

时间	N	Subset 1	时间	N	Subset 1
2	9	7.22	1	9	7.78
3	9	7.33	Sig		.164

Means for groups in homogeneous subsets are displayed.

Based on Type Ⅲ Sum of Squares.

The error term is Mean Square（Error）=.593.

a. Uses Harmonic Mean Sample Size =9.000.

b. Alpha=.05.

表 4-19　不同温度对产品得率影响的 Ducan 多重比较表

Duncan[a,b]

温　度	N	Subset 1	Subset 2	温　度	N	Subset 1	Subset 2
1	9	6.78		3	9		7.89
2	9		7.67	Sig.		1.000	.548

Means for groups in homogeneous subsets are displayed.

Based on Type Ⅲ Sum of Squares.

The error term is Mean Square（Error）=.593.

a. Uses Harmonic Mean Sample Size =9.000.

b. Alpha=.05.

同水平对产品得率的影响差异不显著。由图 4-17
可看出，3 条线均不平行，表示不同温度与不同
时间两影响因素有交互效应。说明各水平组合的
效应不是各单因素效应的简单相加，而是温度效
应随时间而不同（或反之）。因此，需进一步比
较各水平组合的平均数。一般，当 A，B 因素的
交互作用显著时，不必进行两者主效应的分析
（因为这时主效应的显著性在实用意义上并不重
要），而是直接进行各水平组合平均数的多重比
较，选出最优水平组合。

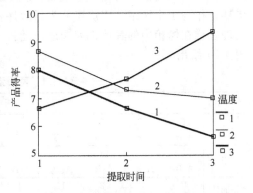

图 4-17　时间和温度的交互作用

　　由表 4-20 可以看出各水平组合平均数多重比
较结果表明，按 A_3B_3，A_2B_1 两个组合选用提取温度和时间可望获得较高的产品得率。

表 4-20　温度和时间交互作用对产品得率的 Ducan 多重比较表

Duncan[a]

温. 时	N	Subset for alpha=.05			
		1	2	3	4
1. 3	3	5.67			
1. 2	3	6.67	6.67		
3. 1	3	6.67	6.67		
2. 3	3	7.00	7.00		
2. 2	3		7.33	7.33	
3. 2	3		7.67	7.67	
1. 1	3		8.00	8.00	8.00
2. 1	3			8.67	8.67
3. 3	3				9.33
Sig.		.066	.074	.066	.058

Means for groups in homogeneous subsets are displayed.

a. Uses Harmonic Mean Sample Size =3.000.

4.5 两因素随机区组试验方差分析的基本原理

4.5.1 设计方法

随机区组试验设计是一种随机排列的完全区组的试验设计。该方法根据局部控制的原理，将试验的所有供试单元先按重复划分成非处理条件相对一致的若干单元组，每一组的供试单元数与试验的处理数相等。这样的单元组叫做区组（block）。然后分别在各区组内，用随机的方法将各个处理逐个安排于各供试单元中。由于同一区组内的各处理单元的排列顺序是随机而定的，故这样的区组叫做随机区组（randomized block），随机区组试验设计也由此得名。随机区组设计是一种适用性较广泛的设计方法，既可用于单因素试验，也适用于多因素试验。

【例 4-4】 在蛋糕加工工艺研究中，欲考察不同食品添加剂对各种配方蛋糕质量的影响而进行试验。本试验有 2 个因素，配方因素 A 有 4 个水平 A_1，A_2，A_3，$A_4(a=4)$；食品添加剂因素 B 有 3 个水平 B_1，B_2，$B_3(b=3)$。设 3 次重复（$r=3$）。因试验用烤箱容量不很大，不能一次性将全部试验蛋糕烘烤完，只能分次烘烤，故选用随机区组法安排试验。

根据题意，本试验的所有水平组合（处理）有 12 个（$ab=4\times3=12$）：A_1B_1，A_1B_2，A_1B_3，A_2B_1，A_2B_2，A_2B_3，A_3B_1，A_3B_2，A_3B_3，A_4B_1，A_4B_2，A_4B_3，依次编号为 1，2，3，…，12。由于烤箱容量不大，3 次重复分 3 次烘烤。每次烘烤 1 个重复 12 个处理的蛋糕，作为 1 个区组。依烘烤的先后次序标为区组 Ⅰ、区组 Ⅱ、区组 Ⅲ。每次烘烤的 12 个处理蛋糕在烤箱中的具体排列顺序由随机方法（如抽签法）事先确定。本试验的设计方案由表 4-21 给出。

表 4-21 两因素随机区组试验设计方案

区组	蛋糕在烘箱中的排列顺序											
Ⅰ	6	12	3	5	1	7	11	2	8	4	10	9
	A_2B_3	A_4B_3	A_1B_3	A_2B_2	A_1B_1	A_3B_1	A_4B_2	A_1B_2	A_3B_2	A_2B_1	A_4B_1	A_3B_3
Ⅱ	8	1	4	9	10	6	3	12	2	5	7	11
	A_3B_2	A_1B_1	A_2B_1	A_3B_3	A_4B_1	A_2B_3	A_1B_3	A_4B_3	A_1B_2	A_2B_2	A_3B_1	A_4B_2
Ⅲ	10	7	2	11	4	8	5	9	1	12	6	3
	A_4B_1	A_3B_1	A_1B_2	A_4B_2	A_2B_1	A_3B_2	A_2B_2	A_3B_3	A_1B_1	A_4B_3	A_2B_3	A_1B_3

4.5.2 设计特点

随机区组试验设计是实际工作中应用非常广泛的一种试验设计方法，它不仅可运用于农业上的田间试验，也可运用于畜牧业的动物试验，还可用于加工业上的各种试验。它之所以适用性这样广，主要得益于它具有如下一些优点。

① 符合试验设计的 3 项基本原则，试验精确度较高。本法实际上是在完全随机化设计的基础上引入了局部控制的措施，即按重复来分组，分组控制试验非处理条件，使得对非处理条件的控制更为有效，保证了同一重复内的各处理之间有更强的可比性。同时，在对试验结果的统计分析中（后将介绍），又将由区组间差异引起的变异从误差项中划分出来，消除了区组间差异对试验带来的影响，使试验误差较完全随机化试验有所下降，从而使试验获得较高的精确度。

② 设计方法机动灵活。本法对试验因素数目没有严格限制。既可安排单因素试验，也可安排多因素试验，并考察出因素间的交互效应。同时，对试验条件的要求也不苛刻，只要

能保证同一区组内各试验单元的非处理条件相对一致就行，不同区组的试验条件允许有差异。而且往往区组间差异较大，更能显示出随机区组法的局部控制功效。

③ 试验实施中的试验控制较易进行。对于同一试验，完全随机化设计在实施时要求对所有试验单元进行非处理条件的控制。这对一个处理数和重复数较多的试验来说，有时是相当困难的。而本法是以区组为单位来实施非处理条件的控制。控制范围相应缩小，也就更加容易进行。

④ 试验结果的统计分析简单易行。

⑤ 试验的韧性较好。在试验进行过程中，若某个（些）区组受到破坏，在去掉这个（些）区组后，剩下的资料仍可以进行分析。若试验中某 1 个或 2 个试验单元遭受损失，还可通过缺值估计来弥补，以保证试验资料的完整。

随机区组试验设计也存在一些缺点，主要有以下两点。

① 本试验设计是按区组来控制试验非处理条件的，要求区组内条件基本一致。在进行结果分析时，也只能消除区组间差异带来的影响，而不能分辨出区组内的差异。在食品试验中，为了保证同一区组内的条件一致，通常是按试验日期或机具设备或原料批次或参加人员等方面来划分区组。然而，当一个试验中同时遇到上述的 2 个方面或更多方面存在不同时，本设计方法就只能保证其中 1 个方面的条件在区组内相对一致，而对另一个或多个方面就无能为力了。

② 当处理数太多时，一个区组内试验单元就多，对其进行非处理条件控制的难度相应增大，甚至将失去控制效能。因此，随机区组试验设计对试验的处理数目有一定限制。一般试验的处理数不要超过 20 个，最好在 15 个以内。

4.5.3 平方和与自由度分解

设试验有 A 和 B 两因素，A 因素有 a 个水平，B 因素有 b 个水平，作随机区组设计，有 r 个区组，则试验共有 abr 个观察值。

两因素随机区组试验结果方差分析平方和与自由度的分解式为

$$\left.\begin{aligned}SS_T&=SS_A+SS_B+SS_{A\times B}+SS_r+SS_e\\df_T&=df_A+df_B+df_{A\times B}+df_r+df_e\end{aligned}\right\} \tag{4-28}$$

式中，$SS_{A\times B}$，$df_{A\times B}$ 为 A 因素与 B 因素交互作用平方和及自由度。

各项平方和、自由度及均方的计算公式如下。

$$\left.\begin{aligned}&\text{矫正数}\qquad\qquad\qquad C=x_{..}^2/abr\\&\text{总平方和及其自由度}\qquad SS_T=\sum\sum\sum x_{ijl}^2-C,df_T=abr-1\\&\text{水平组合平方和及其自由度}\quad SS_{AB}=\frac{1}{r}\sum\sum x_{ij.}^2-C,df_{AB}=ab-1\\&A\text{ 因素平方和及其自由度}\quad SS_A=\frac{1}{br}\sum x_{i..}^2-C,df_A=a-1\\&B\text{ 因素平方和及其自由度}\quad SS_B=\frac{1}{ar}\sum x_{.j.}^2-C,df_B=b-1\\&\text{区组因素平方和及其自由度}\quad SS_r=\frac{1}{ab}\sum x_{..l}^2-C,df_r=r-1\\&\text{交互作用平方和及其自由度}\quad SS_{A\times B}=SS_{AB}-SS_A-SS_B,df_{A\times B}=(a-1)(b-1)\\&\text{误差平方和及其自由度}\quad SS_e=SS_T-SS_R-SS_{AB},df_e=(ab-1)(r-1)\\&\text{相应均方为}\qquad MS_A=SS_A/df_A\quad MS_B=SS_B/df_B\\&\qquad\qquad\qquad MS_{A\times B}=SS_{A\times B}/df_{A\times B},MS_r=SS_R/df_r\\&\qquad\qquad\qquad MS_e=SS_e/df_e\end{aligned}\right\} \tag{4-29}$$

4.5.4　注意事项

在应用随机区组试验设计方法时，以下几点值得注意。

① 随机区组设计法可运用于多因素试验，但不是任何多因素试验都适宜用本法设计。通常本法主要适用于安排多个因素都同等重要的试验。如果几个试验因素因对试验原材料在用量上有不同需求，或对试验精度要求不同而有主次之分时，则不适宜采用本法，而应改用其他设计方法。

② 关于随机区组设计的区组（重复）数的确定，有人从统计学的角度提出以试验结果作方差分析时误差项自由度 df_e 应以不小于 12 为标准来确定。因为误差自由度过小，试验的灵敏性较差，F 检验难于检验出处理间差异显著性。设区组数为 r，处理数为 k，则由 $df_e = (k-1)(r-1) \geqslant 12$，可推出随机区组试验设计的区组数计算式为

$$r \geqslant \frac{12}{k-1} + 1 \tag{4-30}$$

按式（4-30）可计算出不同处理数时最小区组数，如表 4-22 所示。

表 4-22　随机区组设计所需的最小区组数

处理数	2	3	4	5	6	7	8	9	10	11	12	13	14	15
区组数	13	7	5	4	4	3	3	3	3	3	3	2	2	2

从表 4-22 可见，处理数较少时，区组数就应多些；相反，处理数较多时，区组数就可少一些。当处理数在 4～10 个时，一般需要设置区组 3～5 个。不过在实际中确定区组数时，表 4-22 给出的数据只能作参考，还应结合试验精度要求、试验条件、试验本身的难易程度等因素进行综合考虑。只有这样，才能把区组数确定得既符合统计要求，又符合试验要求和实际情况，保证试验能获得正确可靠的结果。

③ 在进行随机区组试验设计时，各区组内的随机排列应独立进行，也即各区组应分别进行 1 次随机排列，不能所有区组都采用同一随机顺序。例如一个 3 区组的随机区组试验设计，就应分别进行 3 次随机排列，各区组的随机顺序应不相同，否则试验中易产生系统误差。

④ 通常所说的随机区组试验设计的试验精度比完全随机化设计为高，是针对环境条件或试验条件存在着较大差异，并且难于控制的情况而言的。随机区组设计的最大功效就是能很好地对试验环境条件和非处理条件进行局部控制，以最大限度地保证同一区组中的不同处理之间的非处理条件相对一致，使试验误差的影响降到最低。但是，如果某个试验本身规模不大，受环境条件的影响较小，或者环境条件及试验条件本身较为均匀一致或易于控制，这时，用随机区组法进行设计，其功效就不能明显表现出来。也就是说，这时采用完全随机化设计与采用随机区组设计在试验精度上不会有太大差别。而从设计方法上、试验操作上以及试验结果的统计分析上比较，前者比后者更为简单一些。所以，这种情况下最好是采用完全随机化设计方法来安排试验，而不宜用随机区组设计法。

4.6　两因素随机区组试验结果的方差分析与 SPSS 实现

【例 4-5】 为研究山楂色素的最佳提取条件，选取提取时间（A）和乙醇浓度（B）为试验因素，提取时间（A/h）取 2、3、4 三个水平，乙醇浓度（B/%）取 55、75 和 95 三个水平，每个水平组合重复 3 次，试验结果如表 4-23 所示。现以重复为区组，对试验结果进行统计分析。

操作步骤如下。

Step1：将表 4-23 所示数据输入 SPSS 数据编辑窗口，如图 4-18 所示。然后依次选择"Analyze→General Linear Model→Univariate…"，即可打开【Univariate】主对话框，如图 4-19 和图 4-20 所示。

表 4-23　山楂色素提取试验结果

重复（区组）	B（乙醇） A（时间）	B_1	B_2	B_3
Ⅰ	A_1	0.22	0.18	0.25
	A_2	0.33	0.35	0.36
	A_3	0.39	0.42	0.35
Ⅱ	A_1	0.18	0.22	0.22
	A_2	0.32	0.30	0.37
	A_3	0.37	0.40	0.38
Ⅲ	A_1	0.24	0.20	0.27
	A_2	0.35	0.32	0.38
	A_3	0.41	0.37	0.44

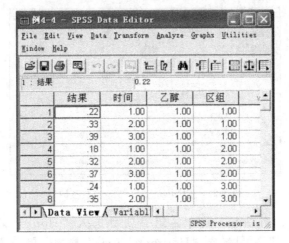

图 4-18　数据输入格式

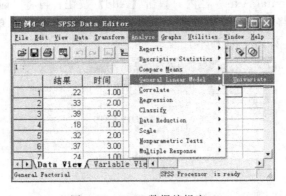

图 4-19　SPSS 数据编辑窗口

Step2：将左边"结果"变量选入右边"Dependent Variable"（因变量列表），"时间"、"乙醇"和"区组"项目选入"Fixed Factor（s）"（自变量），如图 4-20 所示。

Step3：选择【Model…】按钮，打开【Univariate：Model】子对话框，如图 4-21 所示。在此对话框中选择"Custom"，分别将左侧对话框中的"时间"、"乙醇"和"区组"选入右侧

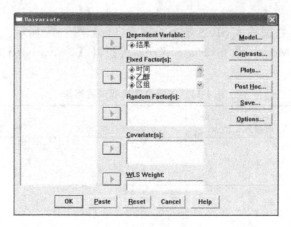

图 4-20　Univariate 对话框

栏内，再将左侧"时间和乙醇"同时选入右侧栏内，单击【Continue】按钮返回【Univariate】主对话框。

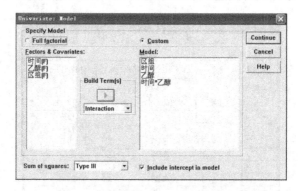

图 4-21　【Univariate：Model】对话框

Step4：选择【Plots…】对话框，将"区组"项目选入"Horizontal Axis"栏内，单击【Add】按钮；将"时间"项目选入"Horizontal Axis"栏内，单击【Add】按钮；将"乙醇"项目选入"Horizontal Axis"栏内，单击【Add】按钮；再将"时间"项目选入"Horizontal Axis"栏内，将"乙醇"项目选入"Separate Lines"栏内，单击【Add】按钮。单击【Continue】返回，如图 4-22 所示。

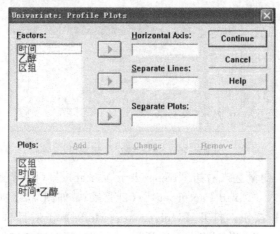

图 4-22　Univariate：Profile Plots 对话框

Step5：选择【Post Hoc...】打开【Post Hoc Multiple Comparisons for...】对话框，将"时间和乙醇"项目选入右侧栏内，选择"Duncan"，单击【Continue】返回【Univariate】主对话框，如图 4-23 所示。

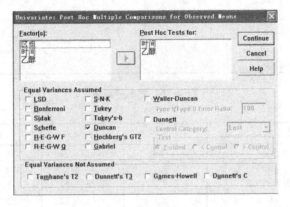

图 4-23 【Univariate：Post Hoc Multiple Comparisons for...】对话框

Step6：选择【Options...】打开【Options】对话框，选择"Descriptive statistics"（说明统计量）、"Estimates of effect size"（显示效应大小的估计值）、"Observed power"（显示 F 检验的概率值）、"Homogeneity tests"（方差齐性检验），如图 4-24 所示。单击【Continue】返回【Univariate】主对话框。

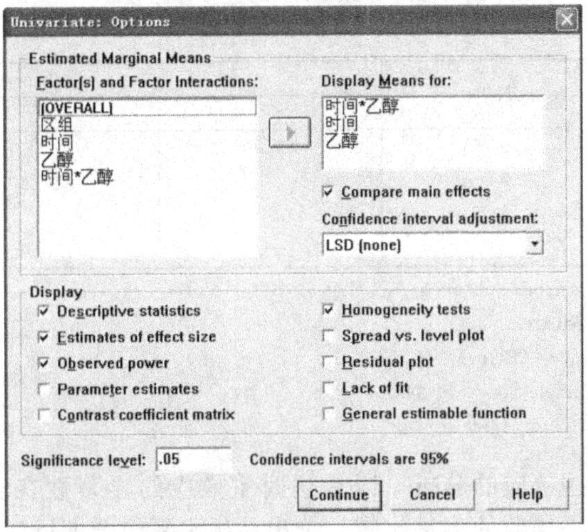

图 4-24 【Univariate：Options】对话框

Step7：单击【OK】完成。

输出结果及分析：

由表 4-24 可知，因素"时间"有 3 个水平，每个水平有 9 例，"乙醇"有 3 个水平，每个水平有 9 例，"区组"也有 3 个水平，每个水平有 9 例。

由表 4-25 可知，区组的 Sig.＝0.131，乙醇的 Sig.＝0.051，乙醇和时间交互作用的 Sig.＝0.329，对试验结果的影响差异均不显著；只有处理时间的 Sig.＝0.000，对试验结果的影响差异极显著。因此，还须进一步对显著因子作多重比较。

表 4-26 所进行的多重比较，实际上是提取时间主效应的分析。结果表明提取时间的三个水平之间差异显著，第三个水平提取效果最好。一般当"时间和乙醇"两因素的交互作用

113

表 4-24　变量概况表

		N			N
时间	1.00	9	乙醇	3.00	9
	2.00	9	区组	1.00	9
	3.00	9		2.00	9
乙醇	1.00	9		3.00	9
	2.00	9			

表 4-25　方差分析表

Dependent Variable：结果

Source	Type Ⅲ Sum of Squares	df	Mean Square	F	Sig.
Corrected Model	.151[a]	10	1.512E-02	25.694	.000
Intercept	2.733	1	2.733	4644.412	.000
区组	2.719E-03	2	1.359E-03	2.310	.131
时间	.141	2	7.065E-02	120.063	.000
乙醇	4.230E-03	2	2.115E-03	3.594	.051
时间 * 乙醇	2.948E-03	4	7.370E-04	1.253	.329
Error	9.415E-03	16	5.884E-04		
Total	2.894	27			
Corrected Total	.161	26			

a. R Squared＝.941（Adjusted R Squared＝.905）

表 4-26　Duncan 平均数多重比较表

Duncan[a,b]

时间	N	Subset		
		1	2	3
1.00	9	.2200		
2.00	9		.3422	
3.00	9			.3922
Sig.		1.000	1.000	1.000

Means for groups in homogeneous subsets are displayed.

Based on Type Ⅲ Sum of Squares.

The error term is Mean Square（Error）＝5.884E-04.

a. Uses Harmonic Mean Sample Size ＝9.000.

b. Alpha＝.05.

显著时，不必进行两者主效应的分析（因为这时主效应的显著性在实用意义上并不重要），而直接进行各水平组合平均数的多重比较，选出最优水平组合即可。

4.7　方差分析的基本假定和数据转换

4.7.1　方差分析的基本假定

本节就方差分析的基本假定作一简要综述。

（1）效应的可加性　方差分析是建立在线性可加模型基础上的，所有进行方差分析的数据都可以分解成几个分量之和。以两向分组单独观察值试验资料为例，此类资料具有 3 类原因或效应，即 A 因素各水平效应、B 因素各水平效应及试验误差（这是 A 因素水平内和 B 因素水平内其他非可控因素引起的变异），故其线性模型为

$$x_{ij} = \mu + \alpha_i + \beta_j + \varepsilon_{ij}$$

这一可加特性是方差分析的主要特性。可以证明

$$\sum\sum(x_{ij}-\bar{x}_{..})^2=b\sum(\bar{x}_{i.}-\bar{x}_{..})^2+a\sum(\bar{x}_{.j}-\bar{x}_{..})^2+\sum\sum(x_{ij}-\bar{x}_{i.}-\bar{x}_{.j}+\bar{x}_{..})^2$$

即
$$SS_T=SS_A+SS_B+SS_e$$

由此可见，线性可加模型明确提出了处理效应与误差效应是"可加的"。正是由于这一"可加性"，才有了样本平方和的"可加性"，亦即有了试验观察值总平方和的"可分解性"。如果试验资料不具备"效应可加性"这一性质，那么变量的总变异依据变异原因的剖分将失去依据，方差分析不能正确进行。

（2）分布的正态性　分布的正态性是指所有试验误差都是随机的、彼此独立的，并且服从正态分布 $N(0,\sigma^2)$。因为方差分析中多样本的 F 检验是假定 k 个样本从 k 个正态总体中随机抽取的，所以从总体上考虑只有所分析的资料满足正态性要求才能正确进行 F 检验。

（3）方差的同质性　所有试验处理必须具有共同的误差方差，即方差的同质性。因为方差分析中的误差方差是将各处理的误差合并而得到的，故必须假定资料中各处理有一个共同的误差方差存在，即假定各处理的误差 ε 都具有 $N(0,\sigma^2)$。如果各处理的误差方差具有异质性（$\sigma_i^2\neq\sigma_j^2$），则没有理由将各处理内误差方差的合并方差作为检验各处理差异显著性的共用的误差均方。否则，在假设检验中必然会使某些处理的效应得不到正确的反映。

研究工作者所得的各种数据要全部准确地符合上述 3 个假定往往是不容易的，因而采用方差分析所得的结论，只能认为是近似的。但是，在设计试验和收集资料的过程中，会充分考虑这些假定。

4.7.2　数据转换

对于不符合基本假定的试验资料应采用适当方法予以改善。如果发现有异常的观察值、处理或单位组，只要不属于研究对象本身的原因，在不影响分析正确性的条件下应加以删除。但是，有些资料就其性质来说就不符合方差分析的基本假定。其中最常见的一种情况是试验误差 ε 不作正态分布，而是表现为一个处理的误差趋向于作为处理平均数的一种函数关系。例如，二项分布数据，若以次数表示，其平均数 $\mu=np$，方差为 $\sigma^2=np(1-p)$；若以频率表示，平均数为 p，方差为 $p(1-p)/n$。又如，Poisson 分布的平均数与方差相等，对这类资料不能直接进行方差分析，而应考虑采用非参数方法分析或进行适当数据转换（transformation of data）后作方差分析。这里介绍几种常用的数据转换方法。

（1）平方根转换（square root transformation）　平方根转换即将原始数据 x 的平方根作为新的分析数据，即

$$x'=\sqrt{x}$$

当原始数据有些小值，甚至有零值出现时，则可用 $x'=\sqrt{x+1}$ 转换。

平方根转换适用于各组方差与其平均数之间有某种比例关系的资料，尤其适用于总体呈 Poisson 分布的资料。它可使服从 Poisson 分布的计数资料或轻度偏态的资料正态化。例如放射性物质在单位时间内的放射次数，某些发生率较低的事件在时间或地域上的发生例数分布等可采用平方根转换使其正态化。当样本方差与其平均数有比例关系时，采用平方根转换可使资料达到方差同质性，同时也可减小非可加性的影响。

（2）对数转换（logarithmic transformation）　对数转换即将原始数据 x 的对数值作为新的分析数据，即

$$x'=\lg x$$

当原始数据中有小值及零值时，则可用 $x'=\lg(x+1)$ 转换。

当各组数据的标准差、全距与其平均数大体成比例或变异系数 CV 接近一个常数时，采用对数转换可获得同质性的方差。如果数据表现的效应为倍加性或可乘性，利用对数转换对

于改进非可加性的影响比平方根转换更为有效。对数转换能使服从对数正态分布的变量正态化。如环境中某些污染物的分布、人体中某些微量元素的分布，可用对数转换改善其正态性。

（3）反正弦转换（arcsine transformation）　反正弦转换即将原始数据 x 的平方根反正弦值作为新的分析数据。变换有两种，即

用角度表示　　　　　　　　$x' = \sin^{-1} \sqrt{x}$

用弧度表示　　　　　　　　$x' = \dfrac{\pi}{180} \sin^{-1} \sqrt{x}$

平方根反正弦转换常用于服从二项分布的率或百分比的资料，如产品的合格率、分装食品的污染率等。附表 7 是百分数反正弦转换表，可直接查得 x 的平方根反正弦值。二项分布的特点是其方差与平均数有着函数关系。这种关系表现在，当平均数接近极端值（即接近 0 和 100%）时，方差趋向于较小；当平均数处于中间值附近（50%左右）时，方差趋向于较大。把数据转变成角度或弧度后，接近于 0 和 100% 的数值变异程度变大，因此使方差变大，这样有利于满足方差同质性的要求。一般来说，若资料中的率或百分比介于 30%～70% 之间时可不再变换，因为此时资料偏离正态不算严重，数据变换前后结果相差不多，即可直接进行方差分析。由此可知，通过样本率的平均根反正弦变换，可使资料接近正态分布，达到方差齐性的要求。

（4）倒数转换（reciprocal transformation）　倒数转换即将原始数据的倒数作为新的分析数据，即

$$x' = \dfrac{1}{x}$$

当各组数据的标准差与其平均数的平方成比例时，可进行倒数转换。这种转换常用于以出现质反应时间为指标的数据资料，也可用于数据两端波动较大的资料，可使极端值的影响减小。

以上介绍了 4 种常用的数据转换方法。对于一般的非连续性数据，最好在方差分析前先检查各处理内方差与相应处理平均数是否存在相关性和各处理方差的变异性是否较大。如果存在相关性，或者变异性较大，则应考虑对数据作适当转换。有时要确定适当的转换方法并不容易，可事先在试验中选取几个平均数为大、中、小的处理试验作转换，哪种方法能使各处理的方差与其平均数相关性最小，该种方法就是相对最合适的方法。另外，还有一些别的转换方法可以考虑，例如采用观察值的平均数作方差分析。因为平均数比单个观察值更易呈正态分布，若抽取小样本求得其平均数，再以这些平均数作方差分析，则可减小各种不符合基本假定的因素的影响。对于一些分布明显偏态的二项分布资料，有人进行 $x' = (\sin^{-1} \sqrt{x})^{\frac{1}{2}}$ 的转换，可使 x 呈良好的正态分布。

复习思考题

1. t 检验和方差分析的适用对象有什么不同？

2. 方差分析在科学研究中有何意义？如何进行平方和与自由度的分解？如何进行 F 检验和多重比较？

3. 单因素方差分析和两因素方差分析的基本原理有什么不同？

4. 利用 SPSS 进行单因素方差分析和两因素方差分析的基本方法有什么不同？

5. 多个均数比较时，LSD 法与一般 t 检验法相比有何优点？还存在什么问题？如何决定选用哪种多重比较的方法？

6. 方差分析有哪些基本假定？为什么有些数据资料需经过数据转换才能作方差分析？常用

的转换方法有哪几种？各在什么条件下应用？

7. 用折光仪测定 A、B、C 和 D 4 个不同葡萄品种可溶性固形物含量,每品种测定 7 次,结果如表 4-27 所示,求这 4 个葡萄品种可溶性固形物含量有无显著性差异?

表 4-27　不同葡萄品种可溶性固形物含量测定结果　　　　　　　　单位:Brix

葡萄品种	测　定　结　果						
A	22.6	22.3	21.8	21.0	21.9	22.6	21.5
B	19.1	21.0	21.8	20.1	21.2	21.0	21.0
C	18.9	19.0	20.4	19.0	20.1	18.9	18.6
D	19.0	18.1	21.4	18.8	21.9	18.1	20.2

8. 在提取大豆蛋白质的科研过程中,为研究浸泡温度 (A) 对大豆蛋白提取率的影响,将其他因素固定,取因素 A 的 5 个水平分别为 $A_1(40℃)$、$A_2(50℃)$、$A_3(60℃)$、$A_4(70℃)$、$A_5(80℃)$,每个水平重复 3 次,用微量凯氏定氮法测定蛋白质含量,由于测定时间长,工作量大,需 3 个试验人员共同完成。测定结果如表 4-28 所示,B_1、B_2、B_3 分别为 3 个试验人员的测定结果。试分析 A 因素和 B 因素的作用是否显著,并确定 A 的适宜水平。

表 4-28　不同浸泡温度对蛋白质提取率的影响　　　　　　　　　单位:%

A	B		
	B_1	B_2	B_3
A_1	20.3	16.4	22.1
A_2	32.5	31.2	29.3
A_3	43.7	44.1	40.5
A_4	52.6	49.3	55.2
A_5	50.8	55.2	52.0

9. 在红枣带肉果汁稳定性研究中,研究原辅料配比及贮藏时间对带肉果汁稳定性的影响。试验结果按两向分组整理如表 4-29,试分析配比及贮藏时间对果汁稳定性的影响。

表 4-29　原辅料配比及贮藏时间对红枣带肉果汁稳定性的影响

配比(A)	贮藏时间(B)/d		
	3	10	30
8:2	6.8	7.2	7.3
7:3	7.1	9.0	9.2
6:4	11.7	12.3	12.8

10. 为提高粒粒橙果汁饮料的稳定性,研究了果汁 pH 值 (A)、魔芋精粉浓度 (B) 两个因素不同水平组合对果汁黏度的影响。果汁 pH 值取 3.5,4.0,4.5 3 个水平,魔芋精粉浓度 (%) 取 0.10,0.15,0.20 3 个水平,每个水平组合重复 3 次,进行了完全随机化试验。试验指标为果汁黏度 (CP) 越高越好。试验结果如表 4-30,试作方差分析 (本题应作对数转换 $y=\lg x$ 后再做分析)。

表 4-30　不同果汁 pH 值及魔芋精粉浓度对果汁黏度影响试验数据

项目	$B_1(0.10)$			$B_2(0.15)$			$B_3(0.20)$		
$A_1(3.5)$	11.2	10.3	9.7	54.6	57.1	60.3	162.0	151.3	140.4
$A_2(4.0)$	16.5	16.8	15.2	73.5	71.2	66.5	211.4	222.8	237.1
$A_3(4.5)$	8.1	7.3	6.9	28.3	31.2	30.7	102.5	110.4	121.7

11. 随机区组试验设计有什么特点,应用随机区组试验设计方法时应注意什么?

12. 为了解 5 种小包装贮藏方法（A，B，C，D，E）对红星苹果果肉硬度的影响，进行了一次随机区组试验，以贮藏室为区组。试验结果如表 4-31。试分析各种贮藏方法的果肉硬度的差异显著性。

表 4-31　小包装贮藏红星苹果的果肉硬度　　　　　　　　单位：kg/cm

贮藏方法	区　　组			
	I	II	III	IV
A	11.7	11.1	10.4	12.9
B	7.9	6.4	7.6	8.8
C	9.0	9.9	9.2	10.7
D	9.7	9.0	9.3	11.2
E	12.2	10.9	11.8	13

13. 在蛋糕加工工艺研究中，欲考察不同食品添加剂对各种配方蛋糕质量的影响而进行试验。获得各处理蛋糕质量评分原始记录如表 4-32，试做方差分析。

表 4-32　蛋糕质量评分原始记录结果

区组	蛋糕在烘箱中的排列顺序											
I	6	12	3	5	1	7	11	2	8	4	10	9
	A_2B_3	A_4B_3	A_1B_3	A_2B_2	A_1B_1	A_3B_1	A_4B_2	A_1B_2	A_3B_2	A_2B_1	A_4B_1	A_3B_3
II	8	1	4	9	10	6	3	12	2	5	7	11
	A_3B_2	A_1B_1	A_2B_1	A_3B_3	A_4B_1	A_2B_3	A_1B_3	A_4B_3	A_1B_2	A_2B_2	A_3B_1	A_4B_2
III	10	7	2	11	4	8	5	9	1	12	6	3
	A_4B_1	A_3B_1	A_1B_2	A_4B_2	A_2B_1	A_3B_2	A_2B_2	A_3B_3	A_1B_1	A_4B_3	A_2B_3	A_1B_3

第 5 章　回归与相关

教学目标

1. 正确理解回归、相关分析的意义及有关概念。
2. 掌握直线回归、相关分析的方法。
3. 深刻理解多元线性回归、相关分析的基本原理。
4. 掌握多元线性回归和相关分析的方法。
5. 掌握曲线回归的基本原理与方法。

在实际生活中，某个现象的发生或某种结果的得出往往与其他某个或某些因素有关，但这种关系又不是确定的，只是从数据上看出有"有关"的趋势，回归分析就是用来研究具有这种特征的变量之间的相关关系。如果实的可溶性固形物含量和其冰点温度之间的关系，学生身高与体重的关系等。

存在相关关系的变量称为相关变量。这类变量间的关系是统计学中回归分析（regression analysis）与相关分析（correlation analysis）所要讨论的问题。回归分析是对符合回归理论模型的资料进行统计分析的一种数理统计方法。它通过对大量观察数据的统计分析，揭示出相关变量间的内在规律。找出变量间相关关系的近似数学表达式——回归方程；检验回归方程的效果是否显著；由 1 个或几个变量的值，通过回归方程来预测或控制另一变量的值。

在回归分析中，常把可以控制或能精确观察，或比较容易测定（可以是随机的）的变量称为自变量（independent variable），常用 x 表示；把另一与 x 有密切关系，但取值却具有随机性的变量称为因变量（dependent variable），亦叫依变量，常用 y 表示。

回归分析和相关分析的类型很多。根据自变量的多少，线性回归可有不同的划分。当自变量只有一个时，称为一元线性回归；当自变量有多个时，称为多元线性回归。此外还有曲线拟合和非线性回归等。

相关分析是指根据变量的实际数据，计算出表示自变量和因变量间相关程度和性质的统计量——相关系数，并进行显著性检验。

5.1　一元线性回归

5.1.1　直线回归方程的建立

设 x 是一个普通变量，y 是一个可观察其值的随机变量，对 (x,y) 做了 n 次观察，得表 5-1，试求出 y 与 x 间近似的数学表达式。

表 5-1　(x,y) 数对

x	x_1	x_2	x_3	...	x_n
y	y_1	y_2	y_3	...	y_n

（1）**数学模型**　为了看出变量 x 与 y 间的关系，一种常用的，也是较直观的方法是在直角坐标系中描出点 (x_i, y_i) 的图形，称为散点图（scatter diagram），如图 5-1 所示。

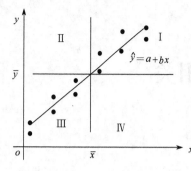

图 5-1 (x,y) 对数散点图

如果点 $(x_i,y_i)(i=l,\cdots,n)$ 近似地在一直线附近，这使我们想到 x 与 y 间存在着一种近似的直线关系，即有模型：

$$y_i=\alpha+\beta x_i+\varepsilon_i \quad (i=1,2,\cdots,n) \tag{5-1}$$

式中，α,β 为未知参数；ε 为相互独立的随机变量，且设 $\varepsilon\sim N(0,\sigma^2)$。

（2）参数 α,β 的估计　注意到了 $y\sim N(\alpha+\beta x,\sigma^2)$，如果我们能求得 α,β 的估计值 a,b，则对于给定的 x，$E(y)$ 的估计值为 $a+bx$，记为 $\hat{y}$，而方程

$$\hat{y}=a+bx \tag{5-2}$$

称为 y 对 x 的直线回归方程（linear regression equation of y on x），其图形称为回归直线。

那么，怎样来估计参数 α,β 呢？一种自然的想法是使图 5-1 中的回归直线 $\hat{y}=a+bx$ 尽可能地靠近点 $(x_i,y_i)(i=1,2,\cdots,n)$，即应使总的离回归平方和（sum of squares deviation from regression），亦称剩余平方和

$$Q=\sum_{i=1}^{n}(y_i-\hat{y}_i)^2=\sum_{i=1}^{n}(\hat{y}-a-bx_i)^2 \tag{5-3}$$

达到最小，这就是最小二乘（平方）（least squares）法的原理。

由求二元函数极值的方法，只需求 Q 关于 a,b 的偏导数，并令其等于零，即

$$\begin{cases} \dfrac{\partial Q}{\partial a}=-2\sum_{i=1}^{n}(y_i-a-bx_i)=0 \\[2mm] \dfrac{\partial Q}{\partial b}=-2\sum_{i=1}^{n}(y_i-a-bx_i)x_i=0 \end{cases} \tag{5-4}$$

经整理得关于 a,b 的线性方程组

$$\begin{cases} na+\sum_{i=1}^{n}x_ib=\sum_{i=1}^{n}y_i \\[2mm] \sum_{i=1}^{n}x_ia+\sum_{i=1}^{n}x_i^2b=\sum_{i=1}^{n}x_iy_i \end{cases} \tag{5-5}$$

称式(5-5)为正规方程组（normal equations），其解称为 α,β 的最小二乘估计。

令 $\bar{x}=\dfrac{1}{n}\sum_{i=1}^{n}x_i,\bar{y}=\dfrac{1}{n}\sum_{i=1}^{n}y_i$，则由式(5-5)得 $a=\bar{y}-b\bar{x}$，代入式(5-5)第二式，并注意到 $x_1,\cdots,x_n$，不全相等，有

$$b=\frac{\displaystyle\sum_{i=1}^{n}x_iy_i-\frac{\displaystyle\sum_{i=1}^{n}x_i\sum_{i=1}^{n}y_i}{n}}{\displaystyle\sum_{i=1}^{n}x_2^2-\frac{\left(\displaystyle\sum_{i=1}^{n}x_i\right)^2}{n}}$$

为了便于对 a,b 进行统计分析，在此引进几个常用符号

$$SS_x=\sum_{i=1}^{n}(x_i-x)^2=\sum_{i=1}^{n}x_i^2-\left(\sum_{i=1}^{n}x_i\right)^2/n$$

120

$$SP_{xy} = \sum_{i=1}^{n}(x_i - \bar{x})(y_i - \bar{y}) = \sum_{i=1}^{n}x_i y_i - \sum_{i=1}^{n}x_i \sum_{i=1}^{n}y_i/n \qquad (5\text{-}6)$$

则 α, β 的最小二乘估计为

$$\begin{cases} b = \dfrac{SP_{xy}}{SS_x} \\ a = \bar{y} - b\bar{x} \end{cases} \qquad (5\text{-}7)$$

式中，SP_{xy} 称为 x, y 变量的离均差乘积和，简称乘积和（sum of products）；SS_x 为自变量 x 的离均差平方和。

由式(5-3) 知 Q 是 a 与 b 的非负二次型，其极小值必存在，故由式(5-7) 求得的 a 与 b 就是函数 $Q(a,b)$ 的极小值点，从而可得回归方程式(5-2)。

值得注意的是，若将 $a = \bar{y} - b\bar{x}$ 代入式(5-2)，则回归方程可改写为

$$\hat{y} = \bar{y} + b(x - \bar{x}) \qquad (5\text{-}8)$$

这表明，对于一组观察值 $(x_1, y_1), \cdots, (x_n, y_n)$，回归直线通过散点图的几何重心 $(\bar{x}, \bar{y})$（图 5-1）。这里 a 称为回归截距（regression intercept），b 称为回归系数（regression coefficient），是回归直线的斜率。b 表示当 x 变化一个单位时，依变量 y 平均变化的数量［因 $\hat{y}$ 是 $E(y)$ 的估计值］。有时为了强调 b 是依变量 y 对自变量 x 的回归系数，将 b 表示为 b_{yx}。

5.1.2 直线回归系数的假设检验

前面，我们在假定 (x_i, y_i) 满足线性模型［式(5-1)］的条件下，求得了回归方程 $\hat{y} = a + bx$。问题是这个假设是否正确？即变量 y 与 x 之间是否确有线性关系？如果它们之间没有线性关系，那么式(5-1) 中的 β 应为 0，这相当于在模型［式(5-1)］中，需要检验假设 $H_0: \beta = 0$ 是否成立，可以采用方差分析法。

（1）平方和分解 数据 $y_1, \cdots, y_n$ 之间的差异一般由两种原因引起，一是当 y 与 x 间确有线性关系时，由于 x 的取值 $x_1, \cdots, x_n$ 的不同而引起 y 的取值 $y_1, \cdots, y_n$ 的不同；另一方面，是由除去 y 与 x 间线性关系外的一切因素（包括 x 对 y 的非线性影响及其他一切未加控制的随机因素）引起的。

在理论上，有如下平方和分解定理。

若令

$$\left. \begin{aligned} SS_y &= \sum_{i=1}^{n}(y_i - \bar{y})^2 \text{（总平方和）} \\ SS_r &= \sum_{i=1}^{n}(y_i - \hat{y})^2 \text{（离回归平方和）} \\ SS_R &= \sum_{i=1}^{n}(\hat{y}_i - \bar{y})^2 \text{（回归平方和）} \end{aligned} \right\} \qquad (5\text{-}9)$$

则有① $SS_y = SS_r + SS_R$，② $SS_R = bSP_{xy}$。

证明① $SS_y = \displaystyle\sum_{i=1}^{n}(y_i - \bar{y})^2 = \sum_{i=1}^{n}[(y_i - \hat{y}_i) + (\hat{y}_i - \bar{y})]^2$

$$= \sum_{i=1}^{n}(y_i - \hat{y}_i)^2 + \sum_{i=1}^{n}(\hat{y}_i - \bar{y})^2 + 2\sum_{i=1}^{n}[(y_i - \hat{y}_i)(\hat{y}_i - \bar{y})]$$

利用 $\hat{y_i}=a+bx_i$，$\bar{y}=a+b\bar{x}$ 与式(5-4)，则

$$\sum_{i=1}^{n}(y_i-\hat{y_i})(\hat{y_i}-\bar{y})=\sum_{i=1}^{n}(y_i-a-bx_i)(bx_i-b\bar{x})$$

$$b\sum_{i=1}^{n}(y_i-a-bx_i)x_i-b\bar{x}\sum_{i=1}^{n}(y_i-a-bx_i)=0$$

因此，有 $SS_y=SS_r+SS_R$

② $SS_R=\sum_{i=1}^{n}(\hat{y_i}-\bar{y})^2=\sum_{i=1}^{n}[(a+bx_i)-(a+b\bar{x})]^2$

$$=b^2\sum_{i=1}^{n}(x_i-\bar{x})^2=b\times\frac{SP_{xy}}{SS_x}\times SS_x=b\times SP_{xy}$$

这里 SS_r 就是式(5-3) 中的离回归平方和 Q，其大小表示了实测点与回归线的偏离程度；SS_R 反映了由 x 与 y 间的线性关系引起的数据 y_i 的波动，称它为回归平方和（sum of squares of regression）。

（2）F 检验法　下面证明，当 H_0 成立时，有统计量

$$F=\frac{SS_R/1}{SS_r/(n-2)}\sim F_{(1,n-2)} \tag{5-10}$$

事实上，由式(5-1) 知，当 H_0 成立时有 $\varepsilon_i\sim N(0,\sigma^2)$，且相互独立，故

$$\frac{SS_y}{\sigma^2}\sim\chi^2_{(n-1)}$$

又因为 SS_r 是 n 个正态变量（$y_i-\hat{y_i}$）的平方和，由式(5-4) 知它们满足两个独立的线性约束条件：

$$\sum_{i=1}^{n}(y_i-\hat{y_i})=0,\sum_{i=1}^{n}(y_i-\hat{y_i})x_i=0$$

故 SS_r 的自由度为 $df_r=n-2$。

而 SS_R 是 n 个正态变量（$\hat{y_i}-\bar{y}$）的平方和，由式(5-8) 知其间有 n 个关系式：

$$\hat{y_i}-\bar{y}=b(x_i-\bar{x})\quad i=1,2,\cdots,n$$

但由于 $\sum(\hat{y_i}-\bar{y})=b\sum(x_i-\bar{x})=0$，知只有 $n-1$ 个关系式是独立的，故 SS_R 的自由度为 $df_R=n-(n-1)=1$（恰是自变量的个数）。

注意到 $df_r+df_R=n-1$ 和 $SS_y=SS_r+SS_R$，根据柯赫伦分解定理，有

$$\frac{SS_r}{\sigma^2}\sim\chi^2_{(n-2)},\frac{SS_R}{\sigma^2}\sim\chi^2_{(1)}$$

且相互独立。再由 F 分布定理即知式(5-10) 成立。

由上可知，若 F 值大，说明 SS_R 大。给定显著性水平 α，若 $F>F_{\alpha(1,n-2)}$（临界值）时，应拒绝假设 H_0，此时称回归方程在显著水平 α 下效果显著；反之，认为效果不显著。

通常称 $SS_R/df_R=MS_R$ 为回归均方，称 $SS_r/df_r=MS_r$ 为离回归均方（即剩余均方），是模型［式(5-1)］中 σ^2 的估计值，故式(5-10) 可表示为 $F=MS_R/MS_r$。

（3）t 检验法　对直线回归关系的检验也可通过对回归系数 b 的 t 检验进行。

$$t=\frac{b}{S_b},df=n-2 \tag{5-11}$$

式中，S_b 为样本回归系数标准误，$S_b=S_{yx}/\sqrt{SS_x}$。由式(5-11) 算得 t 绝对值与临界 $t_{\alpha(n-2)}$ 比较，以推断是否显著。$S_{yx}=\sqrt{SS_r/df_r}=\sqrt{MS_r}$ 称为离回归标准误。其大小表示了

回归直线与实测点偏差的程度，即回归估测值 $\hat{y}$ 与实测值 y 的偏差程度，于是把 S_{yx} 用来表示回归方程的偏离度。S_{yx} 大表示回归方程偏离度大；反之表示回归方程偏离度小。

应当明确，在直线回归假设检验中 t 检验与 F 检验结果是等价的。

5.1.3 用直线方程预测及控制

若经检验知回归方程的效果显著，则可利用它来预测或控制依变量 y 的值。

（1）总体平均数 $\alpha+\beta x$ 的总预测（估计）与预测区间 当自变量的值 x 取某一值时，代入回归方程即可得到依变量 y 平均数的预测值。

$$\hat{y}_0 = a + bx$$

它是 $\alpha+\beta x$ 的一个点估计。

正如不满足参数的点估计一样，我们很想知道点预测的误差有多大，即要求明确知道预测的可靠性。为此，我们求 $\alpha+\beta x$ 的 $1-\alpha$（α 为双尾概率）置信区间，又称为 $\alpha+\beta x$ 的预测区间。

统计学说明，$\dfrac{\hat{y}-(\alpha+\beta x)}{S_{\hat{y}}}$ 服从自由度为 $n-2$ 的 t 分布。其中 $S_{\hat{y}}$ 叫回归估计标准误，计算公式为

$$S_{\hat{y}} = S_{yx}\sqrt{\frac{1}{n} + \frac{(x-\bar{x})^2}{SS_x}} \tag{5-12}$$

于是可导出 $\alpha+\beta x$ 的置信度为 $1-\alpha$ 的预测区间为

$$\hat{y} \pm t_{\alpha(n-2)} S_{yx}\sqrt{\frac{1}{n} + \frac{(x-\bar{x})^2}{SS_x}} \tag{5-13}$$

从式(5-13) 看到，当 x_0 越靠近 $\bar{x}$，则区间的长度越短，而 x_0 越远离 $\bar{x}$，区间越长。因此，预测区间的上限与下限的曲线对称地落在回归直线两侧，而呈喇叭形。这说明在近 $\bar{x}$ 处预测精度较高，离 $\bar{x}$ 越远预测精度越低。

（2）单个 y 值的预测（估计）区间 有时需要估计当 x 取某一数值时，相应 y 总体的一个 y 值的置信区间。因 $(\hat{y}-y)/S_y$ 服从自由度为 $n-2$ 的 t 分布，其中 S_y 为单个 y 值的估计标准误，计算公式为

$$S_y = S_{yx}\sqrt{1 + \frac{1}{n} + \frac{(x-\bar{x})^2}{SS_x}} \tag{5-14}$$

于是，当 x 取某一数值时，单个 y 值的置信度为 $1-\alpha$ 的预测区间为

$$\hat{y} \pm t_{\alpha(n-2)} S_y \tag{5-15}$$

与对 $\alpha+\beta x$ 的预测一样，由式(5-14) 可知，当 x 越靠近 $\bar{x}$，则对单个 y 值估计的精度越高；反之估计的精度越低。

（3）单个 y 值的近似预测区间 我们注意到，当 n 较大且 x_0 较接近 $\bar{x}$ 时有

$$\sqrt{1 + \frac{1}{n} + \frac{(x_0-\bar{x})^2}{SS_x}} \approx 1$$

以及当 n 较大时，自由度为 $n-2$ 的 t 分布近似于 $N(0,1)$ 分布，即有 $t_{\alpha(n-2)} \approx u_\alpha$（$u_\alpha$ 可由附表 2 查得），从而由式(5-15) 知，y 单个值的 $1-\alpha$ 预测区间近似地为

$$(\hat{y} \pm u_\alpha S_{yx}) \tag{5-16}$$

特别，y 单个值的 95.45% 预测区间近似地为

$$(\hat{y_0} \pm 2S_{yx}) \tag{5-17}$$

y 单个值的 99.73% 预测区间近似地为

$$(\hat{y_0} \pm 3S_{yx}) \tag{5-18}$$

（4）控制问题　控制是预测的反问题。具体地讲，为了使依变量 y 在某区间 (y_1, y_2) 内取值，问应将自变量 x 控制在什么范围内，即以 $1-\alpha$ 的置信度求出区间 (x_1, x_2)，使当 x 在 (x_1, x_2) 内取值时，观察值 y 落在 (y_1, y_2) 内。

事实上，当 n 很大时，利用式(5-16)，并由

$$\begin{cases} y_1 = \hat{y} - S_{yx}u_\alpha = a + bx - S_{yx}u_\alpha \\ y_2 = \hat{y} + S_{yx}u_\alpha = a + bx + S_{yx}u_\alpha \end{cases} \tag{5-19}$$

解出 x 来作为控制 x 的上下限即可。而当 n 不太大时，只需利用式(5-15)代替式(5-16)，类似地可求得区间 (x_1, x_2)。

（5）总体回归截距 α、回归系数 β 的区间估计　统计学已证明 $\dfrac{a-\alpha}{S_a}$ 服从自由度为 $n-2$ 的 t 分布。其中样本回归截距标准误计算公式为：$S_a = S_{yx}\sqrt{\dfrac{1}{n} + \dfrac{\bar{x}^2}{SS_x}}$

容易导出 α 的 95%，99% 的置信区间为：

$$[a - t_{0.05(n-2)}S_a, a + t_{0.05(n-2)}S_a]$$
$$[a - t_{0.01(n-2)}S_a, a + t_{0.01(n-2)}S_a]$$

统计学已证明 $\dfrac{b-\beta}{S_b}$ 服从自由度为 $n-2$ 的 t 分布。其中，S_b 为样本回归系数标准误。可以导出 β 的 95%、99% 置信区间为：

$$[b - t_{0.05(n-2)}S_b, b + t_{0.05(n-2)}S_b]$$
$$[b - t_{0.01(n-2)}S_b, b + t_{0.01(n-2)}S_b]$$

5.1.4　假设检验

进行线性回归时，有 4 个基本假定，即依变量与自变量之间线性关系的假定、残差的独立性假定、残差的方差齐性假定和残差正态分布的假定。在实际工作中应对这些假定逐一进行检验，对于不符合假定的，应采取相应的措施进行处理。

（1）线性诊断　对于一元线性回归问题，直接做自变量与因变量的散点图便可以大致看出它们之间是否具有线性关系。另外，利用残差图也可以进行判断。在标准残差——标准预测值散点图中，图中各点应在纵坐标零点对应的直线上下比较均匀的分布，而不呈现一定的规律。

（2）残差的独立性诊断　可以在运行过程时保存残差，然后对保存的残差变量用独立性检验方法进行残差的独立性诊断。也可以利用 Durbin-Watson 检验法进行诊断。该检验法采用的统计量为

$$DW = \frac{\sum\limits_{i=2}^{n}(e_i - e_{i-1})^2}{\sum\limits_{i=1}^{n}e_i^2}$$

式中，e_i 为当前点的残差；e_{i-1} 为前一点的残差，n 为数据组数。

当 $|DW-2|$ 过大时拒绝原假设，认为相邻两点的残差之间是相关的。当 $DW<2$ 时，认为相邻两点的残差为正相关，当 $DW>2$ 时，认为相邻两点的残差为负相关，只有当

$DW \approx 2$ 时，认为相邻两点的残差之间是相互独立的。

（3）残差的方差齐性诊断　残差的方差齐性诊断可以通过生成和分析标准化预测值——学生化残差散点图来实现。当图中各点分布没有明显的规律性，即残差的分布不随预测值的变化而增大或减小时，认为残差是方差齐性的。当然，也可以通过保存残差，对保存变量用假设检验的方法做方差齐性诊断。

（4）残差的正态性诊断　残差的正态性诊断可以通过直方图和 P-P 正态概率图来实现。

5.1.5　直线回归应用实例与 SPSS 实现

【例 5-1】　采用碘量法测定还原糖，用 $0.05mol/L$ 硫代硫酸钠滴定标准葡萄糖溶液，记录耗用硫代硫酸钠体积数（mL），得到如下数据，试求 y 对 x 的线性回归方程。
操作步骤如下。

Step1：将表 5-2 数据输入 SPSS 数据编辑窗口后，依次选中"Analyze（统计分析）→Regression（回归分析）→Linear（线性）"，如图 5-2 所示，即可打开【Linear Regression】对话框。

表 5-2　硫代硫酸钠和葡萄糖溶液的体积数

硫代硫酸钠体积(x)/mL	0.9	2.4	3.5	4.7	6.0	7.4	9.2
葡萄糖体积(y)/mg·mL^{-1}	2	4	6	8	10	12	14

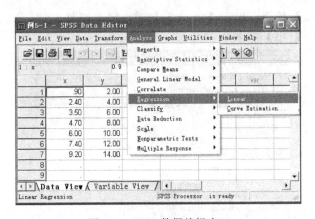

图 5-2　SPSS 数据编辑窗口

Step2：在【Linear Regression】对话框中，将左边"y"选入右边"Dependent"（因变量）内，"x"选入右边"Independent"（自变量）内，在"Method"中选中"Enter"，如图 5-3

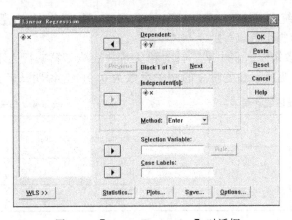

图 5-3　【Linear Regression】对话框

所示。

Step3：按【Statistics...】按钮后如图 5-4 所示，勾选 "Estimates" （估计值）、"Confidence intervals" （置信区间）、"Model fit" （回归模式适合度检验）、"R squared change" （选择此项，显示增删一个独立变量时相关系数的变化。如果增删某变量时相关系数变化较大，则说明该变量对因变量的影响较大）、"Descriptives" （描述统计量）并且勾选残差下的 "Durbin-Watson"，然后按【Continue】按钮回到【Linear Regression】对话框。

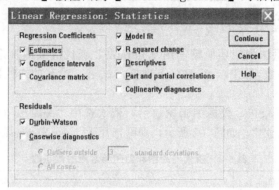

图 5-4　【Linear Regression：Statistics】对话框

Step4：按【Options...】按钮，出现【Options】对话框，如图 5-5 所示，然后按【Continue】按钮回到主画面，按【OK】结束。

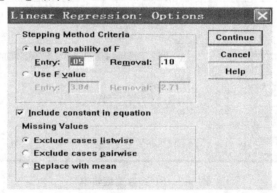

图 5-5　【Linear Regression：Options】对话框

输出结果及分析：

表 5-3 是描述统计量表，列出了自变量和因变量的均数（Mean）、标准差（Std. Deviation）和数据个数（N）。

表 5-4 为相关系数矩阵。表中第二行为相关系数矩阵；第三行为不相关的显著性水平；第四行为数据组数。变量 x 和变量 y 的相关系数为 0.998，说明二者关系很紧密。P（Sig.）

表 5-3　描述统计量表

	Mean	Std. Deviation	N
Y	8.0000	4.32049	7
X	4.8714	2.89235	7

表 5-4　相关系数矩阵

		Y	X
Pearson Correlation	Y	1.000	.998
	X	.998	1.000
Sig. (1-tailed)	Y	.	.000
	X	.000	.
N	Y	7	7
	X	7	7

值小于 0.05，拒绝两变量没有相关性的假设。

表 5-5 是变量输入输出表。从表中看出变量全部用于输入，没有变量剔除。

表 5-6 为模型综述表。表中列出了模型的相关系数（R）、相关系数的平方（R Square）、调整的相关系数的平方（Adjusted R Square）、估计的标准误差（Std. Error of the Estimate）、变化统计量（Change Statistics）（包括 R square Change，F Change，df_1，df_2 和 Sig. F Change），Durbin-Watson 线性检验值（Durbin-Watson）。$R^2 = 0.995$，说明变量 x 可以解释变量 y 99.5% 的变异性。Durbin-Watson 现行检测值为 $1.329 < 2$，因此可以认为相邻残差之间存在正相关关系。

表 5-5　变量输入输出表

Model	Variables Entered	Variables Removed	Method
1	X^a	.	Enter

a. Al lrequested variables entered.

b. Dependent Variable：Y

表 5-6　模型综述表

Model	R	R Square	Adjusted R Square	Std. Error of the Estimate	Change Statistics					Durbin-Watson
					R Square Change	F Change	df1	df2	Sig. F Change	
1	.998^a	.995	.994	.32629	.995	1046.976	1	5	.000	1.329

a. Predictors：(Constant)，X

b. Dependent Variable：Y

表 5-7 为方差分析表。利用该表做回归系数的显著性检验。表中列出了回归项（Regression）和残差项（Residual）的平方和（Sum of Squares）、自由度（df）、均方和（Mean Square）、F 值和显著性概率（Sig.）。由于 F 值的显著性概率为 0.000，小于 5%，所以拒绝原假设，即认为回归系数不为零，回归方程式是有意义的。

表 5-7　方差分析表

Model		Sum of Squares	df	Mean Square	F	Sig.
1	Regression	111.468	1	111.468	1046.976	.000^a
	Residual	.532	5	.106		
	Total	112.000	6			

a. Predictors：(Constant)，X

b. Dependent Variable：Y

表 5-8 是系数表。表中列出了变量 x 和常数项的非标准化系数（Unstandardized Coefficients）[包括变量 x 的待定系数取值和常数项取值（B）及其标准误差（Std. Error）]、标准化系数（Standardized Coefficients）（Beta 值）、t 值、显著性水平（Sig.）和自变量待定系数取值与常数项的 95% 置信区间（95% Confidence Interval for B）。

表 5-8　系数表

Model		Unstandardized Coefficients		Standardized Coefficients	t	Sig.	95% Confidence Interval for B	
		B	Std. Error	Beta			Lower Bound	Upper Bound
1	(Constant)	.741	.256		2.893	.034	.082	1.399
	X	1.490	.046	.998	32.357	.000	1.372	1.609

a. Dependent Variable：Y

综合以上信息可得回归方程式为：$y = 1.490x + 0.741$，模型的回归系数为 0.998。

5.2 一元线性相关

进行一元线性相关分析的基本任务在于根据 x，y 的实际数据，计算出表示 x，y 两个变量间线性相关的程度和性质的统计量——相关系数，并进行显著性检验。

5.2.1 决定系数与相关系数

现在我们研究如何用一个数量性指标来描述两个变量线性关系的密切程度和性质。

假设观察值为 x_i 和 $y_i(i=1,2,\cdots,n)$ 的一个样本，其散点图如图 5-1 所示。过点 $(\bar{x},\bar{y})$ 做两轴的垂线，把散点图分成 4 个象限。对于坐标为 (x_i,y_i) 的任一点 p，它与 $(\bar{x},\bar{y})$ 的离差为：$x_i-\bar{x}$，$y_i-\bar{y}$，由图 5-1 可以看出：

对第 I 象限中所有的点 $(x_i-\bar{x})(y_i-\bar{y})>0$

对第 II 象限中所有的点 $(x_i-\bar{x})(y_i-\bar{y})<0$

对第 III 象限中所有的点 $(x_i-\bar{x})(y_i-\bar{y})>0$

对第 IV 象限中所有的点 $(x_i-\bar{x})(y_i-\bar{y})<0$

因此，可以用 $\sum_{i=1}^{n}(x_i-\bar{x})(y_i-\bar{y})$ 来对 x_i 和 y_i 之间的关系进行一种度量。如果这种关系是正的，大多数的点就落在 I、III 象限中，$\sum_{i=1}^{n}(x_i-\bar{x})(y_i-\bar{y})$ 的值很可能是正的；如果这种关系是负的，那么大多数的点就将落在 II、IV 象限中，$\sum_{i=1}^{n}(x_i-\bar{x})(y_i-\bar{y})$ 的值就很可能是负的；如果在 x 和 y 之间不存在什么关系，那么这些点就将在 4 个象限中均匀分散开，$\sum_{i=1}^{n}(x_i-\bar{x})(y_i-\bar{y})$ 的值将是很小的。从实际情况来看，它的数值可能会随着观察值数对 (x_i,y_i) 的增加而无限地增大，也要受到 x 和 y 的度量单位及变异程度的影响。可以用单位标准差表示这些离差并进行平均。这样就得到了表示两个变量之间线性关系密切程度及性质的指标，称为相关系数（correlation coefficient），用 r 表示。

$$r=\frac{\sum_{i=1}^{n}(x_i-\bar{x})(y_i-\bar{y})}{\sqrt{\sum(x_i-\bar{x})^2}\sqrt{\sum(y_i-\bar{y})^2}}=\frac{SP_{xy}}{\sqrt{SS_x\times SS_y}} \tag{5-20}$$

$$r^2=\frac{SP_{xy}}{SS_x\times SS_y} \tag{5-21}$$

相关系数 r 的平方即 r^2 称为决定系数（determination coefficient）。直线回归分析中，平方和分解公式 $SS_y=SS_r+SS_R$ 表明，$y_1,\cdots,y_n$ 的分散程度（即 SS_y）可以分为两部分。其中一部分是通过 x 对 y 的线性相关关系而引起 y 的分散性（即回归平方和 SS_R），另一部分是剩余部分引起的 y 的分散性（即剩余平方和 SS_r）。在总平方和 SS_y 中，SS_R 所占的比重越大，说明回归的效果越显著，r^2 恰好代表了回归平方和 SS_R 占总离差平方和的比值。例如：$r=0.9$，则 $r^2=0.81$，即 SS_R 占 SS_y 的 81%，SS_r 占 SS_y 的 19%，也就是通过 x 对于 y 的线性相关关系而引起的 y 的分散性占了 81%。显然，r^2 的最大值是 1，这种情况只有在 $\sum_{i=1}^{n}\varepsilon_i^2=0$ 的时候才能出现。这就表明，散点图上的点都落在一条直线上。r 的上下界

是 ±1，其符号由 SP_{xy} 确定，且与 b 同号。r^2 的最小值是零，这种情况在 $\sum\limits_{i=1}^{n} \varepsilon_i^2 = SS_y$ 才出现。也就是回归直线 $\hat{y} = \bar{y}$ 时（即 $SS_R = 0$），即 y 的变化与 x 无关。绝大多数的情形是 $0 < r^2 < 1$，当 r 值显著时，x 与 y 之间存在着一定线性关系。

容易推得 $r^2 = b_{yx} b_{xy}$。其中 b_{yx} 是 x 为自变量、y 为依变量时的回归系数，即 $b_{yx} = \dfrac{SP_{xy}}{SS_x}$；$b_{xy}$ 是把 y 作为自变量、x 作为依变量时的回归系数，即 $b_{xy} = \dfrac{SP_{xy}}{SS_y}$。这就是说决定系数反映了相关变量 x，y 间直线相关的程度，但不能反映两者直线关系的性质。相关系数作为决定系数的平方根与 b_{yx}、b_{xy} 符号一致既可表达 y 与 x 直线关系的程度，也可表示其性质——偕同消涨或此消彼涨。

5.2.2 相关系数的假设检验

根据实际观察值计算得来的相关系数是样本相关系数 r，它是双变量正态总体中的总体相关系数 ρ 的估计值。样本相关系数是否来自 $\rho \neq 0$ 的总体，还须对样本相关系数 r 进行显著性检验。此时无效假设、备择假设为 H_0：$\rho = 0$，H_A：$\rho \neq 0$。与直线回归关系显著性检验一样，可采用 F 检验法和 t 检验法对相关系数 r 的显著性进行检验。

F 检验的计算公式为

$$F = \frac{r^2}{(1-r^2)/(n-2)}, \; df_1 = 1, df_2 = n-2 \tag{5-22}$$

t 检验的计算公式为

$$t = \frac{r}{S_r}, \; df = n-2 \tag{5-23}$$

式中，$S_r = \sqrt{(1-r^2)/(n-2)}$，叫相关系数的标准误。

统计学家已根据相关系数 r 显著性 t 检验法计算出了临界 r 值，并列出了表格，所以可直接采用查表法对相关系数 r 进行显著性检验。具体作法是：先根据自由度 $n-2$ 查临界 r 值（附表8），得 $r_{0.05}$，$r_{0.01}$。若 $|r| < r_{0.05}$，$P > 0.05$，则相关系数不显著；若 $r_{0.05} \leqslant |r| < r_{0.01}$，$0.01 < P \leqslant 0.05$，则相关系数 r 显著，标记"*"；若 $|r| \geqslant r_{0.01}$，$P \leqslant 0.01$，则相关系数 r 极显著，标记"**"。

由于 $r = \sqrt{b_{yx} b_{xy}}$，这表明直线相关分析与回归分析关系十分密切。事实上，它们研究的对象都是呈直线关系的相关变量。直线回归分析将两个相关变量分为自变量与依变量，侧重于寻求它们之间联系的形式——建立直线回归方程；直线相关分析不区分自变量与依变量，侧重于揭示它们之间联系的程度与性质——计算出相关系数。两种分析所进行的假设检验都是解决 y 与 x 是否存在直线关系，因而两者的检验是等价的。即相关系数显著，回归系数亦显著；相关系数不显著，回归系数亦不显著。由于利用查表法对相关系数检验十分简便，因此在实际进行直线回归分析时，可用相关系数的假设检验代替直线回归关系的假设检验，即先计算相关系数 r 并对其进行检验。若检验结果 r 不显著，则不必进行直线回归分析；若 r 显著，再计算回归系数 b，回归截距 a，建立直线回归方程。此时建立的直线回归方程是有效的，可直接用来进行预测和控制。

5.2.3 直线相关实例与 SPSS 实现

【例 5-2】 对例 5-1 的资料做相关分析。

Step1：首先将数据输入数据编辑器，依次选中"Analyze→Correlate→Bivariate"，如图 5-6

所示，即可打开【Bivariate Correlations】对话框。

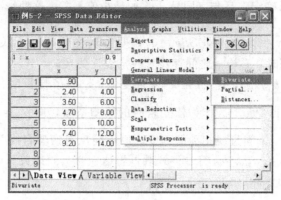

图 5-6   SPSS 数据编辑窗口

Step2： 在左边的变量对话框中选择变量 "x"、"y" 进入 "Variables" 框中。在 "Correlation Coefficients" 栏内选择 "Pearson" 选项来计算 Pearson 相关系数。在 "Test of Significance" 栏内选择 "Two-tailed" 选项。选择 "Flag significant correlations" 复选项，如图 5-7 所示。

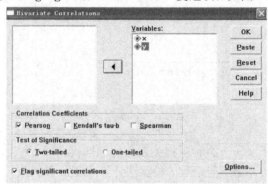

图 5-7   【Bivariate Correlations】对话框

Step3： 单击【Options...】按钮，打开【Options】对话框，选择 "Means and standard deviations" 复选框、"Cross-product deviations and covariances" 复选项和 "Exclude cases pairwise" 选项，如图 5-8 所示。然后按【Continue】按钮回到主画面。

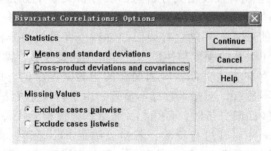

图 5-8   【Bivariate Correlations：Options】对话框

Step4： 单击【OK】按钮，即开始进行统计分析。

输出结果及分析如下：

表 5-9 是描述统计量表，列出了变量的均数（Mean）、标准差（Std. Deviation）和数据个数（N）。

表 5-9 描述统计量表

	Mean	Std. Deviation	N		Mean	Std. Deviation	N
X	4.8714	2.89235	7	Y	8.0000	4.32049	7

表 5-10 是相关统计表。Pearson 相关系数 0.998；变量 x 和变量 y 的相关系数为 0.998，说明二者关系很紧密，二者存在着正相关，即硫代硫酸钠用量越多时，葡萄糖用量越多。两尾检验时，Sig. ＝0.000，拒绝两变量没有相关性的假设。

表 5-10 相关统计表

		X	Y
X	Pearson Correlation	1	.998*
	Sig. (2-tailed)	.	.000
	Sum of Squares and Cross-products	50.194	74.8000
	Covariance	8.366	12.467
	N	7	7
Y	Pearson Correlation	.998**	1
	Sig. (2-tailed)	.000	.
	Sum of Squares and Cross-products	74.8000	112.000
	Covariance	12.467	18.667
	N	7	7

＊＊ Correlation is significant at the 0.01 level

5.2.4 应用直线回归与相关的注意事项

以上对直线回归和相关分析作了较详细的论述。本节将提出几点在使用这些方法时值得注意的事项。

(1) 回归系数的解释问题 一般把回归系数 b 的意义解释为：当自变量 x 变化 1 个单位时，依变量 y 平均变化的单位数。对这个解释应当有个正确的理解。

首先一个问题是 x 的变化区间。在实际情况中，所建直线回归方程与真正的回归关系总是会有一定的偏离。在 x 的不很大的范围内，这种偏离也许不很大，不致对应用造成影响。在这个意义上，我们把回归关系认定为线性的。

在应用中，如果自变量 x 值超出了上述范围，则回归方程可能已不再成立。这时 x 变化 1 单位使 y 平均变化 b 单位的论断也就不可能成立了。

即便是自变量之值处在合理的范围内时，回归系数意义的解释仍可能有问题。分两种情况来讨论：一种情况是 x 之值在试验中可由人为指定。这时，只要在日后的应用中情况与所建立回归方程时大体相同——这主要指的是 x 以外的因素对 y 的影响要相当，则上述解释是正确的，否则就不一定正确。另一种情况是如果自变量 x 是与 y 一起观察所得，而不能事先由人控制，即 x,y 均处于随机状态。在这种情况下，除了满足 x 必须处在合理范围内这个限制外，还必须注意 x 值是"自然而然"地产生而不是人为地制造出来的，上述解释才有效。例如观察正在长身体的青年人，设 x 为体重量，而 y 作为身高，则 x 在一定的范围内时，可建立线性回归方程。

(2) 回归方程的外推 所谓外推，就是在建立回归方程时所用的自变量数据的范围之外去使用回归方程（如果在自变量数据的范围之内使用，就叫做内插）。一般不主张对回归方程做外推使用，因为实际上 y 对 x 的回归往往并非严格的直线。例如，实际回归关系是曲线 l，如果在 $a \leqslant x \leqslant b$ 这个范围内使用，则直线 l_1 可较充分地代表它，但若外推至 c 点，则与实际情况有较大的差距。

当然，也不能说外推在任何情况下都不行。当有充分理由认为在 x 取值范围外 y 对 x 的回归关系仍与所建立的回归方程一致时，外推应不会导致太大的偏差。其次，如外推距离不太远，问题一般也不会很大。在没有把握而条件允许时，可以做一些试验，以考察回归方程在拟应用的范围内符合程度如何。

由上述两点可以看出，由于回归与相关所表示的是变量间的统计关系，因此通过统计分析求出的数量性指标或数学表达式往往带有其所来自的那个总体或样本的特异性，而并不具有通用的性质。故实际应用中要考虑到回归方程、相关系数的适用范围和条件。

（3）回归方程不可逆转使用　在自变量 x 和依变量 y 都是随机的场合，往往可以把其中任意一个取为自变量，人的身高体重就是一个例子。这时就存在两种回归模型，若都为直线的，则分别有

$$y = \alpha + \beta x + \varepsilon, \quad x = \alpha' + \beta' y + \varepsilon'$$

应当注意的是，这两个直线模型并不一致。意思是，若由第一个模型 $y = \alpha + \beta x + \varepsilon$ 解得 $x = -\alpha/\beta + y/\beta - \varepsilon/\beta$，则这模型不一定就是第二个模型 $x = \alpha' + \beta' y + \varepsilon'$。对实际数据求出的经验回归直线，也是这个情况。设有数据 $(x_1, y_1), \cdots, (x_n, y_n)$，把 x 作为自变量求出的回归方程（用最小二乘法，下同）$\hat{y} = ax + b$ 与把 y 作为自变量求出的回归方程 $\hat{x} = a' + b'y$ 一般是不能逆转的。

因此，在人的身高（x）和体重（y）这个例子中，如果目的是通过身高预测体重，则应取 y 为依变量，以建立回归方程 $\hat{y} = ax + b$；如果需要通过体重预测身高，则并不能利用上述方程去做，而必须取 x 为依变量，用最小二乘求出回归方程 $\hat{x} = a' + b'y$，进而由 y 预测 x。

应当注意，强调回归方程不能逆转使用是指用于预测而言，如用于控制则另当别论。比如，建立了 y 对 x 的回归方程 $\hat{y} = bx + a$，若要把 y 值控制在 y_0 使其误差尽量小，自变量 x 应取何值？则应从 $\hat{y} = bx + a$ 解出 $x = (y_0 - a)/b$。当然，用于控制的情况应当是在自变量 x 之值能人为选择时，这时实际上不存在 x 对 y 回归的问题。

（4）要有科学依据，严格排除干扰　回归分析和相关分析毕竟是揭示变量间统计关系的数学方法，在将这些方法应用于食品科学研究时必须要考虑到研究对象本身的客观情况。例如，被研究变量间是否存在相关以及在什么条件下会发生什么相关，求出的回归方程是否有实际意义，回归直线是否可以延伸，某变量作为自变量或依变量的确定等，都必须由有关的专业知识来决定，并且还应回到实践中去检验。如果不以一定的客观事实、科学依据为前提，把风马牛不相及的资料随意凑到一块作回归、相关分析，那将是根本性的错误。

另外还应注意到，在直线回归、相关分析中必须严格控制被研究的两个变量以外的各个相关变量的变动范围，使之尽可能为固定的常量。因为在实际中，各种因素有着复杂的相互关联和相互制约的关系，一个因素的变化往往受到许多因素的影响。例如，某种食品质量的好坏要受到原料、配方、工艺、技术、生产、贮藏的环境条件等诸多因素的影响。在这种情况下，仅选择两个变量进行回归、相关分析，若其余变量都在变动，则不可能获得这两个变量的比较真实的关系。

（5）对假设检验结果的判断　一个不显著的相关系数并不一定意味着 x 和 y 没有关系。可能有 3 种情况：① 真的没有关系；② 有一定线性关系，由于样本小、误差大而未检验出；③ 可能是非线性关系。属于何种情况，应综合其他信息做出判断。一个显著的线性相关系数或回归系数亦并不意味着 x 和 y 的关系必为线性，因为它并不排斥有能够更好地描述 x

和 y 关系的非线性方程的存在。

一个显著的回归并不一定具有实践上的预测、控制意义。如 x,y 两个变量间的相关系数 $r=0.50$，在 $df=24$ 时，$r_{0.01(24)}=0.496$，$r>r_{0.01(24)}$，表明相关系数极显著。而 $r^2=0.25$，表明 x 变量或 y 变量的总变异能够通过 y 变量或 x 变量以线性回归的关系来估计或控制的比重只占 25%，其余的 75% 变异无法借助线性回归期关系来估计或控制。有人主张，$r^2>0.7$ 时，一个显著的回归方程才有实践上的预测或控制的意义。

5.3　多元线性回归

上一节讨论了依变量 y 对一个自变量 x 的回归以及直线相关问题。但是，许多实际问题中，影响依变量 y 的自变量往往是多个。如影响食品产品质量的因素包括加工温度、灭菌压力、灭菌时间、pH 值等。因而有必要进一步讨论 1 个依变量与多个自变量间的回归以及相关问题。本节主要介绍多元线性回归（multiple linear regression）和多元相关（multiple correlation，即复相关）等内容。

多元线性回归分析是多元回归分析（multiple regression analysis）中最为简单而又最常用的一种分析方法。其原理与直线回归分析的完全相同，但是要涉及到一些新概念，在计算上要复杂得多，当自变量较多时要借助于电脑进行计算。许多非线性回归（no-linear regression）问题都可转变为线性回归来解决。

进行多元线性回归分析的基本任务是根据各自变量与依变量的实际观察值建立依变量与各自变量之间的线性回归方程，以揭示依变量与各自变量之间的具体线性联系形式，其目的在于用所建立的线性回归方程进行预测和控制。

5.3.1　多元线性回归方程的建立

设变量 $x_1, x_2, \cdots, x_m, y$ 有 n 组观察数据，其中 $x_1, x_2, \cdots, x_m$ 为自变量，y 为依变量（表 5-11）。在这个样本中，第 k 组观察值（$k=1, 2, \cdots, n$）可表示为 $(x_{1k}, x_{2k}, \cdots, x_{mk}, y_k)$，是 $m+1$ 维空间中的一个点。

表 5-11　n 组观察数据模式

k 值	x_1	x_2	$\cdots$	x_m	y
1	x_{11}	x_{21}	$\cdots$	x_{m1}	y_1
2	x_{12}	x_{22}	$\cdots$	x_{m2}	y_2
$\vdots$	$\vdots$	$\vdots$	$\cdots$	$\vdots$	$\vdots$
n	x_{1n}	x_{2n}	$\cdots$	x_{mn}	y_n

如果依变量 y 同时受到 m 个自变量 $x_1, x_2, \cdots, x_m$ 的影响，且这 m 个自变量都与 y 成线性关系，则这 $m+1$ 个变量的关系就形成 m 元线性回归。因此，一个 m 元线性回归的数学模型为

$$y_k = \beta_0 + \beta_1 x_{1k} + \beta_2 x_{2k} + \cdots + \beta_m x_{mk} + \varepsilon_k \quad (k=1,2,\cdots,n) \tag{5-24}$$

式中，$\beta_0, \beta_1, \beta_2, \cdots, \beta_m$ 为 $m+1$ 个待估参数；$x_1, x_2, \cdots, x_m$ 为可精确测量或可控制的一般变量，也可以是可观察的随机变量；y_k 为可以观察的随机变量，随 $x_1, x_2, \cdots, x_m$ 而变，并受实验误差影响；ε_k 为随机变量，相互独立，且服从同一正态分布 $N(0, \sigma^2)$。

一个 m 元线性回归方程可给定为

$$\hat{y} = b_0 + b_1 x_1 + b_2 x_2 + \cdots + b_m x_m \tag{5-25}$$

式中，$b_0, b_1, b_2, \cdots, b_m$ 是 $\beta_0, \beta_1, \beta_2, \cdots, \beta_m$ 的最小二乘估计。应使

$$\begin{cases} Q = \sum_{k=1}^{n}(y_k - \hat{y}_k)^2 = \sum_{k=1}^{n}(y_k - b_0 - b_1 x_{1k} - b_2 x_{2k} - \cdots - b_m b_{mk})^2 = 最小 \\ \dfrac{\partial Q}{\partial b_0} = -2\sum_{k}^{n}(y_k - \hat{y}_k) = 0 \\ \dfrac{\partial Q}{\partial b_i} = -2\sum_{k}^{n}(y_k - \hat{y}_k)x_{ik} = 0 \quad (i=1,2,\cdots,m) \end{cases}$$

即

$$\sum_{k}^{n}(y_k - b_0 - b_1 x_{1k} - b_2 x_{2k} - \cdots - b_m x_{mk}) = 0$$

$$\sum_{k}^{n}(y_k - b_0 - b_1 x_{1k} - b_2 x_{2k} - \cdots - b_m x_{mk})x_{ik} = 0$$

经整理后可得关于 $b_1, b_2, \cdots, b_m$ 的正规方程组和 b_0 的表达式：

$$\begin{cases} SS_1 b_1 + SP_{12} b_2 + \cdots + SP_{1m} b_m = SP_{1y} \\ SP_{21} b_1 + SS_2 b_2 + \cdots + SP_{2m} b_m = SP_{2y} \\ \cdots \qquad \cdots \qquad \cdots \qquad \cdots \\ SP_{m1} b_1 + SP_{m2} b_2 + \cdots + SS_m b_m = SP_{my} \end{cases} \tag{5-26}$$

$$b_0 = \bar{y} - b_1 \bar{x}_1 - b_2 \bar{x}_2 - \cdots - b_m \bar{x}_m \tag{5-27}$$

其中

$$SS_i = \sum_{k}(x_{ik} - \bar{x}_i)^2 = \sum_{k} x_{ik}^2 - \frac{(\sum_{k} x_{ik})^2}{n}$$

$$SP_{ij} = SP_{ji} = \sum_{k}(x_{ik} - \bar{x}_i)(x_{jk} - \bar{x}_j) = \sum_{k} x_{ik} x_{jk} - \frac{\sum_{k} x_{ik} \cdot \sum_{k} x_{jk}}{n}$$

$$(i, j = 1, 2, \cdots, m; \ i \neq j)$$

$$SP_{iy} = \sum_{k}(x_{ik} - \bar{x}_i)(y_k - \bar{y}) = \sum_{k} x_{ik} y_k - \frac{\sum_{k} x_{ik} \cdot \sum_{k} y_k}{n}$$

$$\bar{y} = \sum_{k} y_k / n, \quad \bar{x}_i = \sum_{k} x_{ik} / n \quad (i = 1, 2, \cdots, m)$$

m 元线性回归方程式(5-25) 的图形是 $m+1$ 维空间的一个平面，称为回归平面。b_0 叫常数项，一般很难确定其专业意义，它仅是调节回归响应面的一个参数。当 $x_1 = x_2 = \cdots = x_m = 0$ 时，$\hat{y} = b_0$，若有实际意义，b_0 表示 y 的起始值。$b_1, b_2, \cdots, b_m$ 分别称为 y 对 $x_1, x_2, \cdots, x_m$ 的偏回归系数 (partial regression coefficient)，分别表示其余 $m-1$ 个自变量都固定不变时，某一个变量变化一个单位 y 平均改变的单位数。

正规方程组 (5-26) 还可写成矩阵形式：

$$\begin{bmatrix} SS_1 & SP_{12} & \cdots & SP_{1m} \\ SP_{21} & SS_2 & \cdots & SP_{2m} \\ \vdots & \vdots & & \vdots \\ SP_{m1} & SP_{m2} & \cdots & SS_m \end{bmatrix} \begin{bmatrix} b_1 \\ b_2 \\ \vdots \\ b_m \end{bmatrix} = \begin{bmatrix} SP_{1y} \\ SP_{2y} \\ \vdots \\ SP_{my} \end{bmatrix} \tag{5-28}$$

若定义：

$$A=\begin{bmatrix} SS_1 & SP_{12} & \cdots & SP_{1m} \\ SP_{21} & SS_2 & \cdots & SP_{2m} \\ \vdots & \vdots & & \vdots \\ SP_{m1} & SP_{m2} & \cdots & SS_m \end{bmatrix} \quad b=\begin{bmatrix} b_1 \\ b_2 \\ \vdots \\ b_m \end{bmatrix} \quad B=\begin{bmatrix} SP_{1y} \\ SP_{2y} \\ \vdots \\ SP_{my} \end{bmatrix}$$

则正规方程组可表示为：

$$Ab=B \tag{5-29}$$

矩阵 A 为正规方程组的系数矩阵，是一个对称的 m 阶方阵。

解正规方程组求回归系数 $b_1, b_2, \cdots, b_m$ 即求解 b，常规的方法是求出 A 的逆矩阵 A^{-1}。

$$A^{-1}=(C_{ij})_{m\times m}=\begin{bmatrix} C_{11} & C_{12} & \cdots & C_{1m} \\ C_{21} & C_{22} & \cdots & C_{2m} \\ \vdots & \vdots & & \vdots \\ C_{m1} & C_{m2} & \cdots & C_{mm} \end{bmatrix} \tag{5-30}$$

A^{-1} 也是对称矩阵，即 $C_{ij}=C_{ji}$，其中元素 C_{ij} 称为高斯系数（Gauss coefficient）。A^{-1} 应满足：

$$A^{-1}A=I$$

上式的 I 是 m 阶单位阵。即

$$I=\begin{bmatrix} 1 & 0 & \cdots & 0 \\ 0 & 1 & \cdots & 0 \\ \vdots & \vdots & & \vdots \\ 0 & 0 & \cdots & 1 \end{bmatrix}_{m\times m}$$

有了 A^{-1}，立即可得

$$\begin{bmatrix} b_1 \\ b_2 \\ \vdots \\ b_m \end{bmatrix}=\begin{bmatrix} C_{11} & C_{12} & \cdots & C_{1m} \\ C_{21} & C_{22} & \cdots & C_{2m} \\ \vdots & \vdots & & \vdots \\ C_{m1} & C_{m2} & \cdots & C_{mm} \end{bmatrix}\begin{bmatrix} SP_{1y} \\ SP_{2y} \\ \vdots \\ SP_{my} \end{bmatrix} \tag{5-31}$$

即

$$b=A^{-1}B \tag{5-32}$$

式(5-31) 或式(5-32) 中的 b 即满足 Q 为最小。求出各个偏回归系数 $b_i(i=1,2,\cdots,m)$ 后，由式(5-27) 求 b_0，便可建立多元线性回归方程式(5-25)。

5.3.2 多元线性回归方程的假设检验

(1) 多元回归关系的假设检验　与直线回归分析一样，在多元线性回归分析中，y 的总平方和 SS_y 可以剖分为回归平方和 SS_R 与离回归平方和 SS_r 两部分。即

$$SS_y=SS_R+SS_r \tag{5-33}$$

式中，$SS_y=\sum(y-\bar{y})^2$ 反映了 y 的总变异；$SS_R=\sum(\hat{y}-\bar{y})^2$ 反映了由于 y 与 x_1,x_2，$x_3,\cdots,x_m$ 间存在线性关系所引起的变异；$SS_r=\sum(y-\hat{y})^2$ 反映了除 y 与 $x_1,x_2,x_3,\cdots,x_m$ 间存在线性关系以外的其他因素（包括试验误差）所引起的变异。

y 的总自由度 df_y 也可以剖分为回归自由度 df_R 与离回归自由度 df_r 两部分。即

$$df_y=df_R+df_r \tag{5-34}$$

式中，$df_y=n-1$，$df_R=m$，$df_r=n-m-1$。

式(5-33) 和式(5-34) 两式称为多元线性回归平方和与自由度分解式。然而，直接计算回归平方和较麻烦，统计学已证明 SS_R 可由式(5-35) 计算。

$$SS_R=b_1SP_{1y}+b_2SP_{2y}+\cdots+b_mSP_{my} \tag{5-35}$$

于是，由式(5-33)可以简便计算出 SS_r，即 $SS_r = SS_y - SS_R$。

综上所述，多元线性回归分析中各项平方和与自由度的计算公式可归纳如下。

总变异：$SS_y = \sum (y - \bar{y})^2 = \sum y^2 - (\sum y)^2/n$，$df_y = n-1$

回归平方和：$SS_R = b_1 SP_{1y} + b_2 SP_{2y} + \cdots + b_m SP_{my}$，$df_R = m$

离回归平方和：$SS_r = SS_y - SS_R$，$df_r = n-m-1$

若依变量 y 与各自变量 $x_1, x_2, \cdots, x_m$ 间无线性关系，则模型式(5-24)中的一次项系数 $\beta_1, \beta_2, \cdots, \beta_m$ 均为 0。因此，检验 y 与 $x_1, x_2, \cdots, x_m$ 间是否存在线性关系，也就是检验回归方程(5-25)是否有意义，即检验假设 H_0：$\beta_1 = \beta_2 = \cdots = \beta_m = 0$ 是否成立。此时采用 F 检验，即

$$F = MS_R/MS_r \quad (df_1 = df_R, df_2 = df_r) \tag{5-36}$$

式中，$MS_R = SS_R/df_R = SS_R/m$，称为回归均方，$MS_r = SS_r/df_r = SS_r/(n-m-1)$ 称为离回归均方。离回归均方是模型式(5-24)中 σ^2 的估计值。离回归均方的平方根叫离回归标准误，记为 $S_{y,1,2,\cdots,m}$（或简记为 S_e），即

$$S_{y,1,2,\cdots,m} = S_e = \sqrt{MS_r} = \sqrt{\sum (y - \hat{y})^2/(n-m-1)} \tag{5-37}$$

离回归标准误 $S_{y,1,2,\cdots,m}$ 的大小表示了回归平面与实测点的偏离程度，即回归估计值 $\hat{y}$ 与实测值 y 的偏离程度，于是我们把离回归标准误 $S_{y,1,2,\cdots,m}$ 用来表示回归方程的偏离度。离回归标准误 $S_{y,1,2,\cdots,m}$ 大，表示回归方程偏离度大，离回归标准误 $S_{y,1,2,\cdots,m}$ 小，表示回归方程偏离度小。

（2）偏回归系数的假设检验　上述多元线性回归关系的假设检验只是一个综合性的检验，F 值显著并不意味着每个自变量对 y 的影响都是重要的。因此，还有必要对每一个自变量进行考查，即对每个偏回归系数进行检验。

如果某一自变量 x_i 对 y 的线性影响不显著，则在回归模型式(5-24)中的偏回归系数 β_i 应为 0。故检验某一自变量 x_i 对 y 的线性影响是否显著相当于检验假设 H_0：$\beta_i = 0 (i = 1, 2, \cdots, m)$ 是否成立。

关于偏回归系数的假设检验有两种完全等价的检验方法，即 t 检验和 F 检验。

① t 检验。

$$t_i = b_i/S_{b_i}, \ df = n-m-1 \quad (i = 1, 2, \cdots, m) \tag{5-38}$$

式中，$S_{b_i} = S_{y,1,2,\cdots,m} \cdot \sqrt{C_{ij}}$，为偏回归系数标准误；$S_{y,1,2,\cdots,m} = \sqrt{MS_r}$，为离回归标准误。

② F 检验。在包含有 m 个自变量的多元线性回归分析中，m 越大，回归平方和 SS_R 亦必然越大。如果取消一个自变量 x_i，则回归平方和将减少 SS_{R_i}，而

$$SS_{R_i} = b_i^2/C_{ii} \tag{5-39}$$

显然，这个 SS_{R_i} 的大小表示了 x_i 对 y 影响程度的大小，称为 y 对 x_i 的偏回归平方和。y 对 x_i 的偏回归自由度为 1，因而 $SS_{R_i} = b_i^2/C_{ii}$ 从数值上讲也等于 y 对 x_i 的偏回归均方。故由

$$F_i = \frac{b_i^2/C_{ij}}{MS_r}, [df_1 = 1, df_2 = n-m-1 \quad (i = 1, 2, \cdots, m)] \tag{5-40}$$

可对各偏回归系数的显著性进行 F 检验。

5.3.3　回归方法选择

利用 SPSS 进行多元回归时有 4 种不同的计算方法。

（1）全回归法（Enter） 进行全回归时，所有的自变量进入回归方程。使用这种方法，一般具有较高的回归系数，但一些对因变量没有显著影响的自变量也可能进入回归方程。

（2）向前法（Forward） 该方法比较所有自变量与因变量的偏相关系数，然后选择最大的一个作回归系数显著性检验，决定其是否进入回归方程。这种方法的缺点是某自变量选入方程以后，就一直留在方程中，不再剔除（因此该方法称为只进不出法）。但在较早阶段进入回归方程时认为最好的变量在较晚阶段可能因为其与方程中其他变量之间的相互关系而显得不再重要，因而有剔除的必要，但向前法做不到这一点。

（3）向后法（Backward） 与向前法相反，向后法又称为"只出不进法"。该法首先计算包含所有变量的回归方程，然后用偏 F 检验逐个剔除对因变量无显著影响的自变量，直到每一个自变量在偏 F 检验下都有显著性结果为止。该法得到的结果比全回归法简洁，但有一个缺点，如变量在向后消元过程中被剔除，它将永远不会在方程中重新出现，但该变量有可能在其他变量剔除后又对因变量有显著影响。

（4）逐步回归法（Stepwise） 逐步回归法是对向前法的改进。它是首先对偏相关系数最大的变量作回归系数显著性检验，以决定该变量是否进入回归方程；然后对方程中每个变量作为最后选入方程的变量求出偏 F 值，对偏 F 值最小的那个变量做偏 F 检验，决定它是否留在回归方程中。重复此过程，直至没有变量被引入，也没有变量可剔除为止。这样，应用逐步回归法时，既有引入变量，也有剔除变量，原来被剔除的变量在后面又可能被引入到回归方程中来。这是应用较为广泛的一种多元回归方法。

5.3.4 多元线性回归实例与 SPSS 实现

【例 5-3】 在某品牌桃肉果汁加工过程中非酶褐变原因的研究中，测定了该饮料中的无色花青苷（x_1）、花青苷（x_2）、美拉德反应（x_3）、抗坏血酸含量（x_4）和非酶褐变色度值（y），结果如表 5-12 所示，试进行线性回归分析。

表 5-12 桃肉果汁加工过程中非酶褐变原因研究测定值

测定序号	无色花青苷 (x_1)	花青苷 (x_2)	美拉德反应 (x_3)	抗坏血酸含量 (x_4)	非酶褐变色度值 (y)
1	0.055	0.019	0.008	2.380	9.33
2	0.060	0.019	0.007	2.830	9.02
3	0.064	0.019	0.005	3.270	8.71
4	0.062	0.012	0.009	3.380	8.13
5	0.060	0.006	0.013	3.490	7.55
6	0.053	0.010	0.017	2.910	7.43
7	0.045	0.013	0.021	2.320	7.31
8	0.055	0.014	0.017	3.350	8.45
9	0.065	0.015	0.013	3.380	9.60
10	0.062	0.023	0.011	3.430	10.91
11	0.059	0.031	0.009	3.470	12.21
12	0.071	0.024	0.015	3.480	9.74
13	0.083	0.016	0.021	3.490	7.26
14	0.082	0.016	0.019	3.470	7.15
15	0.080	0.015	0.017	3.450	7.04
16	0.068	0.017	0.013	2.920	8.19

操作步骤如下。

Step1：将表 5-12 数据输入 SPSS 数据编辑窗口后，依次选中"Analyze（统计分析）→Regression（回归分析）→Linear（线性）"，如图 5-9 所示，即可打开【Linear Regression】对话框。

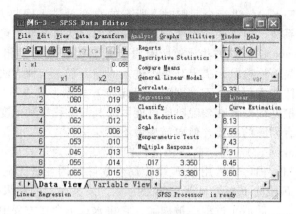

图 5-9 SPSS 数据编辑窗口

Step2：将左边"y"选入右边"Dependent"（因变量）内，"x_1"、"x_2"、"x_3"、"x_4"选入右边"Independent"（自变量）内，在"Method"中选中"Stepwise"（此处也可选中 Enter、Forward 和 Backward 等回归方法，但计算结果不同），如图 5-10 所示。

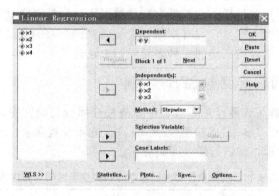

图 5-10 【Linear Regression】对话框

Step3：按【Statistics…】按钮后如图 5-11 所示，勾选"Estimates"（估计值）、"Confidence intervals"（置信区间）、"Model fit"（回归模式适合度检验）、"R squared change"（相关系数的平方），并且勾选残差下的"Durbin-Watson"，然后按【Continue】按钮回到【Linear Regression】对话框。

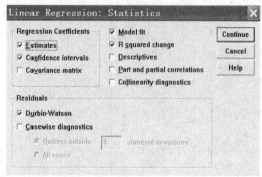

图 5-11 【Linear Regression：Statistics】对话框

Step4：按【Options…】按钮，出现【Options】对话框，如图 5-12 所示，然后按【Continue】按钮回到主画面按【OK】结束。

138

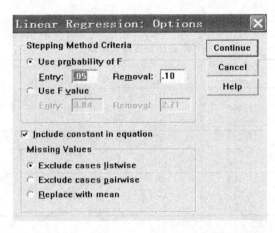

图 5-12 【Linear Regression：Options】对话框

输出结果及分析：

表 5-13 为变量输入输出表。表中给出了每一步进入方程式的变量和剔除的变量，以及采用的多元回归方法和相应的准则。从表中可以看出，输入变量 x_2、x_1 和 x_4，剔除变量 x_3。采用的准则是：$F \leqslant 0.05$ 时，对应变量进入方程式，F 显著性概率 $\geqslant 0.1$ 时变量被剔除。利用该准则进行判别以后，最后只剩下变量 x_2、x_1 和 x_4。

表 5-13 变量输入输出表

Model	Variables Entered	Variables Removed	Method
1	X2	.	Stepwise(Criteria：Probability-of-F-to-enter≤=.050，Probability-of-F-to-remove≥=.100).
2	X1	.	Stepwise(Criteria：Probability-of-F-to-enter≤=.050，Probability-of-F-to-remove≥=.100).
3	X4	.	Stepwise(Criteria：Probability-of-F-to-enter≤=.050，Probability-of-F-to-remove≥=.100).

a. Dependent Variable：Y

表 5-14 是模型综述表。表中列出了每一步的相关系数（R）、相关系数的平方（R Square）、调整的相关系数的平方（Adjusted R Square）、估计的标准误差（Std. Error of the Estimate）、变化统计量（Change Statistics）[包括相关系数的平方（R Square Change）、F 值（F Change）、第一自由度（df_1）、第二自由度（df_2）、F 值的显著性概率（Sig. F Change）等] 和 Durbin-Watson 线性检验值（Durbin-Watson）。表下的脚注显示了每一步用作预测的项目（包括自变量和常数项）。

表 5-14 模型综述表

Model	R	R Square	Adjusted R Square	Std. Error of the Estimate	Change Statistics				
					R Square Change	F Change	df1	df2	Sig. F Change
1	.821[a]	.674	.651	.86640	.674	28.971	1	14	.000
2	.885[b]	.784	.751	.73227	.110	6.598	1	13	.023
3	.939[c]	.882	.853	.56235	.098	10.044	1	12	.008

a. Predictors：(Constant)，X2
b. Predictors：(Constant)，X2，X1
c. Predictors：(Constant)，X2，X1，X4
d. Dependent Variable：Y

表 5-15 所示的方差分析表中对每一步进行了方差分析，并列出单独的方差分析表。

表 5-15 方差分析表

Model		Sum of Squares	df	Mean Square	F	Siq.
1	Regression	21.747	1	21.747	28.971	.000[a]
	Residual	10.509	14	.751		
	Total	32.256	15			
2	Regression	25.285	2	12.643	23.577	.000[b]
	Residual	6.971	13	.536		
	Total	32.256	15			
3	Regression	28.462	3	9.487	30.001	.000[c]
	Residual	3.795	12	.316		
	Total	32.256	15			

a. Predictors：(Constant)，X2

b. Predictors：(Constant)，X2，X1

c. Predictors：(Constant)，X2，X1，X4

d. Dependent Variable：Y

表 5-16 为系数分析表。表中列出了每一步常数项和各个自变量对应的非标准化系数（Unstandardized Coefficients）［包括常数项和变量系数的取值（B）及其标准误差（Std，Error）］、标准化系数（Standardized Coefficients）（Beta 值）、t 值和显著性水平（Sig.）以及自变量待定系数取值与常数项的 95% 置信区间（95% Confidence Interval for B）。表 5-17 为剔除变量表。

表 5-16 系数分析表

Model		Unstandardized Coefficients		Standardized Coefficients			95% Confidence Interval for B	
		B	Std. Error	Beta	t	Sig.	Lower Bound	Upper Bound
1	(Constant)	5.197	.673		7.721	.000	3.753	6.640
	X2	204.026	37.905	.821	5.382	.000	122.7	285.325
2	(Constant)	7.968	1.220		6.533	.000	5.333	10.602
	X2	213.120	32.232	.858	6.612	.000	143.5	282.754
	X1	−45.684	17.785	−.333	−2.569	.023	−84.11	−7.263
3	(Constant)	5.484	1.221		4.491	.001	2.824	8.145
	X2	207.215	24.823	.834	8.348	.000	153.1	261.299
	X1	−79.641	17.359	−.581	−4.588	.001	−117.5	−41.819
	X4	1.491	.471	.402	3.169	.008	.466	2.517

a. Dependent Variable：Y

表 5-17 剔除变量表

Model		Beta In	t	Sig.	Partial Correlation	Collinearity Statistics Tolerance
1	X1	−.333[a]	−2.569	.023	−.580	.988
	X3	−.315[a]	−2.150	.051	−.512	.861
	X4	.043[a]	.269	.792	.074	.984
2	X3	−.223[b]	−1.605	.134	−.420	.770
	X4	.402[b]	3.169	.008	.675	.609
3	X3	−.180[c]	−1.705	.116	−.457	.758

a. Predictors in the Model：(Constant)，X2

b. Predictors in the Model：(Constant)，X2，X1

c. Predictors in the Model：(Constant)，X2，X1，X4

d. Dependent Variable：Y

综合以上信息可得，用逐步回归方法求得的多元回归方程式为：
$$y = -79.641x_1 + 207.215x_2 + 1.491x_4 + 5.484$$
模型的相关系数为 0.939。

5.4 多元相关与偏相关

5.4.1 多元相关

（1）多元相关系数的意义和计算 多元相关亦称复相关（multiple correlation），是指一个变量和另一组变量的相关。从相关关系的性质来看，多元相关并无自变量和依变量之分，但在实践中，常用来表述依变量 y 与多个（m 个）自变量的总相关，并作为回归显著性的一个指标。

在多元线性回归分析中，由于依变量 y 对 m 个自变量的回归平方和 SS_R 占 y 的总平方和 SS_y 的比率越大，则表明 y 和 m 个自变量的总相关越密切，因此定义

$$R^2 = SS_R/SS_y \tag{5-41}$$

为 y 与 $x_1, x_2, \cdots, x_m$ 的相关指数（correlation index），亦称决定系数（determination coefficient）。相关指数表示用回归方程进行预测的可靠程度，定义

$$R = \sqrt{SS_R/SS_y} \tag{5-42}$$

为 y 与 $x_1, x_2, \cdots, x_m$ 的多元相关系数，亦称复相关系数（multiple correlation coefficient）。多元相关系数表示 y 与 $x_1, x_2, \cdots, x_m$ 线性关系的密切程度。由其定义可知，R 的取值范围在 $[0,1]$ 之间。R 的值越接近 1，多元相关越密切。由于 $\hat{y}$ 包含了 $x_1, x_2, \cdots, x_m$ 的影响，所以 y 与 $x_1, x_2, \cdots, x_m$ 的多元相关也相当于 y 与 $\hat{y}$ 的简单相关，即 $r_{y\hat{y}}$。

（2）多元相关系数的假设检验 多元相关系数的假设检验与回归关系的假设检验是等价的。前面进行过回归方程假设检验——F 检验。即

$$F = \frac{MS_R}{MS_r} = \frac{SS_R/df_R}{SS_r/df_r} \quad (df_1 = m, \ df_2 = n-m-1)$$

因为由式（5-41）可得，$SS_R = R^2 \times SS_y$，$SS_r = (1-R^2) \times SS_y$，所以

$$F = \frac{SS_R/df_R}{SS_r/df_r} = \frac{R^2 \times SS_y/m}{(1-R^2) \times SS_y/(n-m-1)} = \frac{R^2}{1-R^2} \times \frac{n-m-1}{m}$$

令总体的多元相关系数为 ρ，则对多元相关系数的假设检验为 $H_0 : \rho = 0$，$H_A : \rho \neq 0$，由 F 检验给出

$$F = \frac{R^2}{1-R^2} \times \frac{n-m-1}{m} \quad (df_1 = m, \ df_2 = n-m-1) \tag{5-43}$$

这说明多元相关系数的检验与多元线性回归关系的假设检验是统一的。

由于在 df_1 和 df_2 一定时，给定显著水平 α 下的 F 值一定，因此，将式（5-43）移项，可获得达到显著水平 α 时的临界 R 值。

$$R_\alpha = \sqrt{\frac{mF}{(n-m-1)+mF}} = \sqrt{\frac{df_1 \times F}{df_2 + df_1 \times F}} \tag{5-44}$$

将多元相关系数 R 与根据离回归自由度 df_r、变量（包括依变量和自变量）个数 M 查附表 8 所得临界 $R_{\alpha(M,df_r)}$ 值做比较，从而得出统计推断。

若 $R < R_{0.05(M,df_r)}$，$P > 0.05$，则 R 不显著；

若 $R_{0.05(M,df_r)} \leqslant R < R_{0.01(M,df_r)}$，$0.01 < P \leqslant 0.05$，则 R 显著；

若 $R \geqslant R_{0.01(M, df_r)}$，$P \leqslant 0.01$，则 R 极显著。

5.4.2 偏相关

（1）偏相关系数的意义及计算 在研究多个变量之间的相关关系时，由于变量间常常是相互影响的，因而像 5.2 所讨论的两个变量间的简单相关（直线相关）系数往往不能正确反映两个变量间的真正关系，有时甚至是假象。只有在排除其他变量影响的情况下，计算它们之间的偏相关系数（partial correlation coefficient），才能真实地揭示它们之间的内在联系。

偏相关系数和偏回归系数的意义相似。偏回归系数是在其他 $m-1$ 个自变量都保持一定时，指定的某一自变量对依变量 y 线性影响的效应；偏相关系数则表示在其他 $M-2$ 个变量都保持一定时，指定的两个变量间相关的密切程度和性质。偏相关系数的取值范围与简单相关系数取值范围一样，也是 $[-1, 1]$。

偏相关系数有一级偏相关系数，二级偏相关系数……，$M-2$ 级偏相关系数等。

① 一级偏相关系数。设 3 个相关变量 x_1, x_2, x_3，有 n 组数据，固定其中一个变量，另外两个变量的相关系数称为一级偏相关系数，共有 3 个。如固定 x_2 时，x_1 与 x_3 的偏相关系数记为 $r_{13.2}$；固定 x_1 时，x_2 与 x_3 的偏相关系数记为 $r_{23.1}$ 等。

我们把没有固定另外的变量而得到的两个变量间的相关系数称为零级偏相关系数，亦即直线相关（简单相关系数）。r_{12}, r_{13}, r_{23}，由于它们包含了未固定变量的影响，所以它们反映的是两个相关变量间的"综合"线性相关的程度和性质。一级偏相关系数的计算公式为

$$
\left.
\begin{aligned}
r_{12.3} &= \frac{r_{12} - r_{13} r_{23}}{\sqrt{(1 - r_{13}^2)(1 - r_{23}^2)}} \\[2mm]
r_{13.2} &= \frac{r_{13} - r_{12} r_{32}}{\sqrt{(1 - r_{12}^2)(1 - r_{32}^2)}} \\[2mm]
r_{23.1} &= \frac{r_{23} - r_{21} r_{31}}{\sqrt{(1 - r_{21}^2)(1 - r_{31}^2)}}
\end{aligned}
\right\}
\tag{5-45}
$$

由式(5-45) 看到，要计算一级偏相关系数须先计算出零级偏相关系数，即简单相关系数。

② 二级偏相关系数。设 4 个相关变量，有 n 组观察数据，把固定 2 个变量后另 2 个变量的相关系数称为二级偏相关系数，共有 6 个，即 $r_{12.34}$，$r_{13.24}$，$r_{14.23}$，$r_{23.14}$，$r_{24.13}$，$r_{34.12}$。

二级偏相关系数的计算公式为

$$
\left.
\begin{aligned}
r_{12.34} &= \frac{r_{12.3} - r_{14.3} r_{24.3}}{\sqrt{(1 - r_{14.3}^2)(1 - r_{24.3}^2)}} & r_{13.24} &= \frac{r_{13.2} - r_{14.2} r_{34.2}}{\sqrt{(1 - r_{14.2}^2)(1 - r_{34.2}^2)}} \\[2mm]
r_{14.23} &= \frac{r_{14.2} - r_{13.2} r_{43.2}}{\sqrt{(1 - r_{13.2}^2)(1 - r_{43.2}^2)}} & r_{23.14} &= \frac{r_{23.1} - r_{24.1} r_{34.1}}{\sqrt{(1 - r_{24.1}^2)(1 - r_{34.1}^2)}} \\[2mm]
r_{24.13} &= \frac{r_{24.1} - r_{23.1} r_{43.1}}{\sqrt{(1 - r_{23.1}^2)(1 - r_{43.1}^2)}} & r_{34.12} &= \frac{r_{34.1} - r_{32.1} r_{42.1}}{\sqrt{(1 - r_{32.1}^2)(1 - r_{42.1}^2)}}
\end{aligned}
\right\}
\tag{5-46}
$$

③ $M-2$ 级偏相关系数。设 M 个相关变量有 n 组观察数据，把其余 $M-2$ 个变量都固定时，2 个变量 x_i 与 x_j 的相关系数称为 $M-2$ 级偏相关系数，记为 r_{ij}，共有 $M(M-2)/2$ 个。

$M-2$ 级偏相关系数的计算方法如下。

用简单相关系数 $r_{ij}(i, j = 1, 2, \cdots, M)$ 组成相关系数矩阵 R，即

$$R = (r_{ij})_{M \times M} = \begin{bmatrix} r_{11} & r_{12} & \cdots & r_{1M} \\ r_{21} & r_{22} & \cdots & r_{2M} \\ \vdots & \vdots & \cdots & \vdots \\ r_{M1} & r_{M2} & \cdots & r_{MM} \end{bmatrix}$$

求其逆矩阵 R^{-1}，即

$$R^{-1} = (C_{ij})_{M \times M} = \begin{bmatrix} C_{11} & C_{12} & \cdots & C_{1M} \\ C_{21} & C_{22} & \cdots & C_{2M} \\ \vdots & \vdots & \cdots & \vdots \\ C_{M1} & C_{M2} & \cdots & C_{MM} \end{bmatrix}$$

则 x_i 与 x_j 的 $M-2$ 级偏相关系数为

$$r_{ij} = \frac{-C_{ij}}{\sqrt{C_{ii} C_{jj}}} \tag{5-47}$$

以上 R 中的主对角线元素 r_{ii} 为各个变量的自身相关系数，都等于 1；该矩阵是以主对角线为轴而对称的，即 $r_{ij} = r_{ji}$。

（2）偏相关系数的假设检验 偏相关系数假设检验的原理与简单相关系数的假设检验相同，一般可用 t 检验法。

$$t = \frac{r_{ij.}}{S_{r_{ij.}}} = \frac{r_{ij.}}{\sqrt{(1 - r_{ij.}^2)/(n-M)}} \tag{5-48}$$

式中，$S_{r_{ij.}} = \sqrt{\dfrac{1 - r_{ij.}^2}{n-M}}$ 为偏相关系数的标准误。

此法可检验 $H_0: \rho_{ij.} = 0$ 对 $H_A: \rho_{ij.} \neq 0$，t 具有自由度 $df = n-M$。

将 $df = n-M$ 代入式(5-48)并移项，也可得到给定自由度 df 和给定显著水平 α 时的临界 $r_{ij.}$ 值。即

$$r_{ij.} = \sqrt{\frac{t_\alpha^2}{df + t_\alpha^2}} \tag{5-49}$$

由 $df = n-M$ 查附表 8 中变数个数为 2 那一列得临界 r 值 $r_{0.05(n-M)}$ 和 $r_{0.01(n-M)}$，将所求得的偏相关系数 $r_{ij.}$ 的绝对值与之比较即可确定 $r_{ij.}$ 的显著性。

（3）偏相关与简单相关的关系 造成偏相关系数与简单相关系数在数值上相差的原因在于自变量间的相关。一个多变量资料，由于各变量间经常存在不同程度的相关，在研究两个变量的相关（或回归）时，只有应用偏相关（偏回归）分析消除了其他变量的影响，才能较好地反映出两变量的真实关系。由此也可体会到，偏相关和偏回归与简单相关和简单回归含义不同，说明的问题也不同。后者是包含有其他因素作用成分在内的相关与回归，因而研究工作者应根据研究目的正确选用适当的统计指标。当要排除其他变量干扰，研究两个变量间单独关系时采用偏相关与偏回归分析；当考虑到变量间实际存在的关系而要研究某一个变数为代表的综合效应间的相关与回归时则可采用简单相关和简单回归。换句话讲，简单相关与简单回归往往表示的是两变量间的表面的、非本质的关系，因而是不可靠的。这就是对于多变量资料进行相关、回归分析时必须进行偏相关、偏回归分析的原因。

5.4.3 多元相关实例与 SPSS 实现

【例 5-4】 对例 5-3 的资料做相关分析。

Step1：首先将数据输入数据编辑器，依次选中 "Analyze→Correlate→Bivariate"，如图 5-13

所示，即可打开【Bivariate Correlations】对话框。

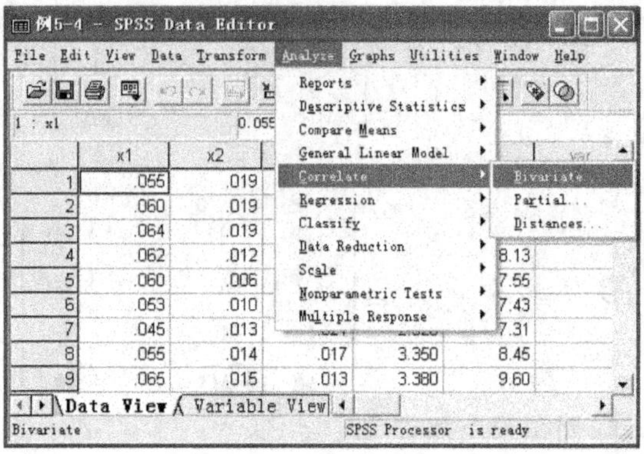

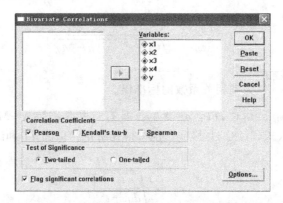

图 5-13　SPSS 数据编辑窗口

Step2：在左边的变量对话框中选择变量"x_1"、"x_2"、"x_3"、"x_4"、"y"进入"Variables"框中。在"Correlation Coefficients"栏内选择"Pearson"选项来计算 Pearson 相关系数。在"Test of Significance"栏内选择"Two-tailed"选项。选择"Flag significant correlations"复选项，如图 5-14 所示。

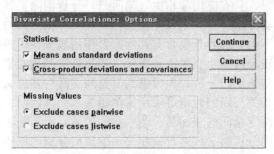

图 5-14　【Bivariate Correlations】对话框

Step3：单击【Options...】按钮，打开【Options】对话框，选择"Means and standard deviations"复选项、"Cross-product deviations and covariances"复选项和"Exclude cases pairwise"选项，如图 5-15 所示。然后按按【Continue】按钮回到主画面。

图 5-15　Bivariate Correlation：Options 对话框

Step4：单击【OK】按钮，即开始进行统计分析程序。
　　输出结果及分析：

表 5-18 是描述统计量表，列出了变量的均数（Mean）、标准离差（Std. Deviation）和数据个数（N）。

表 5-18　描述统计量表

	Mean	Std. Deviation	N		Mean	Std. Deviation	N
X1	.06400	.010696	16	X4	3.18875	.395321	16
X2	.01681	.005902	16	Y	8.6269	1.46643	16
X3	.01344	.004993	16				

表 5-19 所示是相关分析结果。表中列出了变量两两之间的 Pearson 相关系数（Pearson Correlation）、双侧显著性概率 [Sig.（2-tailed）]、数据个数（N）、叉积平方和（Sum of Squares and Cross-products）和协方差（Covariance）。x_2、x_3 和 y 在 0.01 和 0.05 的显著水平上有显著相关性。

表 5-19　相关分析结果表

		X1	X2	X3	X4	Y
X1	Pearson Correlation	1	.110	.258	.622*	−.239
	Sig.（2-tailed）	.	.686	.334	.010	.373
	Sum of Squares and Cross-products	.002	.000	.000	.039	−.056
	Covariance	.000	.000	.000	.003	−.004
	N	16	16	16	16	16
X2	Pearson Correlation	.110	1	−.373	.127	.821*
	Sig.（2-tailed）	.686	.	.155	.640	.000
	Sum of Squares and Cross-products	.000	.001	.000	.004	.107
	Covariance	.000	.000	.000	.000	.007
	N	16	16	16	16	16
X3	Pearson Correlation	.258	−.373	1	.050	−.577*
	Sig.（2-tailed）	.334	.155	.	.854	.019
	Sum of Squares and Cross-products	.000	.000	.000	.001	−.063
	Covariance	.000	.000	.000	.000	−.004
	N	16	16	16	16	16
X4	Pearson Correlation	.622*	.127	.050	1	.146
	Sig.（2-tailed）	.010	.640	.854	.	.589
	Sum of Squares and Cross-products	.039	.004	.001	2.344	1.271
	Covariance	.003	.000	.000	.156	.085
	N	16	16	16	16	16
Y	Pearson Correlation	−.239	.821*	−.577*	.146	1
	Sig.（2-tailed）	.373	.000	.019	.589	.
	Sum of Squares and Cross-products	−.056	.107	−.063	1.271	32.256
	Covariance	−.004	.007	−.004	.085	2.150
	N	16	16	16	16	16

＊. Correlation is significant at the 0.05 level（2-tailed）.

＊＊. Correlation is significant at the 0.01 level（2-tailed）.

5.5 曲线回归

5.5.1 曲线回归分析概述

在许多问题中，两个变量之间并不一定是线性关系，而是某种非线性关系。如在进行米氏方程和米氏常数推算时，测得酶的比活力和底物浓度之间的关系，得到以下 9 对数据（表 5-20 和图 5-16）。

表 5-20 底物浓度和酶的比活力

底物浓度(x)/mmol·L^{-1}	1.25	1.43	1.66	2.00	2.50	3.30	5.00	8.00	10.00
酶比活力(y)	17.65	22.00	26.32	35.00	45.00	52.00	55.73	59.00	60.00

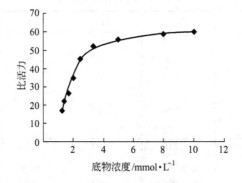

图 5-16 底物浓度同酶的比活力关系

将表 5-20 样本点 (x_i, y_i)，$i = 1, 2, \cdots, 9$，标在图 5-16 中，可以看出这些点的分布呈曲线形状。

曲线回归分析（curvilinear regression analysis）的基本任务是通过两个相关变量 x 与 y 的实际观察数据建立曲线回归方程，以揭示 x 与 y 间的曲线联系形式。首要的工作是确定 y 与 x 间曲线关系类型。通常可通过三个途径来确定：一是利用专业知识，根据已知的理论规律和实践经验；二是在没有已知的理论规律和经验可以利用时，可用描点法将实测点在直角坐标纸上描出，观察实测点的分布趋势与哪一类已知的函数曲线最接近，则选用该函数关系式来拟合其曲线关系；三是在 SPSS 的结果输出窗口中根据相关系数的平方值来判断，相关系数的平方值越大，则模型越优。

在 SPSS 中，有线性模型 $y = b_0 + b_1 x$，二次多项式模型 $y = b_0 + b_1 x + b_2 x^2$，复合模型 $y = b_0 (b_1)^x$，生长模型 $y = e^{(b_0 + b_1 x)}$，对数模型 $y = b_0 + b_1 \ln(x)$，三次多项式模型 $y = b_0 + b_1 x + b_2 x^2 + b_3 x^3$，S 曲线模型 $y = \exp(b_0 + b_1)/x$，对数模型 $y = b_0 e^{b_1 x}$，双曲线模型 $y = b_0 + b_1/x$，幂指数模型 $y = b_0 x^{b_1}$ 和逻辑模型 $y = 1/(1/u + b_0 b_1 x)$ 等多种模型可供选择。

5.5.2 曲线回归分析应用实例与 SPSS 实现

利用 SPSS 软件进行曲线回归的基本思想与线性回归基本相同，都是通过构造一个逼近函数来表达样本数据的总体趋势和特征。所不同的是，曲线回归适用于样本数据不具有线性特征，而呈曲线分布的情况。进行曲线回归时用得较多的还是最小二乘法，即通过使实测值与模型拟合值差值的平方和最小来求得模拟参数，得到最佳的回归函数表达式。

【例 5-5】 对表 5-20 资料进行曲线回归分析。

Step1： 首先将数据输入 SPSS 数据编辑窗口，依次选中 "Analyze→Regression→Curve Estimation"，如图 5-17 所示，即可打开【Curve Estimation】对话框。

Step2： 在左边的变量对话框中选择变量 "x" 进入 "Variable" 框中。"y" 进入 "Dependent (s)" 框中。在 "Models" 栏内选择所有选项，如图 5-18 所示。Models 各选项所代表的函数表达式解释如下。

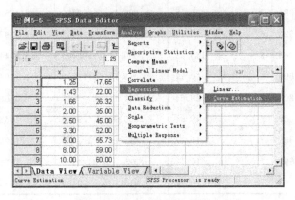

图 5-17　SPSS 数据编辑窗口

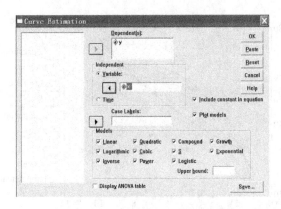

图 5-18　【Curve Estimation】对话框

① Linear 选项，用线性模型进行拟合，模型为 $y = b_0 + b_1 x$；

② Quadratic 选项，用二次多项式进行拟合，模型为 $y = b_0 + b_1 x + b_2 x^2$；

③ Compound 选项，用复合模型进行拟合，模型为 $y = b_0 (b_1)^x$；

④ Growth 选项，用生长模型进行拟合，模型为 $y = e^{(b_0 + b_1 x)}$；

⑤ Logarithmic 选项，用对数模型进行拟合，模型为 $y = b_0 + b_1 \ln(x)$；

⑥ Cubic 选项，用三次多项式进行拟合，模型为 $y = b_0 + b_1 x + b_2 x^2 + b_3 x^3$；

⑦ S 选项，用 S 曲线进行拟合，模型为 $y = \exp(b_0 + b_1 / x)$；

⑧ Exponential 选项，用对数模型进行拟合，模型为 $y = b_0 e^{b_1 x}$；

⑨ Inverse 选项，用双曲线进行拟合，模型为 $y = b_0 + b_1 / x$；

⑩ Power 选项，用幂指数模型进行拟合，模型为 $y = b_0 x^{b_1}$；

⑪ Logistic 选项，用逻辑模型进行拟合，模型为 $y = 1 / (1/u + b_0 b_1 x)$。

输出结果及分析：

输出结果及分析如表 5-21、图 5-19 所示。

表 5-21 曲线回归输出结果

MODEL：MOD_17.

Independent：X

Dependent	Mth	Rsq	d. f.	F	Sigf	b0	b1	b2	b3
Y	LIN	.691	7	15.64	.005	24.3372	4.3729		
Y	LOG	.886	7	54.38	.000	18.6967	20.6861		
Y	INV	.984	7	435.18	.000	68.2860	−64.850		
Y	QUA	.923	6	35.74	.000	2.5343	17.2892	−1.1901	
Y	CUB	.986	5	115.35	.000	−19.443	36.7144	−5.5091	.2639
Y	COM	.592	7	10.17	.015	24.4590	1.1194		
Y	POW	.809	7	29.64	.001	20.7547	.5508		
Y	S	.962	7	179.04	.000	4.3780	−1.7868		
Y	GRO	.592	7	10.17	.015	3.1970	.1128		
Y	EXP	.592	7	10.17	.015	24.4590	.1128		
Y	LGS	.592	7	10.17	.015	.0409	.8933		

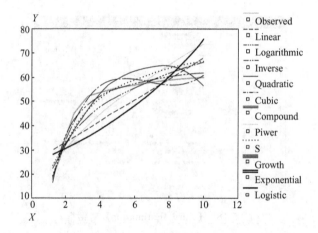

图 5-19 拟合曲线图

以上结果中，各列数据的意义分别介绍如下。

① Dependent，因变量；

② Mth，进行拟合时所选用的模型；

③ Rsq，相关系数的平方值；

④ d.f.，自由度；

⑤ F，F值；

⑥ Sigf，显著性水平；

⑦ b0～b3，模型中待定系数的拟合值。

以上结果为所有模型的最优拟合结果，可以通过比较相关系数的平方值（Rsq）来比较各模型的优劣。相关系数的平方值越大，则模型越优。INV（双曲线模型）的 Rsq＝0.984 和 CUB（3 次多项式模型）的 Rsq＝0.986，相关系数的平方值较大，因此采用这两种模型进行拟合是最合适的。采用双曲线模型拟合，其拟合结果为 $y=68.2860-64.850/x$。

复习思考题

1. 什么叫回归分析？回归系数的统计意义是什么？
2. 什么叫相关分析？相关系数的意义是什么？如何计算？
3. 进行回归、相关分析应注意哪些问题？
4. 设某食品感官评定时，测得食品甜度与蔗糖浓度的关系如表 5-22 所示，试求 y 对 x 的直线回归方程。

表 5-22　某食品甜度与蔗糖浓度

蔗糖质量分数(x)/%	1.0	3.0	4.0	5.5	7.0	8.0	9.5
甜度(y)	15	18	19	21	22.6	23.8	26

5. 测定某品种大豆子粒内的脂肪含量（%）和蛋白质含量（%）的关系，样本含量 $n=42$，结果列于表 5-23，试作相关分析。

表 5-23　某品种大豆子粒的脂肪（x）和蛋白质（y）含量　　　单位：%

x	y	x	y	x	y
15.4	44.0	19.4	42.0	21.9	37.2
17.5	38.2	20.4	37.4	23.8	36.6
18.9	41.8	21.6	35.9	17.0	42.8
20.0	38.9	22.9	36.0	18.6	42.1
21.0	38.4	16.1	42.1	19.7	37.9
22.8	38.1	18.1	40.0	20.7	36.2
15.8	44.6	19.6	40.2	22.0	36.7
17.8	40.7	20.4	39.1	24.2	37.6
19.1	39.8	21.8	39.4	17.4	42.2
20.4	40.0	23.4	33.2	18.9	39.9
21.5	37.8	16.8	43.1	20.8	37.1
22.9	34.7	18.4	40.9	22.3	38.6
15.9	42.6	19.7	38.9	24.1	34.8
17.9	39.8	20.7	35.8	19.9	39.8

6. 采用比色法测定葡萄酒中总酚含量，得到如表 5-24 所示数据。试求 y 对 x 的线性回归方程。

表 5-24　葡萄酒中总酚含量和吸光度关系

吸光度(x)	0	0.095	0.179	0.270	0.365	0.520	0.880
酚浓度(y)/g·L^{-1}	0	0.05	0.10	0.15	0.25	0.30	0.50

7. 什么叫多元线性回归与偏回归？如何建立多元线性回归方程？
8. 什么叫多元相关和偏相关？如何计算多元相关系数和偏相关系数？如何做出假设检验？
9. 在麦芽酶试验中，发现吸氨量（y）与底水（x_1）及吸氨时间（x_2）都有关系。请根据表 5-25 数据找出它们的线性关系。

表 5-25　试验数据表

序　号	底水(x_1)	吸氨时间(x_2)	吸氨量(y)	序　号	底水(x_1)	吸氨时间(x_2)	吸氨量(y)
1	136.5	215	6.2	7	140.5	180	2.8
2	136.5	250	7.5	8	140.5	215	3.1
3	136.5	180	4.8	9	140.5	250	4.3
4	138.5	250	5.1	10	138.5	215	4.9
5	138.5	180	4.6	11	138.5	215	4.1
6	138.5	215	4.6				

10. 进行乳酸菌发酵实验时，为了测得乳酸菌生长曲线，得到如表 5-26 所示数据。试求 y 对 x 的线性回归方程。

表 5-26　培养时间和活菌数关系

培养时间(x)/h	0	6	12	18	24	30	36
活菌数(y)×10^7 个/mL	4.07	6.03	13.49	31.62	87.10	141.25	199.53

第6章 非参数统计

教学目标

正确理解非参数统计的概念，掌握 χ^2 检验、符号检验和符号秩和检验方法。

前面所介绍的参数估计和假设检验，都是以总体分布已知或对分布做出某种假定为前提的，是限定分布的估计或检验，可以称为参数统计（parametric statistics）。但是在许多实际问题中，我们往往不知道客观现象的总体分布或无从对总体分布做出某种假定，尤其是对品质变量和不能直接进行定量测定的一些社会及行为科学方面的问题，如食品感官评定的统计，参数统计就受到很大限制，而需要用非参数统计（nonparametric statistics）方法来解决。

所谓非参数统计，就是对总体分布的具体形式不必作任何限制性假定和不以总体参数具体数值估计或检验为目的的推断统计。这种统计主要用于对某种判断或假设进行检验，故称为非参数检验（nonparametric test）。它是随着统计方法在复杂的社会和行为科学领域扩展应用而发展起来的现代推断统计的一个分支，从而有着极为广泛的应用。

非参数统计方法的最大特点是对资料分布特征无特殊要求。不论样本所来自的总体分布形式如何，甚至是未知；不能或未加精确测量的资料，如等级资料；只能以严重程度、优劣等级、次序先后等表示的资料；有些分组数据一端或两端是不确定的资料，如"5.0mg以下"、"5.0mg以上"等，均可用非参数检验。因此，非参数统计适用范围广，且收集资料、统计分析也比较简便。

非参数统计从实质上讲，只是检验总体分布在位置上是否相同。因此，有时对正态总体也用到此法。但是在假设检验中，对于参数和非参数检验都可应用的资料，参数检验法比非参数检验法更有效。例如，非配对资料的秩和检验，其效率为 t 检验的 86.4%，即以相同概率判断出差异显著，t 检验所需的样本含量要少 13.6%。

非参数统计方法很多，将鼠标指向"Analyze"主菜单中的"Nonparametric Tests"选项，打开子菜单，如图 6-1 所示。单击子菜单中的选项，将进行不同的检验。子菜单中的选项有：

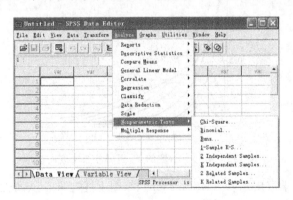

图 6-1 非参数检验子菜单

• Chi-Square χ^2 检验；

- Binomial　二项检验；
- Runs　游程检验；
- 1-Sample K-S　单个样本的柯尔莫哥洛夫-斯米诺夫检验（简称 K-S 检验）；
- 2 Independent Samples　两个独立样本的检验；
- K Independent Samples　多个独立样本的检验；
- 2 Related Samples　两个相关样本的检验；
- K Related Samples　多个相关样本的检验。

由于篇幅所限，本章只介绍 χ^2 检验、符号检验、符号秩和检验。

6.1　χ^2 检验

6.1.1　χ^2 的定义及分布

χ^2 的定义是相互独立的多个正态离差平方值的总和，即

$$\chi^2 = u_1^2 + u_2^2 + \cdots + u_n^2 = \sum^i u_i^2 = \sum^i \left(\frac{x_i - u_i}{\sigma_i}\right)^2 \tag{6-1}$$

其中，x_i 服从正态分布 $N(\mu_i, \sigma_i^2)$，$u_i = (x_i - \mu_i)/\sigma_i$ 为标准正态离差。x_i 不一定来自同一个正态总体，即 μ_i 及 σ_i 可以是不同的正态分布的参数。当然，也可以是同一正态总体的参数。

因此，χ^2 分布是由正态总体随机抽样得来的一种连续性随机变量的分布。其分布密度函数为

$$f(\chi^2) = \frac{(\chi^2)^{(df/2-1)} e^{-\chi^2/2}}{2^{df/2} \Gamma(df/2)}$$

若 x 变量服从自由度为 n 的 χ^2 分布，可记为 $X \sim \chi_n^2$。

这一分布的自由度为独立的正态离差的个数，此处 $df = n$。显然 $\chi^2 \geqslant 0$，即 χ^2 的取值范围是 $[0, +\infty)$。其分布图形为一组具有不同自由度（df）值的曲线。自由度小时呈偏态，随着自由度的增加，偏度降低，df 至 $+\infty$ 时，趋于对称分布（图 6-2）。该分布的平均数为 df，方差为 $2df$。χ^2 分布具有可加性，若 $x_1 \sim \chi_{(n)}^2$，$x_2 \sim \chi_{(m)}^2$，则 $(x_1 + x_2) \sim \chi_{(n+m)}^2$。

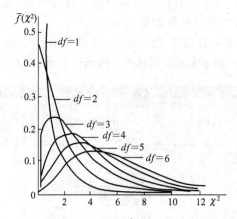

图 6-2　不同自由度的 χ^2 概率分布密度曲线

1900 年英国统计学家皮尔森（K. Poisson）根据上述定义，从属性（质量）性状的分布推导出用于次数资料的 χ^2 公式，即

$$\chi^2 = \sum_{i=1}^{k} \frac{(A_i - T_i)^2}{T_i} \tag{6-2}$$

式中，A_i 为实际次数（actual frequency）；T_i 为理论次数（theoretical frequency）；k 为属性资料的分组数，该 χ^2 服从自由度为 $df=k-1$ 的 χ^2 分布。

χ^2 分布是 χ^2 检验（chi-square test）所依据的概率分布。χ^2 检验是一种用途较广的假设检验方法。本节只介绍其在非参数检验中的两方面的应用，即适合性检验和独立性检验。

6.1.2 适合性检验与 SPSS 实现

适合性检验（test for goodness of fit）是利用样本信息对总体分布做出推断，检验总体是否服从某种理论分布（如均匀分布或二项分布）。其方法是把样本分成 k 个互斥的类，然后根据要检验的理论分布算出每一类的理论频数，并将观察频数与理论频数进行比较。适合性检验的步骤如下。

① 确定无效假设与备择假设。无效假设 H_0 表示总体服从设定的分布，备择假设 H_A 表示总体不服从设定的分布。同时，确定拒绝无效假设的显著性水平。

② 按照"无效假设为真"这一假定，由获取的样本资料导出一组期望频数或理论频数，并计算超过观察 χ^2 值的概率，可由式(6-2)计算得 χ^2 后，按自由度及显著水平 α 查附表 9 （χ^2 值表）得到。试验观察的 χ^2 值越大，观察次数与理论次数之间的差异程度越大，两者相符的概率就越小。

③ 根据得到的概率值的大小，接受或否定无效假设。在实际应用中，一般不直接计算具体的概率值。如果实际计算的 $\chi^2 \geqslant \chi^2_{\alpha,(df)}$，则否定 H_0，接受 H_A；如果实际计算的 $\chi^2 < \chi^2_{\alpha,(df)}$，则接受 H_0。

【例 6-1】 根据以往的调查，消费者对啤酒（a），白酒（b），葡萄酒（c）的满意度分别为 0.51，0.31 和 0.18。现随机选择 600 个消费者对上述 3 种酒进行嗜好性检验，从中选出各自最喜欢的产品。结果有 300 人选 a，180 人选 b，120 人选 c，试问消费者对 3 种酒类产品的嗜好性是否有所改变？

操作步骤如下。

Step1：将表 6-1 数据输入 SPSS 数据编辑窗口，依次选中"Data→Weight Cases"，打开 【Weight Cases】对话框，选择实际次数移入右边"Frequency Variable"栏，单击【OK】进行加权。如图 6-3 和图 6-4 所示。

表 6-1 3 种产品消费者选择的频数

项 目	产 品		
	a	b	c
实际次数（A）	300	180	120
理论次数（T）	306	186	108

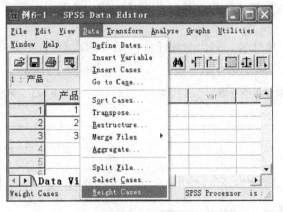

图 6-3 SPSS 数据编辑窗口（Date）

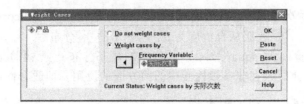

图 6-4　Weight Cases 对话框

Step2：选中"Analyze→Nonparametric Tests→Chi-Square"，如图 6-5 和图 6-6 所示，即可打开【Chi-Square】对话框。

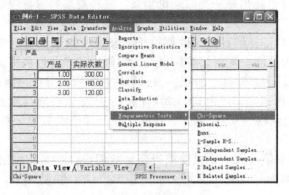

图 6-5　SPSS 数据编辑窗口

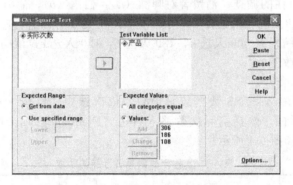

图 6-6　Chi-Square Test 对话框

Step3：将左边"产品"选入右边"Test Variable List"栏内，并选择"Values"，将期望值如 306，186，108 按顺序输入框内，然后单击【OK】，如图 6-6 所示。

输出结果及分析：

表 6-2 是变量分组统计表，列出的统计量包括实际次数（Observed N）、给定的期望值（Expected N）即理论次数、残差（前两项之差 Residual）。

表 6-2　变量分组统计表

	Observed N	Expected N	Residual
1.00	300	306.0	−6.0
2.00	180	186.0	−6.0
3.00	120	108.0	12.0
Total	600		

表 6-3　卡方检验结果表

	产品
Chi-Square[a]	1.645
df	2
Asymp. Sig.	.439

a. 0 cells(.0%)have expected frequencies less than 5. The minimum expected cell frequency is 108.0.

表 6-3 是卡方检验结果表，包括卡方值（Chi-Square）、自由度（df）、显著性概率（Asymp. Sig.）。表中显著性概率 Sig 为 0.439，大于 0.05，即消费者对 3 种酒类产品的嗜好性没有改变。

适合性检验还经常用于测验试验数据的次数分布是否和某种理论分布（如正态分布、二项分布等）相符，以推断试验数据的次数分布属于哪一种分布类型。

χ^2 检验用于进行次数分布的适合性检验时有一定的近似性，为使这类检验更确切，一般应注意以下几点。

① 总观察次数 n 应较大，一般不少于 50。

② 分组数最好在 5 组以上。

③ 每组理论次数不宜太少，至少为 5，尤其是首尾各组。若理论次数少于 5，最好将其与相邻的组合并为 1 组。

④ 自由度 $df=1$ 时，应计算矫正的 χ^2_C。矫正公式见式（6-3）。

6.1.3　独立性检验与 SPSS 实现

χ^2 检验也常用于探求 2 个变量间是否彼此独立，这是次数资料的一种相关研究。应用 χ^2 进行独立性检验（test of independence）的无效假设是：H_0：2 个变量相互独立，而 H_A：2 个变量彼此相关。在计算 χ^2 时，将所得次数资料按 2 个变量作两向分组，排列成相依表亦叫列联表（contingency table）；然后根据 2 个变量相互独立的假设，计算每一组格的理论次数；再计算 χ^2 值。该 χ^2 的自由度随 2 个变量各自的分组数不同而不同，设行分 R 组，列分 C 组，则自由度 $df=(R-1)\times(C-1)$。当试验资料的 $\chi^2<\chi^2_{\alpha,(df)}$，则接受 H_0，即 2 个变量独立；如果试验资料的 $\chi^2 \geqslant \chi^2_{\alpha,(df)}$，则否定 H_0，而接受 H_A，即 2 个变量相关。

（1）2×2 表的独立性检验　2×2 相依表是指行和列皆分为两组的资料。在作独立性检验时，其自由度 $df=(2-1)\times(2-1)=1$，因此在计算 χ^2 时需作连续性矫正（correction for continuity），即

$$\chi^2_c = \sum \frac{(|A-T|-1/2)^2}{T} \tag{6-3}$$

【例 6-2】　为调查研究消费者对"有机"食品和常规食品的态度，在超级市场随机选择 50 个男性和 50 个女性消费者，问他（她）们更偏爱哪类食品，结果见表 6-4 。

表 6-4　消费者对"有机"食品及常规食品的态度

性　别	"有机"	常　规	总　数
男性	10(15)	40(35)	50
女性	20(15)	30(35)	50
总数	30	70	100

注：假设 H_0：性别与食品类型无关；H_A：性别与食品类型有关。显著性水平 $\alpha=0.05$。

根据 2 个变量独立的假设计算理论次数。如偏爱"有机"食品的人数 $A_1=10$，$T_1=(30\times50)/100=15$，即该组格相应的行总和乘以列总和再除以观察总次数。其余可以类似计算。将各理论次数添在表中的括号内。代入式（6-3），即

$$\chi^2_c = \frac{(|10-15|-0.5)^2}{15} + \frac{(|20-15|-0.5)^2}{15} + \frac{(|40-35|-0.5)^2}{35} + \frac{(|30-35|-0.5)^2}{35}$$

$$=3.857$$

当 $df=1$，$\alpha=0.05$ 时，查附表 9 得 $\chi^2_{0.05,(1)}=3.84$，计算得 $\chi^2_c=3.857>\chi^2_{0.05,(1)}$，$P<$

0.05，因此拒绝 H_0，即男女消费者对两类食品有不同的态度。

（2）$2 \times C$ 表的独立性检验与 SPSS 实现 $2 \times C$ 表是指行分为 2 组，列分为 $C \geqslant 3$ 组的相依表资料。在作独立性检验时，其 $df = (2-1) \times (C-1) = C-1$。由于 $df \geqslant 2$，故不需作连续性矫正。

【例 6-3】 做一试验，以研究高血压和抽烟的关系，表 6-5 为 180 个人的资料，以 $\alpha = 0.05$ 的显著水平，检验高血压与抽烟是否有关。

表 6-5 吸烟与血压调查的次数分布

项　目	不吸烟者	吸烟不甚多者	吸烟甚多者	合计
血压高	21(33.35)	36(29.97)	30(23.68)	87
血压不高	48(35.65)	26(32.03)	19(25.32)	93
合计	69	62	49	180

操作步骤如下。

Step1：将表 6-5 数据输入 SPSS 数据编辑窗口，依次选中"Data→Weight Cases"，打开【Weight Cases】对话框，将频数选入右边"Frequency Variable"栏，单击【OK】进行加权。如图 6-7 和图 6-8 所示。

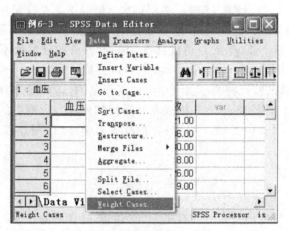

图 6-7 SPSS 数据编辑窗口（Date）

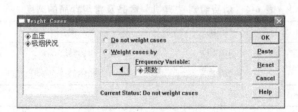

图 6-8 Weight Cases 对话框

Step2：选中"Analyze→Descriptive Statistics →Crosstabs"，如图 6-9 和图 6-10 所示，即可打开【Crosstabs】对话框。

Step3：将"血压"和"吸烟状况"分别选入"Row（s）"和"Column（s）"，如图 6-10 所示。单击【Statistics】按钮，选"Chi-square"和"Correlations"，如图 6-11 所示，单击【Continue】按钮返回，然后单击【OK】。

输出结果及分析：

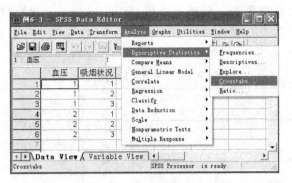

图 6-9　SPSS 数据编辑窗口

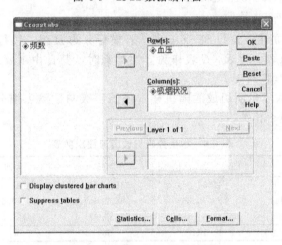

图 6-10　【Crosstabs】对话框

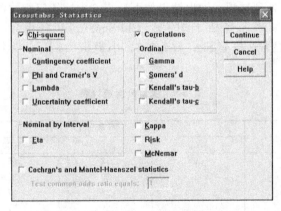

图 6-11　【Statistics】对话框

表 6-6 是血压高和正常的频数频率表。

表 6-6　血压高和正常的频数频率表

Count

		吸烟状况			Total
		1	2	3	
血压	1	21	36	30	87
	2	48	26	19	93
Total		69	62	49	180

157

表 6-7 是卡方检验结果表，包括卡方值（Chi-Square）、自由度（df）、显著性概率（Asymp. Sig.）。表中显著性概率 Sig. 为 0.001，小于 0.01，即血压高低与吸烟极显著相关。

表 6-7　卡方检验结果表

	Value	df	Asymp. Sig. (2-sided)
Pearson Chi-Square	14.464[a]	2	.001
Likelihood Ratio	14.763	2	.001
Linear-by-Linear Association	11.985	1	.001
N of Valid Cases	180		

a. 0cells（.0%）have expected count less than 5.

The minimum expected count is 23.68.

（3）$R \times C$ 表的独立性检验与 SPSS 实现　若横行分为 R 组，纵行分为 C 组，且 $R \geq 3$，$C \geq 3$，则为 $R \times C$ 相依表。对 $R \times C$ 表作独立性检验时，其自由度 $df = (R-1) \times (C-1)$，计算 χ^2 时不需要作连续性矫正。

【例 6-4】　400 个大学生所组成的随机样本依照年级与饮酒习惯分类如表 6-8 所示，试分析年级与饮酒习惯是否相关。

表 6-8　学生分组与饮酒习惯次数表

项　目	大一	大二	大三	大四	合计
嗜酒者	29(37.99)	41(34.06)	33(31.44)	28(27.51)	131
少量饮酒者	32(39.44)	29(35.36)	36(32.64)	39(28.56)	136
不饮酒者	55(38.57)	34(34.58)	27(31.92)	17(27.93)	133
合计	116	104	96	84	400

操作步骤如下。

操作步骤同例 6-3 处理过程，输出结果如下。表 6-9 是各年级饮酒情况频数频率表。表 6-10 是卡方检验结果表，包括卡方值（Chi-Square）、自由度（df）、显著性概率（Asymp. Sig.）。表中显著性概率 Sig. 为 0.001，小于 0.01，即认为年级与饮酒程度极显著相关。

表 6-9　变量分组统计表

Count

		饮酒			Total
		1.00	2.00	3.00	
年级	1.00	29	32	55	116
	2.00	41	29	34	104
	3.00	33	36	27	96
	4.00	28	39	17	84
Total		131	136	133	400

表 6-10　卡方检验结果表

	Value	df	Asymp. Sig. (2-sided)
Pearson Chi-Square	22.381[a]	6	.001
Likelihood Ratio	22.171	6	.001
Linear-by-Linear Association	9.182	1	.002
N of Valid Cases	400		

a. 0 Cells(.0%)have expected count less than 5. The

minimum expected count is 27.51.

6.2 符号检验

对于配对的试验数据，有一个简单的差异性检验方法，即符号检验（sign test）。符号检验是利用各对数据之差的符号来检验两个总体分布的差异性。可以设想，如果两个总体分布相同，那么每对数据之差的符号为正负的概率应当相等，考虑到试验误差的存在，正号与负号出现的次数相差不应该太大，如果太大了就不能认为两个总体服从相同的分布。这就是符号检验的基本思想。

符号检验的优点在于：①两个样本可以是相关的，也可以是独立的；②对于分布的形状、方差等都不作限定；③只考虑差数的正负方向而不计具体数值。其缺点是忽略了数值差异的大小，失去了一些可利用的数值信息。

6.2.1 符号检验的步骤

① 假设 H_0：两总体分布中心位置相同；

H_A：两总体分布中心位置不同。

② 确定配对样本及每对数据之间差异的符号。对第 i 对数据，如果 $x_{1i} > x_{2i}$，则取正号，反之则取负号；两者没有差异的记 0，并将其删去。分别计算正号数（n_+）与负号数（n_-），把正负号数目的和作为样本容量。

则有

$$n = n_+ + n_- \tag{6-4}$$

n_+ 与 n_- 中较小者即为符号检验的统计量，即

$$N_s = \min(n_+, n_-) \tag{6-5}$$

③ 根据设定的显著性水平，查符号检验临界值 $N_{a(n)}$ 表（附表11）确定临界值，进行比较并做推断。

如果 $N_s \leqslant N_{a(n)}$，则拒绝 H_0；反之，则不拒绝 H_0。

对于单尾检验，如果 $N_s \leqslant N_{2a(n)}$，则拒绝 H_0。

6.2.2 大样本的正态化近似

如果 $n > 25$，则作为正态近似处理。这个正态分布具有

$$\begin{cases} \text{平均数 } \mu_x = n/2 \\ \text{标准差 } \sigma_x = \frac{1}{2}\sqrt{n} \end{cases} \tag{6-6}$$

此时有统计量：

$$u = \frac{x - \mu_x}{\sigma_x} = \frac{x - \dfrac{n}{2}}{\dfrac{1}{2}\sqrt{n}} \tag{6-7}$$

式中，x 为 n_+、n_- 之较小者。该 u 近似服从标准正态分布。于是对资料可进行 u 检验。

6.2.3 符号检验实例与 SPSS 实现

【例 6-5】 为了检验两种草莓（A，B）香气成分是否有差异，选择 9 个评价员，用 1～5 的尺度（1＝一点也不香，2＝有点香，3＝较香，4＝很香，5＝非常香）进行评定，结果见表 6-11。试用符号检验测验这 2 个品种的香味是否有差异。

表 6-11   *A*、*B* 两种草莓的香气成分评分

评 价 员	*A*	*B*	评 价 员	*A*	*B*
1	4	2	6	5	3
2	3	2	7	3	4
3	3	4	8	4	3
4	4	4	9	4	3
5	5	4			

操作步骤如下。

Step1：将表 6-11 数据输入数据编辑窗口后，依次选中 "Analyze→Nonparametric Tests→2 Related Samples"，如图 6-12 和图 6-13 所示，即可打开【Two-Related-Samples Tests】对话框。

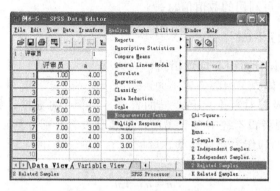

图 6-12   SPSS 数据编辑窗口

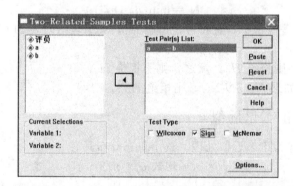

图 6-13   【Two-Related-Samples Tests】对话框

Step2：将左边 "a"、"b" 选入右边 "Test Pair〔s〕List" 栏内，并在 "Test Type" 方框中选择 "Sign" 项，如图 6-13 所示，然后单击【OK】。

输出结果及分析：

表 6-12 为频数表，表 6-13 为符号检验结果表，由于显著性概率〔Exact Sig.（2-tailed)〕0.289 大于 0.05，即 2 个产品的酸味强度差异不显著。

表 6-12   频数表

		N
B-A	Negative Differences[a]	6
	Positive Differences[b]	2
	Ties[c]	1
	Total	9

a. B<A

b. B>A

c. A=B

160

表 6-13 符号检验结果表

	B-A
Exact Sig. (2-tailed)	.289[a]

a. Binomial distribution used.

b. Sign Test

6.3 符号秩和检验

符号检验仅考虑差异的方向，而没有利用这些差的大小（体现为差的绝对值的大小）所包含的信息。不同的符号代表了在中心位置的哪一边，而差的绝对值的秩代表了距离中心的远近。威尔科克森符号秩和检验（Wilcoxon signed-rank test）就是结合差异的方向和差的大小的一种更有效的检验方法。

6.3.1 符号秩和检验的步骤

① 计算带有正负号的差数。

② 将差数按绝对值大小顺序排列并编定秩次，即确定顺序号。编秩时，若有差数等于0，则舍去不计。对于绝对值相等的差数则取其平均秩次。

③ 给每个秩恢复原来的正负号，分别将正负号的秩相加，用 T_+ 和 T_- 表示，取绝对值较小者作为检验该计量 T。

④ 确定带正号或负号的总个数 n。

⑤ 设定显著性水平 α。

⑥ 从威尔科克森符号秩检验 T 值临界值表（附表12）查出 $T_{a(n)}$ 临界值，当 $|T| \leqslant T_{a(n)}$ 时，就拒绝 H_0，当 $|T| > T_{a(n)}$ 时，则接受 H_0。单尾检验时，若 $|T| \leqslant T_{a(n)}$，则否定 H_0；反之接受 H_0。

6.3.2 大样本的正态化近似

如果 $n > 25$，可以用正态化近似处理。有 u 统计量：

$$u = \frac{\left| T - \frac{n(n+1)}{4} \right| - \frac{1}{2}}{\sqrt{\frac{n(n+1)(2n+1)}{24}}} \tag{6-8}$$

式中，T 为较少符号组的秩和；n 为去掉同分（$d=0$）后的样本容量。

6.3.3 符号秩和检验实例与 SPSS 实现

【例 6-6】 用例 6-5 数据，使用威尔科克森符号秩和检验对两个品种草莓的香气成分进行差异显著性检验。

操作步骤如下。

Step1：将表 6-14 数据输入数据编辑窗口后，依次选中 "Analyze→Nonparametric Tests→2 Related Samples"，即可打开【Two-Related-Samples Tests】对话框，如图 6-14 和图 6-15 所示。

Step2：将左边 "a"、"b" 选入右边 "Test Pair（s）List" 栏内，并在 "Test Type" 方框中选择 "Wilcoxon" 项，如图 6-15 所示，然后单击【OK】。

输出结果及分析：

表 6-14 为秩表，该表列出了对应于两种情况的秩的不同关系的秩频数、均值秩和秩和。

表 6-14　秩表

		N	Mean Rank	Sum of Ranks
B-A	Negative Ranks	6[a]	4.83	29.00
	Positive Ranks	2[b]	3.50	7.00
	Ties	1[c]		
	Total	9		

a. B<A
b. B>A
c. A=B

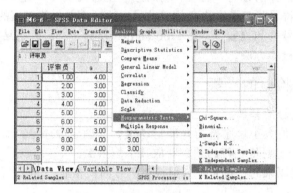

图 6-14　SPSS 数据编辑窗口

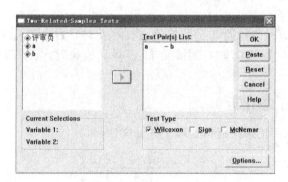

图 6-15　Two-Related-Samples Tests 对话框

表 6-15　Wilcoxon 符号秩检验结果表

	B-A
Z	−1.613[a]
Asymp. Sig. (2-tailed)	.107

a. Based on positive ranks.
b. Wilcoxon Signed Ranks Test.

表 6-15 为 Wilcoxon 符号秩检验结果表，由于显著性概率（Sig.）为 0.107 大于 0.05，即两个品种草莓的香气成分无显著差异。

复 习 思 考 题

1. 参数统计、非参数统计的含义是什么？非参数统计有什么优缺点？
2. χ^2 分布特点如何？与正态分布有什么关系？
3. χ^2 检验中的独立性检验与适合性检验有什么不同？
4. 配对资料的符号检验、符号秩和检验的基本思想是什么？两者有什么联系与区别？

5. 采用"A-非A"法测定两个样品的风味差异，20个评审员进行评定，每个评审员评定5个"A"和5个"非A"，结果见下表。试检验样品"A"和"非A"风味是否有显著差异（$\alpha=0.05$）（$\chi^2=11.79$）。

		样品 A	样品非 A
判断为"A"或"非A"	"A"	70	45
的人数	"非A"	30	55

第 7 章　正交试验设计

教学目标

　　了解正交试验的基本原理和用途，能正确进行表头设计，掌握正交设计的基本方法和步骤，熟练使用 SPSS 进行正交试验数据分析。

7.1　正交试验简介

　　正交试验设计也称正交设计（orthogonal design），是用来科学地设计多因素试验的一种方法。它利用一套规格化的正交表（orthogonal table）安排试验，得到的试验结果再用数理统计方法进行处理，使之得出科学结论。

　　正交表是试验设计的基本工具，它是根据均衡分布的思想，运用组合数学理论构造的一种数学表格，均衡分布性是正交表的核心。19 世纪 20 年代，英国统计学家 R. A. Fisher 首先在马铃薯肥料试验当中，运用排列均衡的拉丁方，解决了试验时的不均匀试验条件并获得成功，并创立了"试验设计"这一新兴学科。"均衡分布"思想在 20 世纪 50 年代应用于工业领域，取得了显著的效果，60 年代又应用到农业领域，使得这一数学思想在科研生产实际中获得了广泛的应用。

7.1.1　正交试验设计的意义

　　多因素试验处理会因试验因素及其水平的增加而急剧增加，从而使试验的实施变得困难，甚至无法实施。对于因素数目在三个以上的多因素试验，可以在一定条件下挑选部分处理做试验并能进行严格的统计分析，这种试验称为部分实施试验，正交试验设计就是一种常用的部分试验设计方法。

　　正交试验设计与回归设计是试验优化的常用技术。所谓试验优化，是指在最优化思想的指导下，进行最优设计的一种优化方法。它从不同的优良性出发，合理设计试验方案，有效控制试验干扰，科学处理试验数据，全面进行优化分析，直接实现优化目标，已成为现代优化技术的一个重要方面。在设计试验方案时，应使方案具有一定的优良性，力求以尽可能少的试验点，获取足够丰富的试验信息，得出全面的结论；实施试验方案时，应有效控制干扰，提高试验精度；处理试验结果时，通过合理而又尽可能简便的计算及分析，直接获得较多的优化成果。

　　对于多快好省地进行多因素试验，在科学研究中发现新规律，在实际生产中探寻新工艺，在产品开发中进行优质设计，在科学管理中寻求最佳决策等，试验优化技术都是一种非常有效的数学工具。因此，试验的设计与优化方法越来越受到人们的重视。

7.1.2　正交表

　　（1）正交表的表示符号

　　① 正交表记号所表示的含义归纳如下。$L_n(t^q)$ 式中：L 为正交表符号，是 Latin 的第一个字母；n 为试验次数，即正交表行数；t 为因素的水平数，即 1 列中出现不同数字的个数；q 为最多能安排的因素数，即正交表的列数。

　　② 正交表中 1 列可以安排 1 个因素，因此它可安排的因素数可以小于或等于 q，但不能

大于 q。

③ 括号内的 t^q 表示 q 个因素、每个因素 t 个水平全面试验的水平组合数（即处理数）。因为安排因素个数不能大于 q，所以 n/t^q 为最小部分实施。显然，$L_4(2^3)$ 是最简单的正交表，有 3 列 4 行，用它最多能安排 3 个 2 水平因素的试验。部分试验为 4 次，全面试验为 8 次，最小部分实施为 1/2，即用它安排试验可比全面试验少做 1/2。所以，当试验因素数 q 及每个因素的水平数 t 增加时，n/t^q 则下降，节省试验次数的效果更明显。

④ 一般非等水平正交表表示为 $L_n(t_1^{q_1} \times t_2^{q_2})(q_1 \neq q_2)$，$L_n(t_1^{q_1} \times t_2^{q_2} \times t_3^{q_3})(q_1 \neq q_2 \neq q_3)$，它们各代表一个具体的数字表格，又称混合型正交表。

当用非等水平正交表如 $L_n(t_1^{q_1} \times t_2^{q_2})$ 安排试验时，则因素数应不大于 $q_1 + q_2$，且 t_1 水平的因素数不大于 q_1，t_2 水平的因素数不大于 q_2，最小部分实施为 $n/(t_1^{q_1} + t_2^{q_2})$。

任何一个正交表 L_n 与其代表的具体表格都是相互对应的。

（2）正交表的基本性质

① 正交性。正交表的正交性是均衡分布的数学思想在正交表中的具体体现。正交表的正交性是指在正交表中任何 1 列中各水平都出现，且出现次数相等；任意 2 列间各种不同水平的所有可能组合都出现，且出现的次数相等。

我们来具体考察 $L_8(2^7)$ 正交表的正交性。由附录表中的 $L_8(2^7)$ 正交表可看到：a. 表中每列的不同数字 1，2 都出现，且在每列中都重复出现 4 次。这种重复称为隐藏重复。正是这种隐藏重复，增强了试验结果的可比性。b. 第一和第二两列间各水平所有可能的组合为 11，12，21，22 共 4 种。这就是该 2 列因素全面试验的水平组合，它们都出现且都分别出现 2 次。显然任意 2 列间情况都是如此。

上述正交性的两条内容是判断一个正交表是否具有正交性的条件。由上述分析可断定 $L_8(2^7)$ 正交表具有正交性。

由正交表的正交性可以看出：a. 正交表各列的地位是平等的，表中各列之间可以互相置换，称为列间置换；b. 正交表各行之间也可相互置换，称行间置换；c. 正交表中同一列的水平数字也可以相互置换，称水平置换。

上述 3 种置换即正交表的 3 种初等置换。经过初等置换所能得到的一切正交表，称为原正交表的同构表或等价表，显然，实际应用时，可以根据不同需要进行变换。

② 代表性。正交表的代表性是指任一列的各水平都出现，使得部分试验中包含所有因素的所有水平。任意 2 列间的所有组合全部出现，使任意两因素间都是全面试验。因此，在部分试验中，所有因素的所有水平信息及两两因素间的所有组合信息都无一遗漏。这样，虽然安排的是部分试验，却能够了解全面试验的情况，从这个意义上讲可以代表全面试验。

另外，因为正交性，使部分试验点必然均衡地分布在全面试验的试验点中。正交试验点的代表性立体方块图所有 9 个面上，每个面上均有 3 个试验点；所有 24 条棱线，每条线上均有 1 个试验点，所有的 9 个试验点不偏不倚，具有很强的代表性。因此，部分试验的优化结果与全面试验的优化结果应有一致的趋势。

③ 综合可比性。综合可比性是指在正交表中任一列各水平出现的次数都相等；任 2 列间所有可能的组合出现的次数都相等。因此使任一因素各水平的试验条件相同。这就保证了在每列因素各个水平的效果中，可最大限度地排除其他因素的干扰，突出本列因素的作用，从而可以综合比较该因素不同水平对试验指标的影响。这种性质称为综合可比性或整齐可比性。

正交表的 3 个基本性质中，正交性即均衡性是核心、是基础，代表性和综合可比性是正交性的必然结果，从而使正交表得以具体应用。

正交表集其 3 个性质于一体，成为正交试验设计的有效工具，用它来安排试验，也必然具有"均衡分散，整齐可比"的特性，代表性强，效率也高。因而，实际应用越来越广。

（3）两列间的交互作用

在常用正交表中，有些只能考察因素的主效应，不能用来考察因素间交互效应，但有些正交表则能够分析因素间的交互效应。由于多因素试验的因素间总是存在着交互作用，对考察指标的影响往往不是各因子单独效应的简单相加，而是由各因素的单独作用和因素间联合作用（互作）共同影响的结果，它反映了因素之间互相促进或互相抑制，这是客观存在的普遍现象。因此，在某些设计中就应考虑因素间交互作用的问题。交互作用指因素间的联合搭配而产生的对试验指标的影响作用，它是试验设计中的一个重要概念。试验设计中，交互作用记作 $A \times B$，$A \times B \times C$，…。

$A \times B$ 称为 1 级交互作用，表明因素 A，B 之间有交互作用。

$A \times B \times C$ 称为 2 级交互作用，表明因素 A，B，C 三者之间有交互作用。

同样，若 $P+1$ 个因素间有交互作用，就称为 P 级交互作用，记作 $A \times B \times C \times \cdots (P+1$ 个)。2 级和 2 级以上的交互作用统称为高级交互作用。

在试验设计中，交互作用一律当作因素看待，这是处理交互作用的一条总原则。作为因素，各级交互作用都可以安排在能考察交互作用的正交表的相应列上；它们对试验指标的影响情况都可以分析清楚，而且计算非常简便。

但交互作用又与因素不同，表现在以下两个方面。

① 用于考察交互作用的列不影响试验方案及实施。

② 一个交互作用并不一定只占正交表的一列，而是占有 $(t-1)^P$ 列。因此，在作表头设计时，交互作用所占正交表的列数与因素水平数 t 有关、与交互作用级数 P 有关，而且 t 越大、P 越大，交互作用所占用的列数就越多。

例如对于一个 2^5 因素试验，作表头设计时，如果要考察因素间的所有各级交互作用，那么，连同因素本身总计应占有的列数为

$$C_5^1 + C_5^2 + C_5^3 + C_5^4 + C_5^5 = 31 \qquad (7-1)$$

那么非选 $L_{32}(2^{31})$ 不可，而 2^5 试验的全面试验次数 $n = 2^5 = 32$。所以在多因素试验中要考虑所有各项交互作用的话，所用正交表的试验号将等于全面试验的次数，这显然是不可取的。

在满足试验要求的条件下，如何突出正交设计可以大量减少试验次数的优点，有选择地合理考察交互作用是应当妥善处理的问题。但它并不是一个纯粹的数字，而是一个需要综合考察试验目的、专业知识、以往研究经验以及现有试验条件等多方面情况的复杂问题。一般的处理原则如下。

① 高级交互作用通常不予考虑。实际上高级交互作用的影响一般都很小，可以忽略。因此，式(7-1)中后 3 项全部可以略去，此时实际占有正交表的列数仅为

$$C_5^1 + C_5^2 = 5 + 10 = 15$$

② 试验设计时，因素间 1 级交互作用也不必全部考察（尤其是根据专业知识知道两因素间没有交互作用或者交互作用不大时），通常仅考虑那些作用效果较明显的，或试验要求必须考察的。

上述的 2^5 试验中，如果仅考察 1～2 个 1 级交互作用，那么选用 $L_8(2^7)$ 即可，实际的部分实施等于 1/4，减少了大量的试验次数。

③ 在情况允许时尽量选用二水平表，以减少交互作用所占列数。若因素必须多选水平时，也可以设法将一张多水平表化为 2 张或多张 2 水平正交表来完成试验。

以下介绍正交表的交互作用列。在 $L_4(2^3)$ 表中，第一列是将 4 个试验分成两部分，前半部分是水平 1，后半部分是水平 2，这一列称为二分列（表 7-1）。第二列是将第一列的 2

个水平1，2个水平2，再分成1个水平1，1个水平2，称为四分列；这种列称为基本列。第三列是第一列、第二列的交互列。若将数字1看作"＋"，数字2看作"－"，两个数字搭配看作是相乘，则由正数、负数乘法的符号法则有

$$(1,1)=(+)\times(+)=(+)=1$$
$$(1,2)=(+)\times(-)=(-)=2$$
$$(2,1)=(-)\times(+)=(-)=2$$
$$(2,2)=(-)\times(-)=(+)=1$$

这正好就是第三列，说明 $L_4(2^3)$ 的第三列就是 $A\times B$，实际上在 $L_4(2^3)$ 中，任意两列的交互列就是另外一列。

表 7-1　$L_4(2^3)$ 表

处理	因素			处理	因素		
	A	B	$A\times B$		A	B	$A\times B$
1	1	1	1(1,1)	3	2	1	2(2,1)
2	1	2	2(1,2)	4	2	2	1(2,2)

现在来看一看 $L_8(2^7)$ 的情况（表 7-2）。

表 7-2　$L_8(2^7)$ 表

处理号	1	2	3	4	5	6	7
	A	B	$A\times B$	C	$A\times C$	$B\times C$	$A\times B\times C$
1	1	1	(1,1)1	1	(1,1)1	(1,1)1	1
2	1	1	(1,1)1	2	(1,2)2	(1,2)2	2
3	1	2	(1,2)2	1	(1,1)1	(2,1)2	2
4	1	2	(1,2)2	2	(1,2)2	(2,2)1	1
5	2	1	(2,1)2	1	(2,1)2	(1,1)1	2
6	2	1	(2,1)2	2	(2,2)1	(1,2)2	1
7	2	2	(2,2)1	1	(2,1)2	(2,1)2	1
8	2	2	(2,2)1	2	(2,2)1	(2,2)1	2

表 7-2 中第一列为二分列，第二列为四分列，第四列为八分列，这三列是基本列。分别记上 A，B，C。然后将这三列进行搭配，则第三列为 $A\times B$，第五列为 $A\times C$，第六列为 $B\times C$。再将 $(A\times B)\times C$，或 $A\times(B\times C)$，则可知第七列为高级互作 $A\times B\times C$。

同理，$L_8(2^7)$ 中任意两列的交互作用列是其他某一列，这个可以通过表 7-3 或者附表中的"二列间的交互作用表"查出来。

表 7-3　$L_8(2^7)$ 两列间交互作用列表

1	2	3	4	5	6	7	列号
(1)	3	2	5	4	7	6	1
	(2)	1	6	7	4	5	2
		(3)	7	6	5	4	3
			(4)	1	2	3	4
				(5)	3	2	5
					(6)	1	6
						(7)	7

至于多水平的交互作用列确定原理较复杂，这里从略。实际上只要通过附表中的各种表头设计，则可安排考察交互作用的正交设计了。

167

7.2 正交试验设计的基本步骤

正交试验设计（简称正交设计）的基本程序是设计试验方案和处理试验结果两大部分。主要步骤可归纳如下：明确试验目的，确定考核指标；挑因素，选水平；选择合适的正交表；进行表头设计；确定试验方案；试验结果分析。

7.2.1 明确试验目的，确定考核指标，挑因素，选水平

试验目的，就是通过正交试验要解决什么问题。考核指标，就是用来衡量或考核试验效果的质量指标。试验指标一经确定，就应当把衡量和评定指标的原则、标准，测定试验指标的方法及所用的仪器等确定下来。这本身就是一项细致而复杂的研究工作。

影响指标者称为因素，因素在试验中变化的各种状态称为水平。因素的变化引起指标的变化，正交试验法适用于试验中能人为加以控制和调节的因素——可控因素。选好的因素、水平通常列成因素水平对照表。

7.2.2 选择合适的正交表

总原则：能容纳所有考察因素，又使试验量最小。

一般有这样几条规则：

（1）先看水平数　根据水平数选用相应水平的正交表。

（2）其次看试验要求　如只考察主效应，则可选择较小的表，只要所有因素均能顺序上列即可。如果还需考察交互效应，那么就要选用较大的表，而且各因素的排列不能任意上列，要按照各种能考察交互作用的表头设计来安排因素。

（3）再看允许做试验的正交表的次数和有无重点因素要考察　如只允许做 9 次试验，而考察因素只有 3～4 个，则用 3 水平的 $L_9(3^4)$ 表来安排试验。若有重点因素要详细考察，则可选用水平数不等的正交表如 $L_8(4 \times 2^4)$ 等，将重点因素多取几个水平加以详细考察。

① 要求精度高；可选较大 n 值的 L 表。

② 切不可遗漏重要因素，所以可倾向于多考察些因素。

③ 可以先用水平数少的正交表做试验，找出重要因素后，对少数重要因素再作有交互作用的细致考察。

7.2.3 进行表头设计

所谓表头设计，就是将试验因素安排到所选正交表的各列中去的过程。

（1）只考察主效应，不考察交互效应　根据正交表的基本特性，正交表中每一列的位置是一样的，可以任意变换。因此，不考察交互效应的表头设计非常简单，将所有因素任意上列即可。

（2）考察交互作用的表头设计　在进行表头设计时，各因素及各交互作用不能任意安排，必须严格按交互作用列表进行配列。这是有交互作用正交设计的重要特点，也是试验方案设计的关键一步。

避免混杂是表头设计的一个重要原则，也是表头设计选优的一个重要条件。所谓混杂，是指在正交表的同一列中，安排了 2 个或 2 个以上的因素或交互作用。这样，就无法确定同一列中的这些不同因素或交互作用对试验指标的作用效果。因此，为避免混杂，使表头设计合理、更优，那些主要因素、重点考察的因素、涉及交互作用较多的因素，就应该优先安排；而另一些次要因素、涉及交互作用较少的因素和不涉及交互作用的因素，可放在后面安排。表 7-4 是 $L_8(4 \times 2^4)$ 的表头设计。

表 7-4 $L_8(4 \times 2^4)$ 表头设计

处理数	列 号				
	1	2	3	4	5
1	A	B	$(A \times B)_1$	$(A \times B)_2$	$(A \times B)_3$
2	A	B	C	$A \times B$	$A \times B$
		$A \times C$	$A \times B$	$A \times C$	$A \times C$
		B	C	D	$A \times B$
3	A	$A \times C$	$A \times B$	$A \times B$	$A \times C$
		$A \times D$	$A \times D$	$A \times C$	$A \times D$
4	A	B	C	D	E

有时为了满足试验的某些要求或为了减少试验次数，可允许 1 级交互作用间的混杂，可允许次要因素与高级交互作用的混杂，但一般不允许试验因素与 1 级交互作用的混杂。

最后还须指出，没有安排因素或交互作用的列称为空列，它可反映试验误差并以此作为衡量试验因素产生的效应是否可靠的标志。因此，在试验条件允许的情况下，一般都应该设置空列，以此来衡量试验的可靠程度。

7.2.4 排出试验方案

在表头设计的基础上，将所选正交表中各列的不同数字换成对应因素的相应水平，便形成了试验方案。试验方案中的试验号并不意味着实际进行试验的顺序，一般是同时进行。若条件只允许一个一个进行试验，为排除外界干扰，应使试验序号随机化，即采用抽签或查随机数字表的方法确定试验顺序。因为正交表的每一行是等价的，可任意进行行间置换。

另外，安排试验方案时还应将部分因素的水平随机化。如果各因素的水平均按由小到大（或由大到小）排列编号，那么，所有的 1 水平都要碰在一起。这从附录中 L 表可以看得很清楚，几乎所有表中的第一行全是 1 水平。有时这种各因素的最小值水平（或最大值水平）都碰在一起的情况并无实际意义。所以最好是将部分因素的水平随机化，即用抽签办法决定水平的编号，而不是按大小顺序来排列水平，这样可进一步促进正交试验的均衡分散。因为在正交表特性中，正交表中同一列的水平数字可以进行置换。

【例 7-1】 某化工厂为了提高某产品的转化率，研究了反应温度（A）、反应时间（B）和用碱量（C）三个因素对产品转化率的影响，根据具体情况选出每个因素的三个不同水平进行试验。今欲通过试验找出各因素水平的适宜组合，并确定各因素对转化率影响的主次顺序。因素水平对照表见表 7-5，试验结果如表 7-6 所示。

① 明确目的，确定指标。本例是通过研究反应温度、反应时间和用碱量对某产品的转化率的影响，找出适宜的生产条件组合，提高产品的转化率。

② 挑因素，选水平。根据专业知识及本试验前面的结论，并根据正交试验的特点，选定了 3 因素、3 水平的正交试验，列因素水平对照表如表 7-5 所示。

表 7-5 因素水平对照表

水平	A(反应温度)	B(反应时间)	C(用碱量)	D(空列)
1	80℃	90min	5%	
2	85℃	120min	6%	
3	90℃	150min	7%	

③ 选择正交表。此为 3 因素 3 水平试验，因此选用 3 水平表；本试验不考虑交互作用，一共有 3 个因素，要占 3 列，因此选 $L_9(3^4)$ 最合适，并且有 1 个空列，可以用来估算试验误差，以衡量试验的可靠性。

④ 作表头设计。不考虑交互作用，所以因素可以占任意列。

⑤ 排出试验方案。将各考察因素每列中的数字换成相应的水平的实际数值。如表 7-6 所示。

表 7-6　试验方案

试验号	A	B	C	D	转化率/%
1	1	1	1	1	31
2	1	2	2	2	54
3	1	3	3	3	38
4	2	1	2	3	53
5	2	2	3	1	49
6	2	3	1	2	42
7	3	1	3	2	57
8	3	2	1	3	62
9	3	3	2	1	64

【例 7-2】　要生产某种食品添加剂，根据试验发现影响添加剂收率的因素有 4 个，每个因素设置 2 种水平（表 7-7）。

表 7-7　某种食品添加剂试验的因素水平对照表

水平	因素			
	A(温度)	B(时间)	C(配比)	D(真空度)
1	75℃	2h	2/1	53.32kPa
2	90℃	3h	3/1	66.65kPa

本例有 4 个因素，如果安排在 $L_8(2^7)$ 表中，从表 7-2 $L_8(2^7)$ 表头设计可以查出，4 个因素应安排在 1，2，4，7 列为好，这样考察 4 个因素各自的效应都不会与交互作用混杂。另外根据专业知识可知，D 因素与 A，B，C 3 因素之间没有或者少有交互作用。故将 D 因素安排在第七列，则 3，5，6 列就仅为 $A \times B$，$A \times C$ 和 $B \times C$ 单独的交互作用。

7.3　正交试验的结果分析

凡采用正交表设计的试验，都可用正交表分析试验的结果。对正交试验的结果分析有直观分析和方差分析 2 种方法，现分别予以介绍。

7.3.1　直观分析法（极差分析法）

（1）不考虑交互作用的分析法　现对例 7-1 进行分析，该试验的结果见表 7-8。

表 7-8　试验方案和结果极差分析

试验号	A	B	C	D	转化率/%
1	1	1	1	1	31
2	1	2	2	2	54
3	1	3	3	3	38
4	2	1	2	3	53
5	2	2	3	1	49
6	2	3	1	2	42
7	3	1	3	2	57
8	3	2	1	3	62
9	3	3	2	1	64
K_1	123	141	135		
K_2	144	165	171		
K_3	183	144	144		
$\overline{K}_1$	41	47	45		
$\overline{K}_2$	48	55	57		
$\overline{K}_3$	61	48	48		
R	20	8	12		

分析方法：首先从 9 个处理中直观地找出最优处理组合为 9 号处理，即 $A_3B_3C_2$，指标为 64；其次为 8 号处理 $A_3B_2C_1$，指标为 62，但是究竟哪一个是最好的指标呢？现在通过直观分析进行验证。

① 计算 K_i 值和 $\overline{K}_i$ 值。K_i 为同一水平试验之和，在这里，K_1 为水平 1 的 3 次指标值之和，K_2 为水平 2 的 3 次指标值之和，K_3 为水平 3 的 3 次指标值之和。$\overline{K}_i = K_i/n$，这里 $n=3$。K_i 值和 $\overline{K}_i$ 值的计算结果见表 7-8。

② 计算各因素列的极差 R，R 表示该因素在其取值范围内试验指标变化的幅度。

$$R = \overline{K}_{i\max} - \overline{K}_{i\min}$$

③ 根据极差 R 的大小，进行因素的主次排队。R 越大，表示该因素的水平变化对试验的影响越大，因此在本试验中这个因素就越重要，反之，R 越小，这个因素就越不重要。

比较本试验中 A，B，C 3 个因素中 R 值的大小，可以看出 A 因素，即反应温度是最重要因素，其次为 C 因素，即用碱量，而 B 因素，即反应时间对结果的影响较小。3 个因素的主次关系是：

主 —————→ 次
A　C　B

④ 作因素水平效应图。为了更为直观起见，还可以用作图的方法把因素与水平的变动情况表示出来。方法是用各因素的水平作横坐标，各水平的平均值作纵坐标作图（图 7-1）。

⑤ 计算空列的 R_e 值，以确定误差界限并以此判断各因素的可靠性，各因素的效应是否真正对试验有影响，须将其 R 值与空列的 R 值相比较。因为在有空列的正交试验中，空列的 R 值 R_e 代表了试验误差（当然其中包括了一些交互作用的影响），所以各因素指标的 R 值只有大于 R_e 才能表示其因素的效应存在，所以空列的 R_e 在这里是判断各试验因素的效应 R 是否可靠的界限。

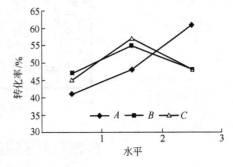

图 7-1　因素水平效应图

⑥ 选出最优的水平组合，即根据因素的主次顺序，将对试验有主要影响的因素，选出最好水平；而对于次要因素，既可以根据试验选取最好水平，又可以根据某些既定条件，例如操作性强或者操作方便、经济实惠、节省开支等来选取因素的各具体水平。

通过以上分析可以看出，虽然正交设计的试验点并不一定包括了全面试验的最优试验组合，但是通过正交试验，不但可以对列入了试验的水平组合做出评价，而且也能通过对试验的分析找出试验点以外的最优处理组合，这是全面试验比之不及的优点。但是当找出的最优水平组合与实际得到的最优水平组合不一致时，则往往需要做验证性试验，以判断通过理论分析得出的最佳水平组合是否就是真正的最佳组合。

（2）考虑交互作用的结果分析方法　考虑交互作用的试验结果的分析方法与前面并无本质不同，只是应把每个互作当成一个因素看待进行分析，并根据互作的效应，选择出最优试验组合。

7.3.2　方差分析法与 SPSS 实现

该节主要介绍无重复正交试验的方差分析，有重复正交试验的方差分析和有交互作用的正交试验的方差分析。利用 SPSS 进行有重复正交试验和无重复正交试验方差分析的最大区别是无重复正交试验必须留有空列，用空列来估算试验误差，在 SPSS 分析的"Univariate"对话框中，"空列"不能作为因子选入"Fixed Factor（s）"栏内，否则 SPSS 不能正常工作。

（1）无重复正交试验的方差分析　这种方法要求用正交表进行试验设计时，必须留有不排入因素或互作的空列，用来估算试验误差。

【例 7-3】　某化工厂为了提高产品的转化率，研究了反应温度（A），反应时间（B）和用碱量（C）三个因素对产品转化率的影响，根据具体情况选出每个因素的三个不同水平进行试验。拟通过试验找出各因素水平的适宜组合，并确定各因素对转化率影响的主次顺序。因子水平对照表见表 7-5，试验结果如表 7-6 所示。

操作步骤如下。

Step1：将表 7-6 数据输入 SPSS 数据编辑窗口后，如图 7-2 所示。依次选择"Analyze→General Linear Model→Univariate…"，即可打开【Univariate】主对话框，如图 7-3 和图 7-4 所示。

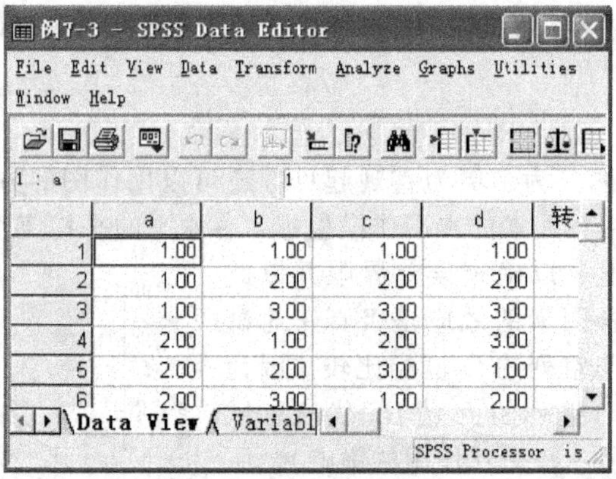

图 7-2　数据输入格式

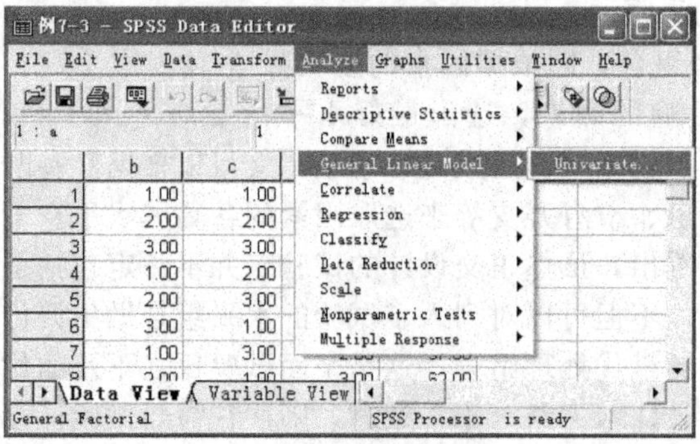

图 7-3　SPSS 数据编辑窗口

Step2：将左边"转化率"变量选入右边"Dependent Variable"（因变量列表），"a"、"b"和"c"项目选入"Fixed Factor（s）"（自变量），"d"因子不动，用于估算试验误差［这里千万不要把"d"因子选入"Fixed Factor（s）"，否则 SPSS 无法正常工作］。如图7-4 所示。

Step3：选择【Model…】按钮，打开【Univariate Model】子对话框，如图 7-5 所示。在此对话框中选择"Custom"（自定义模型），将左边"a"、"b"和"c"项目选入"Model"中。按【Continue】按钮返回【Univariate】主对话框。

Step4：选择【Post Hoc…】打开【Post Hoc Multiple Comparisons for…】对话框，将左边

172

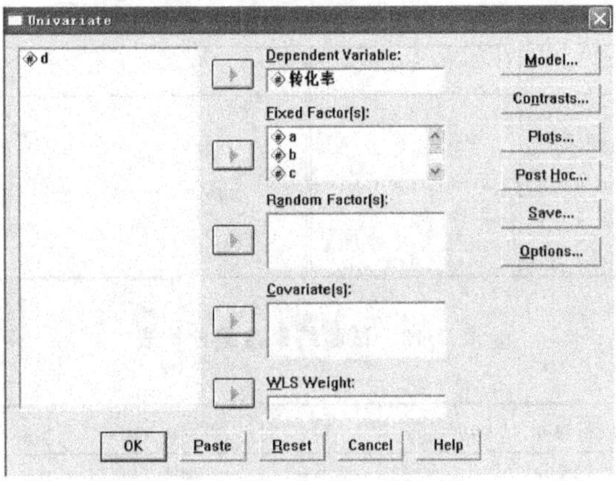

图 7-4 【Univariate】对话框

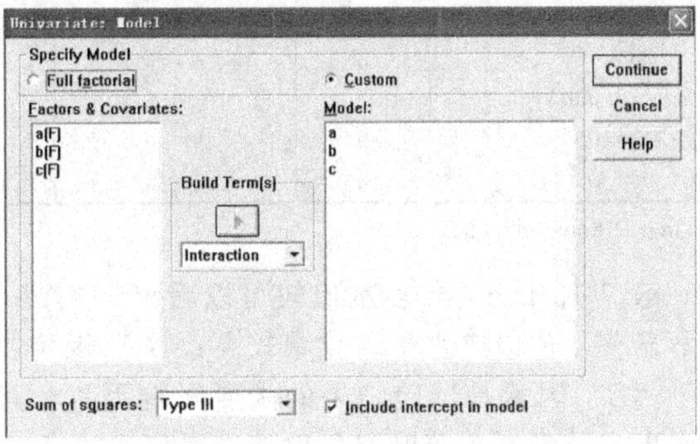

图 7-5 【Univariate Model】对话框

"a"、"b" 和 "c" 项目选入 "Post Hoc Tests for" 中。选择 "Duncan"，单击【Continue】返回【Univariate】主对话框，如图 7-6 所示。

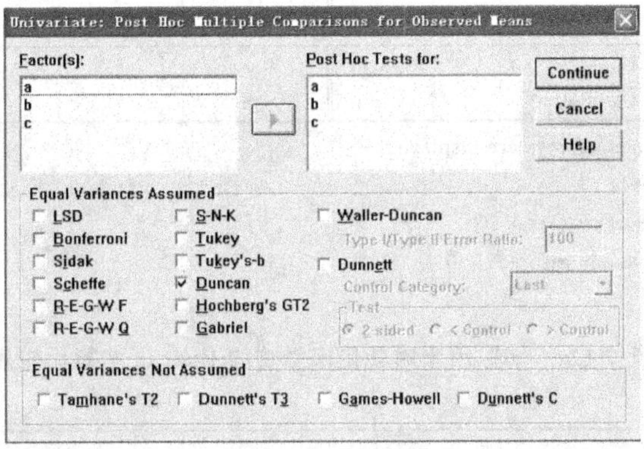

图 7-6 【Univariate：Post Hoc Multiple Comparisons for Observed Means】对话框

Step5：单击【OK】完成。

输出结果及分析：

由表 7-9 可知，因素 "A"、"B" 和 "C" 均有 3 个水平，每个水平有 3 次重复。

由表 7-10 可知，因素 "A"，$F=34.333$；"B"，$F=6.333$；"C"，$F=13.000$。而只有 "A" 因素的 Sig. 值小于 0.05，"B" 和 "C" 的 Sig. 值均大于 0.05，说明 "A" 因素对试验结果有显著影响，而 "B" 因素和 "C" 因素对试验结果影响差异不显著。

表 7-9　自变量概况表

		N			N
A	1.00	3		3.00	3
	2.00	3	C	1.00	3
	3.00	3		2.00	3
B	1.00	3		3.00	3
	2.00	3			

表 7-10　试验结果方差分析表

Dependent Variable：转化率

Source	TypeⅢ Sum of Squares	df	Mean Square	F	Sig.
Corrected Model	966.000[a]	6	161.000	17.889	.054
Intercept	22500.000	1	22500.000	2500.000	.000
A	618.000	2	309.000	34.333	.028
B	114.000	2	57.000	6.333	.136
C	234.000	2	117.000	13.000	.071
Error	18.000	2	9.000		
Total	23484.000	9			
Corrected Total	984.000	8			

a. R Squared＝.982（Adjusted R Squared＝.927）

由表 7-11、表 7-12、表 7-13 Duncan 多重比较可以看出，"A"因素三水平最好；"B"因素三个水平之间差异不显著，但以二水平转化率较高；"C"因素二水平最好，即 $A_3B_2C_2$ 为适宜的试验组合。对于"B"因素是试验结果的次要影响因素，且三个处理差异不显著，可根据操作方便、经济实惠、节省开支等既定条件选取最好水平。

表 7-11　"A"因素对转化率影响的 Duncan 多重比较表

Duncan[a,b]

A	N	Subset 1	Subset 2	A	N	Subset 1	Subset 2
1.00	3	41.0000		3.00	3		61.0000
2.00	3	48.0000		Sig.		.104	1.000

Means for groups in homogeneous subsets are displayed.

Based on Type Ⅲ Sum of Squares

The error term is Mean Square（Error）＝9.000.

a. Uses Harmonic Mean Sample Size＝3.000.

b. Alpha＝.05.

表 7-12　"B"因素对转化率影响的 Duncan 多重比较表

Duncan[a,b]

B	N	Subset 1	B	N	Subset 1
1.00	3	41.0000	2.00	3	55.0000
3.00	3	48.0000	Sig.		.076

Means for groups in homogeneous subsets are displayed.

Based on Type Ⅲ Sum of Squares

The error term is Mean Square（Error）＝9.000.

a. Uses Harmonic Mean Sample Size＝3.000.

b. Alpha＝.05.

表 7-13　"C"因素对转化率影响的 Duncan 多重比较表

Duncan[a,b]

C	N	Subset		C	N	Subset	
		1	2			1	2
1.00	3	45.0000		2.00	3		57.0000
3.00	3	48.0000	48.0000	Sig.		.345	.067

Means for groups in homogeneous subsets are displayed.

Based on Type Ⅲ Sum of Squares

The error term is Mean Square (Error)=9.000.

　　a. Uses Harmonic Mean Sample Size=3.000.

　　b. Alpha=.05.

（2）有重复正交试验的方差分析　先举一个不考虑交互作用的例子。

【例 7-4】为了提高炒青绿茶品质，研究了茶园施肥 3 要素配合比例（A）和用量（D），鲜叶处理方法（B）和制茶工艺方法（C）4 个因素对茶叶感官质量的影响，每因素均取 3 个水平，选用 $L_9(3^4)$ 正交表安排试验，重复 2 次。试验方案和各处理的茶叶品质总分如表 7-14 所示，试进行试验结果统计分析。

表 7-14　绿茶品质试验结果 $L_9(3^4)$

实验号	A(配合比例)	B(鲜叶处理)	C(工艺流程)	D(肥料用量)	品质总分	
					Ⅰ	Ⅱ
1	1	1	1	1	78.9	78.1
2	1	2	2	2	77.0	77.0
3	1	3	3	3	77.5	78.5
4	2	1	2	3	80.1	80.9
5	2	2	3	1	77.6	78.4
6	2	3	1	2	78	79
7	3	1	3	2	76.7	76.3
8	3	2	1	3	81.3	82.7
9	3	3	2	1	79.5	78.5

操作步骤如下。

Step1：将表 7-14 数据输入 SPSS 数据编辑窗口后，依次选择 "Analyze→General Linear Model→Univariate…"，即可打开【Univariate】主对话框，如图 7-7 和图 7-8 所示。

Step2：将左边 "品质" 变量选入右边 "Dependent Variable"（因变量列表）栏内，"配合

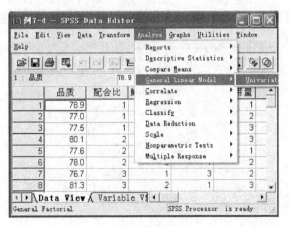

图 7-7　SPSS 数据编辑窗口

比"、"鲜叶处理"、"工艺流程"、"肥料用量"项目选入"Fixed Factor（s）"（固定因子）栏内，如图7-8所示。

图 7-8　【Univariate】对话框

Step3：选择【Model...】按钮，打开【Univariate Model】子对话框，如图7-9所示。在此对话框中选择"Custom"（自定义模型），将左边"配合比"、"鲜叶处理"、"工艺流程"、"肥料用量"项目选入"Model"栏中。按【Continue】按钮返回【Univariate】主对话框。

图 7-9　【Univariate Model】对话框

Step4：选择【Post Hoc...】打开【Post Hoc Multiple Comparisons for…】对话框，将左边"配合比"、"鲜叶处理"、"工艺流程"、"肥料用量"项目选入"Post Hoc Tests for"栏中。选择"Duncan"，单击【Continue】返回【Univariate】主对话框，如图7-10所示。

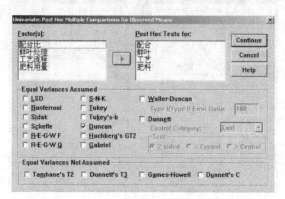

图 7-10　【Univariate：Post Hoc Multiple Comparisons for Observed Means】对话框

Step5：单击【OK】完成。

输出结果及分析：

由表 7-15 可知，因素"配合比"、"鲜叶处理"、"工艺流程"、"肥料用量"均有 3 个水平，每个水平有 2 次重复，每个水平在试验组合中出现 6 次。

表 7-15　自变量概况表

		N			N
配合比	1	6	工艺流程	1	6
	2	6		2	6
	3	6		3	6
鲜叶处理	1	6	肥料用量	1	6
	2	6		2	6
	3	6		3	6

由表 7-16 可知，因素"肥料用量" $F = 31.108$、"工艺流程" $F = 18.324$、"配合比" $F = 8.097$、"鲜叶处理" $F = 1.278$，而"肥料用量"、"工艺流程"和"配合比"的 Sig. 值均小于 0.05，"鲜叶处理"的 Sig. 值大于 0.05，说明"肥料用量"、"工艺流程"和"配合比"对试验结果有显著影响，而"鲜叶处理"对试验结果影响差异不显著。

表 7-16　试验结果方差分析表

Dependent Variable：品质

Source	Type Ⅲ Sum of Squares	df	Mean Square	F	Sig.
Corrected Model	46.000ᵃ	8	5.750	14.702	.000
Intercept	111392.000	1	111392.000	284809.1	.000
配合比	6.333	2	3.167	8.097	.010
鲜叶处理	1.000	2	.500	1.278	.325
工艺流程	14.333	2	7.167	18.324	.001
肥料用量	24.333	2	12.167	31.108	.000
Error	3.520	9	.391		
Total	111441.520	18			
Corrected Total	49.520	17			

a. R Squared＝.929（Adjusted R Squared＝.866）

由表 7-17、表 7-18、表 7-19、表 7-20 Duncan 多重比较可以看出，"配合比"三水平最好，"鲜叶处理"三个水平之间差异不显著，"工艺流程"一水平最好，"肥料用量"三水平最好，即 $A_3C_1D_3$ 为最好的试验组合。对于 B 因素"鲜叶处理"是试验结果的次要影响因素，且三个处理差异不显著，可根据操作方便、经济实惠、节省开支等既定条件选取最好水平。

表 7-17　"配合比"对品质的影响 Duncan 多重比较表

Duncanᵃ·ᵇ

配合比	N	Subset		配合比	N	Subset	
		1	2			1	2
1	6	77.833		3	6		79.167
2	6		79.000	Sig.		1.000	.655

Means for groups in homogeneous subsets are displayed.

Based on Type Ⅲ Sum of Squares

The error term is Mean Square（Error）＝.391.

a. Uses Harmonic Mean Sample Size＝6.000.

b. Alpha＝.05.

表 7-18 "鲜叶处理"对品质的影响 Duncan 多重比较表

Duncan[a,b]

鲜叶处理	N	Subset	鲜叶处理	N	Subset
		1			1
1	6	78.500	2	6	79.000
3	6	78.500	Sig.		.218

Means for groups in homogeneous subsets are displayed.

Based on Type Ⅲ Sum of Squares

The error term is Mean Square (Error)=.391.

    a. Uses Harmonic Mean Sample Size=6.000.

    b. Alpha=.05.

表 7-19 "工艺流程"对品质的影响 Duncan 多重比较表

Duncan[a,b]

工艺流程	N	Subset			工艺流程	N	Subset		
		1	2	3			1	2	3
3	6	77.500			1	6			79.667
2	6		78.833		Sig.		1.000	1.000	1.000

Means for groups in homogeneous subsets are displayed.

Based on Type Ⅲ Sum of Squares

The error term is Mean Square (Error)=.391.

    a. Uses Harmonic Mean Sample Size=6.000.

    b. Alpha=.05.

表 7-20 "肥料用量"对品质的影响 Duncan 多重比较表

Duncan[a,b]

肥料用量	N	Subset			肥料用量	N	Subset		
		1	2	3			1	2	3
2	6	77.333			3	6			80.167
1	6		78.500		Sig.		1.000	1.000	1.000

Means for groups in homogeneous subsets are displayed.

Based on Type Ⅲ Sum of Squares

The error term is Mean Square (Error)=.391.

    a. Uses Harmonic Mean Sample Size=6.000.

    b. Alpha=.05.

    (3) 有交互作用的正交试验的方差分析　下面举一个有交互作用的例子。

【例 7-5】　为降低冬枣贮藏过程中的腐烂率，提高冬枣贮藏保鲜质量，研究了贮藏条件对腐烂率的影响，试验因素有贮藏温度（A），贮藏环境相对湿度（B）和 氧气浓度（C）3 个因素，每个处理 2 个水平，进行正交试验，并要分析它们之间的交互作用。由于要考察交互作用，又不想重复，所以选用 $L_8(2^7)$ 正交表安排试验，试验结果如表 7-21 所示。试进行试验结果统计分析。

这是一个没有重复的 2^3 正交试验。直观分析结果表明，影响冬枣腐烂率的因素的主次顺序为 $B \times C$，A，$A \times C$，B 等，由于交互作用起主要作用，因而必须经过严格的方差分析，才能推断出好的处理。

操作步骤如下。

Step1：将表 7-21 数据输入 SPSS 数据编辑窗口后，依次选择"Analyze→General Linear Model→Univariate…"，即可打开【Univariate】主对话框，如图 7-11 和图 7-12 所示。

表 7-21　冬枣贮藏试验结果

试验号	A	B	$A \times B$	C	$A \times C$	$B \times C$	$A \times B \times C$	腐烂率/%
1	1	1	1	1	1	1	1	7.7
2	1	1	1	2	2	2	2	6.1
3	1	2	2	1	1	2	2	6.0
4	1	2	2	2	2	1	1	17.7
5	2	1	2	1	2	1	2	17.3
6	2	1	2	2	1	2	1	10.5
7	2	2	1	1	2	2	1	13.3
8	2	2	1	2	1	1	2	16.2
K_1	37.5	41.6	43.3	44.3	40.4	58.9	49.2	
K_2	57.3	53.2	51.5	50.5	54.4	35.9	45.6	
$\overline{K}_1$	9.375	10.400	10.825	11.075	10.100	14.725	12.300	
$\overline{K}_2$	14.325	13.300	12.875	12.625	13.600	8.875	11.400	
R	4.95	2.90	2.05	1.55	3.50	5.85	0.90	

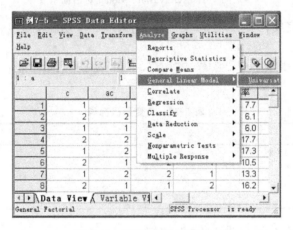

图 7-11　SPSS 数据编辑窗口

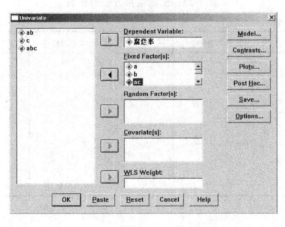

图 7-12　Univariate 对话框

Step2：将左边"腐烂率"变量选入右边"Dependent Variable"（因变量列表）栏内，a、b、ac、bc 项目选入"Fixed Factor（s）"（自变量）栏内，将极差较小的 ab、c 和 abc 三列用于估算试验误差。如图 7-12 所示。

Step3：选择【Model...】按钮，打开【Univariate Model】子对话框，如图 7-13 所示。在此对话框中选择"Custom"（自定义模型），将左边 a、b、ac、bc 项目选入"Model"中。按【Continue】按钮返回【Univariate】主对话框。

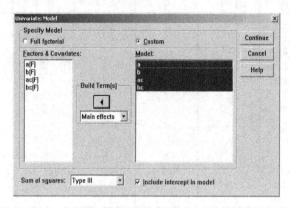

图 7-13　Univariate Model 对话框

Step4：单击【OK】完成。

输出结果及分析：

由表 7-22 可知，因素"A"、"B"、"AC"、"BC"均有 2 个水平，每个水平在试验组合中出现 4 次。

表 7-22　自变量概况表

		N			N
A	1	4	AC	1	4
	2	4		2	4
B	1	4	BC	1	4
	2	4		2	4

方差分析结果如表 7-23 所示。

表 7-23　试验结果方差分析表

Dependent Variable：腐烂率

Source	TypeⅢ Sum of Squares	df	Mean Square	F	Sig.
Corrected Model	156.450[a]	4	39.113	7.912	.060
Intercept	1123.380	1	1123.380	227.252	.001
A	49.005	1	49.005	9.913	.051
B	16.820	1	16.820	3.403	.162
AC	24.500	1	24.500	4.956	.112
BC	66.125	1	66.125	13.377	.035
Error	14.830	3	4.943		
Total	1294.660	8			
Corrected Total	171.280	7			

a. R Squared＝.913 （Adjusted R Squared＝.798）

统计分析结果表明，A 在 $\alpha=0.10$ 水平上显著，$B \times C$ 在 $\alpha=0.05$ 水平上显著。就 A 而言，A_1 优于 A_2；就 $B_j C_k$ 而言，$B_1 C_1$ 均值为 12.5，$B_1 C_2$ 为 8.3，即固定 B_1 时，C_2 优于 C_1；$B_2 C_1$ 均值为 9.65，$B_2 C_2$ 为 16.95，即固定 B_2 时，C_1 优于 C_2；同样可得，固定 C_1 时，B_2 优于 B_1；固定 C_2 时，B_1 优于 B_2；综合上述结果，应该采用 $A_1 B_1 C_2$ 或 $A_1 B_2 C_1$ 条

件贮藏冬枣腐烂率较低。

复 习 思 考 题

1. 什么叫正交设计？有何特点？
2. 简述正交试验设计的基本步骤？
3. 什么叫表头设计？进行表头设计应注意哪些问题？
4. 试利用 SPSS 对表 7-24 的试验结果进行方差分析。

表 7-24　鸭肉保鲜天然复合添加剂筛选的试验结果

试验号	A(茶多酚浓度)	B(增效剂种类)	C(被膜剂种类)	D(浸泡时间)	E(空列)	试验的综合衡量指标
1	1	2	3	3	2	36.20
2	2	4	1	2	2	31.54
3	3	4	3	4	3	30.09
4	4	2	1	1	3	29.32
5	1	3	1	4	4	31.77
6	2	1	3	1	4	35.02
7	3	1	1	3	1	32.37
8	4	1	3	2	1	32.64
9	1	1	4	2	3	38.79
10	2	3	3	3	3	30.90
11	3	3	4	1	2	32.87
12	4	1	2	4	2	34.54
13	1	4	2	1	1	38.02
14	2	4	4	4	1	35.62
15	3	2	2	2	4	34.02
16	4	4	4	3	4	32.80

第8章 回归的正交设计

教学目标

1. 掌握一次回归正交设计及统计分析方法
2. 掌握二次回归正交组合设计及统计分析方法

正交设计是一种重要的科学试验设计方法，它能够利用较少的试验次数，获得较佳的试验结果。但是正交设计不能在一定的试验范围内，根据数据样本，去确定变量间的相关关系及其相应的回归方程。如果使用传统的回归分析，又只能被动地去处理由试验所得到的数据，而对试验的设计安排几乎不提出任何要求。这样不仅盲目地增加了试验次数，而且由数据所分析出的结果还往往不能提供充分的信息，造成在多因素试验的分析中，由于设计的缺陷而达不到预期的试验目的。因而有必要引入把回归与正交结合在一起的试验设计与统计分析方法——回归正交设计。

回归设计就是在因子空间选择适当的试验点，以较少的试验处理建立一个有效的多项式回归方程，从而解决生产中的最优化问题，这种试验设计方法称为回归设计。

随着生产与科学技术的发展，在工农业生产中为了实现以较少的生产投资获得最大的经济效益，经常需要寻求某种产品、材料试验的最佳配方、试验条件与工艺参数以及建立生产过程的数学模型，特别是以较少的试验次数和数据分析去选择试验点，使得在每个试验点上能获得比较充分、有用的信息，减少试验次数，并使其数据分析能提供更为科学、充分、有用的信息。解决上述问题比较理想的方法就是通过回归设计进行试验，建立相应的数学模型，寻求最佳生产条件和最优配方。

回归设计始于20世纪50年代初期，发展至今其内容已相当丰富，包括回归的正交设计、回归的旋转设计、回归的最优设计以及回归的混料设计等。本章只介绍回归的正交设计。

8.1 一次回归正交设计与统计分析

当试验研究的因变量（如加工罐头质量）与各自变量（如杀菌方式、产品配料等）之间呈线性关系时，可采用一次回归正交设计的方法。

8.1.1 一次回归正交设计的一般方法

一次回归正交设计的方法原理与正交设计类似，主要是应用二水平正交表进行设计，如 $L_4(2^3)$、$L_8(2^7)$、$L_{12}(2^{11})$、$L_{16}(2^{15})$ 等，其设计的一般步骤如下述。

（1）确定试验因素的变化范围 根据试验研究的目的和要求确定试验因素数 m，并在此基础上拟订出每个因素 Z_j 的变化范围。回归正交试验设计的因素一般都大于3个，但也不能太多，否则处理过多，方案难以实施。各试验因素取值最高的那个水平称为上水平，以 Z_{2j} 表示；取值最低的那个水平称为下水平，以 Z_{1j} 表示；两者之算术平均数称为零水平，以 Z_{0j} 表示，则

$$Z_{0j} = (Z_{2j} + Z_{1j})/2 \tag{8-1}$$

上水平和零水平之差称为因素 Z_j 的变化间距，以 Δ_j 表示，即

$$\Delta_j = Z_{2j} - Z_{0j} \qquad \Delta_j = (Z_{2j} - Z_{1j})/2 \tag{8-2}$$

（2）对因素 Z_j 的各水平进行编码　对因素 Z_j 的各水平进行编码，即对 Z_j 的各水平进行线性变换，其计算公式为

$$x_{ij} = (Z_{ij} - Z_{0j})/\Delta_j \tag{8-3}$$

例如，某试验的第一个因素，其 $Z_{11}=4$，$Z_{21}=12$，$Z_{01}=8$，则各水平的编码值为

$$x_{11} = (Z_{11} - Z_{01})/\Delta_1 = (4-8)/4 = -1$$
$$x_{01} = (Z_{01} - Z_{01})/\Delta_1 = (8-8)/4 = 0$$
$$x_{21} = (Z_{21} - Z_{01})/\Delta_1 = (12-8)/4 = 1$$

经过上述编码，就确定了因素 Z_j 与 x_i 的一一对应关系，即

$$下水平\ 4(Z_{11}) \longleftrightarrow -1(x_{11})$$
$$零水平\ 8(Z_{01}) \longleftrightarrow 0(x_{01})$$
$$上水平\ 12(Z_{21}) \longleftrightarrow +1(x_{21})$$

对因素 Z_j 的各水平进行编码的目的是为了使供试因素 Z_j 各水平在编码空间是"平等"的，即它们的取值都是在 $[1,-1]$ 区间内变化，而不受原因素 Z_j 的单位和取值大小的影响。因此，在对供试因素 Z_j 各水平进行了以上的编码以后，就把试验结果 y 对供试因素各水平 $Z_{i1}, Z_{i2}, \cdots, Z_{im}$ 的回归问题转化为在编码空间试验结果 y 对编码值 $x_{i1}, x_{i2}, \cdots, x_{im}$ 的回归问题。因此，我们可以在以 x_1，x_2，$\cdots$，x_m 为坐标轴的编码空间中选择试验点，进行回归设计。这样的设计还大大简化计算手续。今后，不论是一次回归设计还是二次回归设计，我们都先将各因素进行编码，再去求试验指标 y 对 $x_1, x_2, \cdots, x_m$ 的回归方程，这种方法在试验设计中是经常被采用的。

（3）选择适合的 2 水平正交表进行设计　在应用 2 水平正交表进行回归设计时，需以"-1"代换表中的"2"，以"$+1$"代换表中的"1"，并增加"0"水平。这种变换的目的是为了适应对因素水平进行编码的需要，代换后正交表中的"$+1$"和"-1"不仅表示因素水平的不同状态，而且表示因素水平数量变化的大小。原正交表经过上述代换，其交互作用列可以直接从表中相应几列对应元素相乘而得到。因此原正交表的交互作用列表也就不用了，这一点较原正交表使用更为方便。

在具体进行设计时，首先将各因素分别安排在所选正交表相应列上，然后将每个因素的各个水平填入相应的编码值中，就得到了一次回归正交设计方案。例如：现有某 3 因素食品调香试验，3 个因素，即 Z_1（香精用量）、Z_2（着香时间）、Z_3（着香温度），其因素水平及编码值如表 8-1 所示。

表 8-1　3 因素试验水平取值及编码表

因素	$Z_1/\mathrm{mL \cdot kg^{-1}}$	Z_2/h	$Z_3/℃$
上水平（+1）	17	22.6	45.7
零水平（0）	12	16	35
下水平（−1）	7	9.4	24.3
变化间距（Δ_j）	5	6.6	10.7

本试验为 3 个因素。如果除了考察主效应外，还需考察交互作用，则可选用 $L_8(2^7)$ 进行设计，即将正交表中的"1"改为"$+1$"，"2"改为"-1"，且把 x_1、x_2、x_3 放在 1,2,4 列上。这时只要将各供试因素 Z_j 的每个水平填入相应的编码值中，并在"0"水平处（中心区）安排适当的重复试验，即可得到试验处理方案，如表 8-2 所示。

在零水平处安排重复试验的主要作用，一方面在于对试验结果进行统计分析时能够检验一次回归方程中各参试结果在被研究区域内与基准水平（即零水平）的拟合情况；另一方面

表 8-2　三元一次回归正交设计试验方案

处理号	$x_1(Z_1)$	$x_2(Z_2)$	$x_3(Z_3)$
1	1(17)	1(22.6)	1(45.7)
2	1(17)	1(22.6)	-1(24.3)
3	1(17)	-1(9.4)	1(45.7)
4	1(17)	-1(9.4)	-1(24.3)
5	-1(7)	1(22.6)	1(45.7)
6	-1(7)	1(22.6)	-1(24.3)
7	-1(7)	-1(9.4)	1(45.7)
8	-1(7)	-1(9.4)	-1(24.3)
9	0(12)	0(16)	0(35)
⋮	⋮	⋮	⋮
N	0(12)	0(16)	0(35)

当一次回归正交设计属饱和安排时，可以提供剩余自由度，以提高试验误差估计的精确度和准确度。所谓基准水平（零水平）重复试验，就是指所有供试因素 Z_j 的水平编码值均取零水平的水平组合重复进行若干次试验。例如表 8-2 中零水平试验由 $Z_1 = 12$（mg/kg 物料），$Z_2 = 16$(h)，$Z_3 = 35$(℃) 所组成的水平组合。至于基准水平的重复试验应安排多少次，主要应根据对试验的要求和实际情况而定。一般来讲，当试验要进行实拟性检验时，基准水平的试验应该至少重复 2～6 次。

8.1.2　一次回归正交设计实例与 SPSS 实现

多元线性回归的模型为

$$y = b_0 + b_1 x_{i1} + b_2 x_{i2} + \cdots + b_n x_{in} \quad i = 1, 2, \cdots, n \tag{8-4}$$

模型中各系数与常数项通常利用最小二乘法求得。与一元线性回归一样，进行多元线性回归也需要进行回归系数的检验，需要估计回归系数的置信区间，需要进行预测与假设方面的讨论。根据多元回归时自变量选择的不同，多元回归可以采用不同的计算方法，如全回归法（Enter）、向前法（Forward）、向后法（Backward）和逐步回归法（Stepwise）等，这几种方法具体介绍可参见 5.3.3，这里不再赘述。

【例 8-1】 为了研究贮藏温度、氧气浓度和二氧化碳浓度对苹果硬度的影响，采用一次回归正交设计进行试验。用 Z_1、Z_2、Z_3 分别代表贮藏温度（℃）、氧气浓度（%）和二氧化碳浓度（%），用 y 表示苹果的硬度（kPa）。贮藏 120 天时，测定果实硬度，试建立回归方程并对回归方程进行统计分析。

（1）因素水平及编码　贮藏温度、氧气浓度和二氧化碳浓度的因素水平及编码见表 8-3。由式(8-1)，式(8-2) 和式(8-3) 计算各因素的零水平、变化间隔及水平编码。

表 8-3　贮藏温度、氧气浓度和二氧化碳浓度的水平编码表

项　目	编码 x_{ij}	Z_1(贮藏温度)	Z_2(氧气浓度)	Z_3(二氧化碳浓度)
上水平	+1	4.0	2.0	12.0
零水平	0	6.0	6.0	7.5
下水平	-1	8.0	10.0	3.0
间隔		2.0	4.0	4.5

（2）制定试验方案　根据研究因素的主效应和互作个数，选择相应的 2 水平正交表进行

试验方案设计。本例为 3 因素，1 级互作有 3 个，共 6 列，可选用 $L_8(2^7)$ 正交表经变换后进行试验方案设计。设计时，将由 Z_1，Z_2 和 Z_3 变换的 x_1，x_2 和 x_3 分别置于 $L_8(2^7)$ 表的 1，2，4 列，各列的 +1 和 −1 与相应因素的实际上、下水平对应，零水平（中心区）重复 6 次，具体方案见表 8-4。

表 8-4　一次回归正交设计试验方案

试验号	试验设计			试验方案		
	x_1	x_2	x_3	Z_1	Z_2	Z_3
1	1	1	1	8.0	10.0	12.0
2	1	1	−1	8.0	10.0	3.0
3	1	−1	1	8.0	2.0	12.0
4	1	−1	−1	8.0	2.0	3.0
5	−1	1	1	4.0	10.0	12.0
6	−1	1	−1	4.0	10.0	3.0
7	−1	−1	1	4.0	2.0	12.0
8	−1	−1	−1	4.0	2.0	3.0
9	0	0	0	6.0	6.0	7.5
10	0	0	0	6.0	6.0	7.5
11	0	0	0	6.0	6.0	7.5
12	0	0	0	6.0	6.0	7.5
13	0	0	0	6.0	6.0	7.5
14	0	0	0	6.0	6.0	7.5

（3）建立回归方程　贮藏温度、氧气浓度和二氧化碳浓度的一次回归正交试验结果见表 8-5。

操作步骤如下

Step1：将表 8-5 所示数据输入 SPSS 数据编辑窗口后，依次选中 "Analyze（统计分析）→Regression（回归分析）→Linear（线性）…"，如图 8-1 所示，即可打开【Linear Regression】对话框。

表 8-5　三元一次回归正交设计结构矩阵及计算表

处理号	x_0	x_1	x_2	x_3	$x_1 x_2$	$x_1 x_3$	$x_2 x_3$	y
1	1	1	1	1	1	1	1	500.00
2	1	1	1	−1	1	−1	−1	467.35
3	1	1	−1	1	−1	1	−1	462.65
4	1	1	−1	−1	−1	−1	1	462.30
5	1	−1	1	1	−1	−1	1	463.15
6	1	−1	1	−1	−1	1	−1	463.50
7	1	−1	−1	1	1	−1	−1	460.50
8	1	−1	−1	−1	1	1	1	429.80
9	1	0	0	0	0	0	0	462.50
10	1	0	0	0	0	0	0	465.85
11	1	0	0	0	0	0	0	462.75
12	1	0	0	0	0	0	0	460.00
13	1	0	0	0	0	0	0	463.35
14	1	0	0	0	0	0	0	458.35

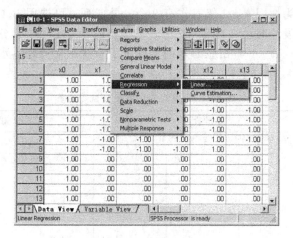

图 8-1　SPSS 数据编辑窗口

Step2：将左边"y"选入右边"Dependent"（因变量）内，"x_0"、"x_1"、"x_2"、"x_3"、"x_{12}"、"x_{13}"、"x_{23}"选入右边"Independent(s)"（自变量）内，在"Method"中选中"Enter"（全回归法）或"Stepwise"（逐步回归法），如图 8-2 所示。

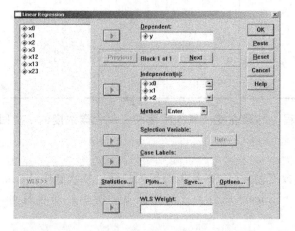

图 8-2　Linear Regression 对话框

Step3：按【Statistics...】按钮后如图 8-3 所示，勾选"Estimates"（估计值）、"Confidence intervals"（置信区间）、"Model fit"（回归模式适合度检验）、"R squared change"（相关系数的平方），并且勾选残差下的"Durbin-Watson"，然后按【Continue】按钮回到【Linear

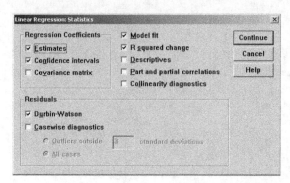

图 8-3　【Linear Regression Statistics】对话框

Regression】对话框。

Step4：按【Options...】按钮，出现【Options】对话框，如图 8-4 所示，然后按【Continue】钮回到主画面。按【OK】结束。

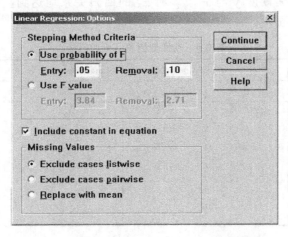

图 8-4　【Linear Regression：Options】对话框

输出结果及分析：

① 用全回归法处理结果如下。

表 8-6 为变量输入输出表。表中第二列为输入的变量，第三列为剔除的变量，第四列表示采用的方法为全回归法。

表 8-6　变量输入输出表

Model	Variables Entered	Variables Removed	Method
1	X23,X13, X12,X3, X2,X1		Enter

a. All requested variables entered.
b. Dependent Variable：Y.

表 8-7　模型综述表

Model	R	R Square	Adjusted R Square	Std. Error of the Estimate
1	.886[a]	.785	.601	8.81782

a. Predictors：(Constant),X23,X13,X12,X3,X2,X1.
b. Dependent Variable：Y.

表 8-7 为模型综述表。包括采用全回归模型进行拟合时的相关系数（R）为 0.886、相关系数的平方（R Square）为 0.785，调整的相关系数平方值（Adjusted R Square）和估计值的标准误差（Std. Error of the Estimate）。

表 8-8 是方差分析表。由于 F 值的显著性概率（Sig.）为 0.039，小于 5%，所以回归达到显著水平，说明果实硬度和各因素之间存在显著的回归关系，试验设计方案是正确的，回归方程式有意义。

表 8-8　方差分析表

Model		Sum of Squares	df	Mean Square	F	Sig.
1	Regression	1992.199	6	332.033	4.270	.039[a]
	Residual	544.278	7	77.754		
	Total	2536.477	13			

a. Predictors：(Constant),X23,X13,X12,X3,X2,X1.
b. Dependent Variable：Y.

表 8-9 为系数分析表，表中列出了常数项和各个自变量对应的非标准化系数（Unstandardized Coefficients）（包括常数项和变量系数的取值 B 及其标准化误差 Std. Error）、标准化系数（Standardized Coefficients）（包括 Beta 值）、t 值和显著性水平（Sig.）。t 值的显著性概率（Sig.）表明，果实硬度 y 与 x_1、x_2 和 x_3 的回归关系均达到显著水平，而一级互作 $x_1 x_2$，$x_1 x_3$，$x_2 x_3$ 均不显著。

表 8-9　系数分析表（全回归法）

Model		Unstandardized Coefficients		Standardized Coefficients	t	Sig.
		B	Std. Error	Beta		
1	(Constant)	463.004	2.357		196.5	.000
	X1	9.419	3.118	.529	3.021	.019
	X2	9.844	3.118	.553	3.158	.016
	X3	7.919	3.118	.445	2.540	.039
	X12	.756	3.118	.042	.243	.815
	X13	.331	3.118	.019	.106	.918
	X23	.156	3.118	.009	.050	.961

a. Dependent Variable：Y

综合以上信息可得，用全回归法求得的多元回归方程式为

$$\hat{y} = 463.004 + 9.419x_1 + 9.844x_2 + 7.919x_3 + 0.756x_1 x_2 + 0.331x_1 x_3 + 0.156x_2 x_3$$

将不显著因子 $x_1 x_2$，$x_1 x_3$，$x_2 x_3$ 剔除后回归方程为

$$\hat{y} = 463.004 + 9.419x_1 + 9.844x_2 + 7.919x_3$$

② 用逐步回归方法处理结果如下。

表 8-10 为采用逐步回归法得到的系数分析表。

表 8-10　系数分析表（逐步回归法）

Model		Unstandardized Coefficients		Standardized Coefficients	t	Sig.
		B	Std. Error	Beta		
1	(Constant)	463.004	3.238		142.996	.000
	X2	9.844	4.283	.553	2.298	.040
2	(Constant)	463.004	2.613		177.184	.000
	X2	9.844	3.457	.553	2.848	.016
	X1	9.419	3.457	.529	2.725	.020
3	(Constant)	463.004	1.982		233.613	.000
	X2	9.844	2.622	.553	3.755	.004
	X1	9.419	2.622	.529	3.592	.005
	X3	7.919	2.622	.445	3.020	.013

a. Dependent Variable：Y

由表 8-10 可知，用逐步回归方法求得的多元回归方程式为

$$\hat{y} = 463.004 + 9.419x_1 + 9.844x_2 + 7.919x_3$$

8.2　二次回归正交组合设计与统计分析

当使用一次回归正交设计时，如果发现拟合程度不理想，就说明使用一次回归设计不合适，需要引入二次回归正交设计。作为寻找最优工艺参数、最佳配比组合和最适研究条件的食品试验研究，其试验多数为二次或更高次反应，因而研究二次回归正交组合设计十分

必要。

8.2.1 二次回归组合设计

当有 m 个自变量时,二次回归方程式的一般形式为

$$y_a = \beta_0 + \sum_{j=1}^{m} \beta_j x_{aj} + \sum_{i<j} \beta_{ij} x_{ai} x_{aj} + \sum_{j=1}^{m} \beta_j x_{aj}^2 + \varepsilon_a$$

回归系数的个数(包括 β_0) $Q = 1 + m + C_m^2 + m = C_{m+2}^2 = (m+2)(m+1)/2$,因此,回归方程的剩余自由度为

$$df_r = N - C_{m+2}^2 \tag{8-5}$$

式中,N 为试验处理数。

为了使回归方程比较可信,要想获得 m 个变量的二次回归方程,全面组合试验的试验处理数 N 至少应该大于 Q,才能使得剩余自由度 df_r 不至于太小;但为了使试验在实际操作中经济可行,试验的处理数 N 又不能太大。因此,试验处理数 N 的确定成为关键。同时,为了计算二次回归方程的系数,每个因素所取的水平数应大于等于 3。故 m 个因素(自变量)的三水平全面试验的试验处理数 $N = 3^m$。

表 8-11 列出了不同自变量数目($m = 2 \sim 6$)时,二次回归下三水平全面试验的剩余自由度 df_r。可见在大多数三水平全面试验中,试验处理数和剩余自由度太大,因而工作量太大,组合设计则可解决这一矛盾。

表 8-11 全面试验与组合设计的剩余自由度

因素数 m	Q	三水平全面试验		组合设计		1/2 实施	
		N	df_r	N	df_r	N	df_r
2	6	9	3	9	3		
3	10	27	17	15	5		
4	15	81	66	25	10		
5	21	243	222	43	22	27	6
6	28	729	701	77	49	45	17

组合设计是指在参试因子(自变量)的编码空间中选择几类不同特点的试验点适当组合而形成试验方案。由于组合设计可选择多种类型的点,且有些类型点的数目又可适当调节,故组合设计要比全面试验灵活,并且也更为科学实用。

二次回归正交组合试验设计,一般由下面 3 种类型的点组合而成。

(1)二水平析因点 这些点的每一个坐标,都分别各自只取 +1 或 −1;这种试验点的个数记为 m_c;当这些点组成二水平全因素试验时,$m_c = 2^m$。若根据正交表配置二水平部分实施(1/2 或 1/4 等)的试验点时,这种试验点的个数 $m_c = 2^{m-1}$ 或 $m_c = 2^{m-2}$。调节这个 m_c,就相应地调节了误差(剩余)自由度 df_r。

(2)轴点 这些点都在坐标轴上,且与坐标原点(中心点)的距离都为 γ,即这些点只有 1 个坐标(自变量)取 γ 或 $-\gamma$,而其余坐标都取零。这些点在坐标图上通常都用星号标出,故又称星号点。其中 γ 称为轴臂或星号臂,是待定参数,可根据正交性或旋转性的要求来确定。这些点的个数为 $2m$,记为 m_r。

(3)原点 原点又称中心点(基准点),即各自变量都取零的点,本试验点可做一次,也可重复多次,其次数记为 m_0。调节 m_0,显然也能相应地调节误差(剩余)自由度 df_r。

上述 3 种类型试验点个数的和,就是组合试验设计的总试验点(处理)数 N,即

$$N = m_c + 2m + m_0 \tag{8-6}$$

例如，$m=2$，二元（x_1 与 x_2）二次回归正交组合设计，由 9 个试验点组成，其试验处理组合如表 8-12 所示。

表 8-12　二元二次回归正交设计水平组合表

处理号	x_1	x_2	说明
1	1	1	
2	1	-1	m_c：二水平（$+1$ 和 -1）的全因素试验点 $2^2=4$
3	-1	1	
4	-1	-1	
5	$+\gamma$	0	
6	$-\gamma$	0	m_γ：分布在 x_1 和 x_2 坐标轴上的试验点 $2\times2=4$
7	0	$+\gamma$	
8	0	$-\gamma$	
9	0	0	m_0：x_1 和 x_2 均取零水平

二元（x_1,x_2）二次回归组合设计的结构矩阵如表 8-13 所示。

表 8-13　二元二次回归组合设计的结构矩阵

实验号	x_0	x_1	x_2	x_1x_2	x_1^2	x_2^2
1	1	1	1	1	1	1
2	1	1	-1	-1	1	1
3	1	-1	1	-1	1	1
4	1	-1	-1	1	1	1
5	1	$+\gamma$	0	0	γ^2	0
6	1	$-\gamma$	0	0	γ^2	0
7	1	0	$+\gamma$	0	0	γ^2
8	1	0	$-\gamma$	0	0	γ^2
9	1	0	0	0	0	0

当 $m=3$，三元（x_1、x_2、x_3）二次回归正交组合设计，则由 15 个试验点组成，其试验水平组合如表 8-14 所示。

表 8-14　三元二次回归正交设计水平组合表

处理号	x_1	x_2	x_3	说　明
1	1	1	1	
2	1	1	-1	
3	1	-1	1	
4	1	-1	-1	这 8 个点组成 2 水平（$+1$ 和 -1）的全因子试验 $2^3=8$
5	-1	1	1	
6	-1	1	-1	
7	-1	-1	1	
8	-1	-1	-1	
9	$+\gamma$	0	0	
10	$-\gamma$	0	0	
11	0	$+\gamma$	0	这 6 个试验点分布在 x_1、x_2、x_3 轴上的试验点
12	0	$-\gamma$	0	
13	0	0	$+\gamma$	
14	0	0	$-\gamma$	
15	0	0	0	由 x_1、x_2、x_3 的零水平组成的中心试验点

三元（x_1、x_2、x_3）二次回归设计的结构矩阵如表 8-15 所示。

表 8-15　三元二次回归组合设计的结构矩阵

试验号	x_0	x_1	x_2	x_3	x_1x_2	x_1x_3	x_2x_3	x_1^2	x_2^2	x_3^2
1	1	1	1	1	1	1	1	1	1	1
2	1	1	1	−1	1	−1	−1	1	1	1
3	1	1	−1	1	−1	1	−1	1	1	1
4	1	1	−1	−1	−1	−1	1	1	1	1
5	1	−1	1	1	−1	−1	1	1	1	1
6	1	−1	1	−1	−1	1	−1	1	1	1
7	1	−1	−1	1	1	−1	−1	1	1	1
8	1	−1	−1	−1	1	1	1	1	1	1
9	1	$+\gamma$	0	0	0	0	0	γ^2	0	0
10	1	$-\gamma$	0	0	0	0	0	γ^2	0	0
11	1	0	$+\gamma$	0	0	0	0	0	γ^2	0
12	1	0	$-\gamma$	0	0	0	0	0	γ^2	0
13	1	0	0	$+\gamma$	0	0	0	0	0	γ^2
14	1	0	0	$-\gamma$	0	0	0	0	0	γ^2
15	1	0	0	0	0	0	0	0	0	0

可以看出，组合设计具有以下明显的优点：它可使剩余自由度 df_r 适中，大大节省试验处理数 N（见表 8-11 及表 8-16），且因子数越多，试验次数减少得越多；组合设计的试验点在因子空间中的分布是较均匀的；组合设计还便于在一次回归的基础上实施。若一次回归不显著，可以在原先的 m_c 个（二水平全面试验的或部分实施的）试验点基础上，补充一些中心点与轴点试验，即可求得二次回归方程，这是组合试验设计的又一个不可比拟的优点。

表 8-16　二次回归组合设计试验点数

因素数 m	选用正交表	表头设计	m_c	$2m$	m_0	N	Q
2	$L_4(2)^3$	1，2 列	$2^2=4$	$2\times2=4$	1	9	6
3	$L_8(2)^7$	1，2，4 列	$2^3=8$	$2\times3=6$	1	15	10
4	$L_{16}(2^{15})$	1，2，4，8 列	$2^4=16$	$2\times4=8$	1	25	15
5	$L_{32}(2)^{31}$	1，2，4，8，16 列	$2^5=32$	$2\times5=10$	1	43	21
5(1/2 实施)	$L_{16}(2)^{15}$	1，2，4，8，15 列	$2^{5-1}=16$	$2\times5=10$	1	27	21

8.2.2　正交性的实现

由表 8-11 和表 8-15 可见，在加入中心点与轴点后，一次项（$x_1,\cdots,x_m$）与乘积项（$x_ix_j,i\neq j$）并没有失去正交性，即 $\sum\limits_{j=1}^{m}x_j=0$ ，$\sum\limits_{i\neq j}x_ix_j=0(i=1,2,\cdots,m)$。而 x_0 项和二次项（$x_1^2,\cdots,x_m^2$）则失去了正交性，即

$$\sum_{a=1}^{N}x_{a0}=m_c+m_0+2m\neq0; \qquad \sum_{a=1}^{N}x_{aj}^2=m_c+2\gamma^2\neq0$$

$$\sum_{a=1}^{N}x_{a0}x_{aj}^2=m_c+m\gamma^2\neq0; \qquad \sum_{a=1}^{N}x_{ai}^2x_{aj}^2=m_c\neq0$$

为了获得正交性，首先应该对平方项 $x_1^2,\cdots,x_m^2$ 进行中心化变换，即令

$$x'_{aj}=x_{aj}^2-\frac{1}{N}\sum_{a=1}^{N}x_{aj}^2=x_{aj}^2-(m_c+2\gamma^2)/N \tag{8-7}$$

$$(j=1,\cdots,m;\ a=1,\cdots,N)$$

这样变换后的 $x'_1,x'_2,\cdots,x'_m$ 项与 x_0 项正交，即

$$\sum_{a=1}^{N} x_{a0} x'_{aj} = 0 \qquad (j = 1, \cdots, m)$$

其次，我们可取适当的轴臂 γ，使变换后的 $x'_1, x'_2, \cdots, x'_m$ 项之间正交，即

$$\sum_{a=1}^{N} x'_{ai} x'_{aj} = 0 (i \neq j, j = 1, 2, \cdots, m) \tag{8-8}$$

将式（8-6）与式（8-5）代入，式（8-8）变为

$$0 = m_c - (m_c + 2\gamma^2)^2 / N = -\frac{4}{N} \left[\gamma^4 + m_c \gamma^2 - \frac{1}{2} m_c (m + \frac{1}{2} m_0) \right]$$

即

$$\gamma^4 + m_c \gamma^2 - \frac{1}{2} m_c (m + \frac{1}{2} m_0) = 0 \tag{8-9}$$

由于 $\gamma > 0$，所以为了达到正交性，使式（8-7），亦即式（8-8）成立，只须使

$$\gamma = \sqrt{\frac{-m_c + \sqrt{m_c^2 + 2m_c(m + m_0/2)}}{2}} \tag{8-10}$$

当试验因素数 m 和零水平重复次数 m_0 确定时，γ 值就可以通过上式计算出来。为了设计方便，将由上式算得的一些常用 γ 值列于表 8-17。

表 8-17　二次回归正交设计常用 γ 值表

m_0	因　素　数 m							
	2	3	4	5(1/2 实施)	5	6(1/2 实施)	6	7(1/2 实施)
1	1.00000	1.21541	1.41421	1.54671	1.59601	1.72443	1.76064	1.88488
2	1.07809	1.28719	1.48258	1.60717	1.66183	1.78419	1.82402	1.94347
3	1.14744	1.35313	1.54671	1.66443	1.72443	1.84139	1.88488	2.00000
4	1.21000	1.41421	1.60717	1.71885	1.78419	1.89629	1.94347	2.05464
5	1.26710	1.47119	1.66443	1.77074	1.84139	1.94910	2.00000	2.10754
6	1.31972	1.52465	1.71885	1.82036	1.89629	2.00000	2.05464	2.15884
7	1.36857	1.57504	1.77074	1.86792	1.94910	2.04915	2.10754	2.20866
8	1.41421	1.62273	1.82036	1.91361	2.00000	2.09668	2.15884	2.25709
9	1.45709	1.66803	1.86792	1.95759	2.04915	2.14272	2.20866	2.30424
10	1.49755	1.71120	1.91361	2.00000	2.09668	2.18738	2.25709	2.35018
11	1.53587	1.75245	1.95759	2.04096	2.14272	2.23073	2.30424	2.39498

例如，在 $m=2$，$m_c = 2^m = 4$ 且 $m_0 = 1$ 的情形下，由表 8-17 可查得 $\gamma = 1$，在此需要对所有平方项进行中心化变换，即

$$x'_{aj} = x_{aj}^2 - 2/3$$

变换后使得 $\sum x'_{aj} = 0$，实现了结构矩阵的正交性。从而可以拟出经中心化变换后的二元二次回归正交组合设计的结构矩阵如表 8-18 所示，类似地可拟出三元二次回归正交组合设计的结构矩阵如表 8-19 所示。

表 8-18　二元二次回归正交组合设计的结构矩阵

实验号	x_0	x_1	x_2	$x_1 x_2$	x'_1	x'_2
1	1	1	1	1	0.333	0.333
2	1	1	−1	−1	0.333	0.333
3	1	−1	1	−1	0.333	0.333
4	1	−1	−1	1	0.333	0.333
5	1	1	0	0	0.333	−0.667
6	1	−1	0	0	0.333	−0.667
7	1	0	1	0	−0.667	0.333
8	1	0	−1	0	−0.667	0.333
9	1	0	0	0	−0.667	−0.667

表 8-19　三元二次回归正交组合设计的结构矩阵

试验号	x_0	x_1	x_2	x_3	x_1x_2	x_1x_3	x_2x_3	x_1'	x_2'	x_3'
1	1	1	1	1	1	1	1	0.27	0.27	0.27
2	1	1	1	−1	1	−1	−1	0.27	0.27	0.27
3	1	1	−1	1	−1	1	−1	0.27	0.27	0.27
4	1	1	−1	−1	−1	−1	1	0.27	0.27	0.27
5	1	−1	1	1	−1	−1	1	0.27	0.27	0.27
6	1	−1	1	−1	−1	1	−1	0.27	0.27	0.27
7	1	−1	−1	1	1	−1	−1	0.27	0.27	0.27
8	1	−1	−1	−1	1	1	1	0.27	0.27	0.27
9	1	1.215	0	0	0	0	0	0.746	−0.73	−0.73
10	1	−1.215	0	0	0	0	0	0.746	−0.73	−0.73
11	1	0	1.215	0	0	0	0	−0.73	0.746	−0.73
12	1	0	−1.215	0	0	0	0	−0.73	0.746	−0.73
13	1	0	0	1.215	0	0	0	−0.73	−0.73	0.746
14	1	0	0	−1.215	0	0	0	−0.73	−0.73	0.746
15	1	0	0	0	0	0	0	−0.73	−0.73	−0.73

8.2.3　二次回归正交组合设计的一般方法

与一次回归正交设计类似，二次回归正交组合设计的方法，同样是在确定试验因素的基础上拟定每个因素的上下水平，上水平以 Z_{2j} 表示，下水平以 Z_{1j} 表示，两者之算术平均数为零水平，以 Z_{0j} 表示，见式(8-1)。把上水平和零水平之差除以参数 γ（γ 值可从表 8-17 查出），称为因素 Z_j 的变化间距，以 Δ_j 表示。即

$$\Delta j = (Z_{2j} - Z_{0j})/\gamma \qquad (8\text{-}11)$$

对每个因素 Z_j 的各个水平进行编码，所谓编码就是对因素水平的取值作如下线性变换，即

$$x_{ij} = (Z_{ij} - Z_{0j})/\Delta_j \qquad (8\text{-}12)$$

这样就建立了各因素 Z_{ij} 与 x_{ij} 取值的一一对应关系，得到如下因素水平编码表（表 8-20）。

表 8-20　因素水平编码表

编码	Z_1	Z_2	…	Z_m
$+\gamma$	Z_{21}	Z_{22}	…	Z_{2m}
$+1$	$Z_{01}+\Delta_1$	$Z_{02}+\Delta_2$	…	$Z_{0m}+\Delta_m$
0	Z_{01}	Z_{02}	…	Z_{0m}
-1	$Z_{01}-\Delta_1$	$Z_{02}-\Delta_2$	…	$Z_{0m}-\Delta_m$
$-\gamma$	Z_{11}	Z_{12}	…	Z_{1m}

根据试验因素的个数，选择适当的二水平正交表，加上 m_γ 与 m_0 的试验点，即设计成试验方案。

8.2.4　二次回归正交组合设计实例与 SPSS 实现

【例 8-2】　用二次回归正交设计分析茶叶出汁率与榨汁压力 p、加压速度 R、物料量 W 和榨汁时间 t 的关系。经初步试验得知，榨汁压力、加压速度、物料量和榨汁时间各因素对出汁率的影响不是简单的线性关系，而且各因素间存在不同程度的交互作用，请用二次回归

正交设计安排试验，建立茶叶出汁率和各影响因素间的回归方程。各因素的变化范围为：压力 p，$5\sim8$at❶（$490\sim784$kPa）；加压速度 R，$1\sim8$at/s（$98\sim748$kPa/s）；物料量 W，$100\sim400$g；榨汁时间 t，$2\sim4$min。

（1）设计方法

① 确定 γ 值、m_c 及 m_0。根据本试验目的和要求，确定 $m_c=2^m=2^3=8$，$m=3$，$m_0=4$，查表 8-17 得 $\gamma=1.414$。

② 确定因素的上、下水平，变化间距以及对因子进行编码（表 8-21）。

表 8-21　三元二次组合设计水平取值及编码表

编码	$x_1(p/\text{at})$	$x_2(R/\text{at·s}^{-1})$	$x_3(W/\text{g})$	$x_4(t/\text{min})$	编码	$x_1(p/\text{at})$	$x_2(R/\text{at·s}^{-1})$	$x_3(W/\text{g})$	$x_4(t/\text{min})$
$+\gamma$	8	8	400	4	-1	5.53	2.236	153	2.354
$+1$	7.47	6.764	347	3.646	$-\gamma$	5	1	100	2
0	6.5	4.5	250	3	Δ_j	0.97	2.26	97	0.647

计算各因素的零水平：

$$Z_{01}=(8+5)/2=6.5$$
$$Z_{02}=(8+1)/2=4.5$$
$$Z_{03}=(400+100)/2=250$$
$$Z_{04}=(4+2)/2=3$$

计算各因素的变化间距：

$$\Delta_{01}=(8-6.5)/1.414=1.06$$
$$\Delta_{02}=(8-4.5)/1.414=2.475$$
$$\Delta_{03}=(400-250)/1.414=106.08$$
$$\Delta_{04}=(4-3)/1.414=0.707$$

③ 列出试验设计及试验方案（表 8-22）。

表 8-22　四元二次回归正交组合设计及实施方案

试验号	试验设计				试验方案			
	Z_1	Z_2	Z_3	Z_4	榨汁压力(p)	加压速度(R)	物料量(W)	榨汁时间(t)
1	1	1	1	1	7.47	6.764	347	3.646
2	1	1	1	-1	7.47	6.764	347	2.354
3	1	1	-1	1	7.47	6.764	153	3.646
4	1	1	-1	-1	7.47	6.764	153	2.354
5	1	-1	1	1	7.47	2.236	347	3.646
6	1	-1	1	-1	7.47	2.236	347	2.354
7	1	-1	-1	1	7.47	2.236	153	3.646
8	1	-1	-1	-1	7.47	2.236	153	2.354
9	-1	1	1	1	5.53	6.764	347	3.646
10	-1	1	1	-1	5.53	6.764	347	2.354
11	-1	1	-1	1	5.53	6.764	153	3.646
12	-1	1	-1	-1	5.53	6.764	153	2.354
13	-1	-1	1	1	5.53	2.236	347	3.646
14	-1	-1	1	-1	5.53	2.236	347	2.354
15	-1	-1	-1	1	5.53	2.236	153	3.646
16	-1	-1	-1	-1	5.53	2.236	153	2.354

---

❶ 1at＝9.807×10^4Pa。

试验号	试验设计				试验方案			
	Z_1	Z_2	Z_3	Z_4	榨汁压力(p)	加压速度(R)	物料量(W)	榨汁时间(t)
17	1.546	0	0	0	8	4.5	250	3
18	−1.546	0	0	0	5	4.5	250	3
19	0	1.546	0	0	6.5	8	250	3
20	0	−1.546	0	0	6.5	1	250	3
21	0	0	1.546	0	6.5	4.5	400	3
22	0	0	−1.546	0	6.5	4.5	100	3
23	0	0	0	1.546	6.5	4.5	250	4
24	0	0	0	−1.546	6.5	4.5	250	2
25	0	0	0	0	6.5	4.5	250	3
26	0	0	0	0	6.5	4.5	250	3
27	0	0	0	0	6.5	4.5	250	3

（2）试验结果的 SPSS 实现　根据四元二次回归正交组合设计的要求，将各自变量的编码填入相应的结构矩阵中（表 8-23），并进行统计分析检验。

表 8-23　四元二次回归正交组合设计结构矩阵及试验结果

试验号	Z_0	Z_1	Z_2	Z_3	Z_4	Z_1Z_2	Z_1Z_3	Z_1Z_4	Z_2Z_3	Z_2Z_4	Z_3Z_4	Z_1'	Z_2'	Z_3'	Z_4'	Y
1	1	1	1	1	1	1	1	1	1	1	1	0.23	0.23	0.23	0.23	43.26
2	1	1	1	1	−1	1	1	−1	1	−1	−1	0.23	0.23	0.23	0.23	39.6
3	1	1	1	−1	1	1	−1	1	−1	1	−1	0.23	0.23	0.23	0.23	48.73
4	1	1	1	−1	−1	1	−1	−1	−1	−1	1	0.23	0.23	0.23	0.23	48.73
5	1	1	−1	1	1	−1	1	1	−1	−1	1	0.23	0.23	0.23	0.23	47.26
6	1	1	−1	1	−1	−1	1	−1	−1	1	−1	0.23	0.23	0.23	0.23	42.97
7	1	1	−1	−1	1	−1	−1	1	1	−1	−1	0.23	0.23	0.23	0.23	50.73
8	1	1	−1	−1	−1	−1	−1	−1	1	1	1	0.23	0.23	0.23	0.23	45.33
9	1	−1	1	1	1	−1	−1	−1	1	1	1	0.23	0.23	0.23	0.23	41.86
10	1	−1	1	1	−1	−1	−1	1	1	−1	−1	0.23	0.23	0.23	0.23	40.11
11	1	−1	1	−1	1	−1	1	−1	−1	1	−1	0.23	0.23	0.23	0.23	49.4
12	1	−1	1	−1	−1	−1	1	1	−1	−1	1	0.23	0.23	0.23	0.23	45.73
13	1	−1	−1	1	1	1	−1	−1	−1	−1	1	0.23	0.23	0.23	0.23	45.83
14	1	−1	−1	1	−1	1	−1	1	−1	1	−1	0.23	0.23	0.23	0.23	40.06
15	1	−1	−1	−1	1	1	1	−1	1	−1	−1	0.23	0.23	0.23	0.23	46.4
16	1	−1	−1	−1	−1	1	1	1	1	1	1	0.23	0.23	0.23	0.23	45.13
17	1	1.546	0	0	0	0	0	0	0	0	0	1.625	−0.77	−0.77	−0.77	48.72
18	1	−1.546	0	0	0	0	0	0	0	0	0	1.625	−0.77	−0.77	−0.77	45.48
19	1	0	1.546	0	0	0	0	0	0	0	0	−0.77	1.625	−0.77	−0.77	46.24
20	1	0	−1.546	0	0	0	0	0	0	0	0	−0.77	1.625	−0.77	−0.77	47.52
21	1	0	0	1.546	0	0	0	0	0	0	0	−0.77	−0.77	1.625	−0.77	42.53
22	1	0	0	−1.546	0	0	0	0	0	0	0	−0.77	−0.77	1.625	−0.77	43.2
23	1	0	0	0	1.546	0	0	0	0	0	0	−0.77	−0.77	−0.77	1.625	49.28
24	1	0	0	0	−1.546	0	0	0	0	0	0	−0.77	−0.77	−0.77	1.625	45.92
25	1	0	0	0	0	0	0	0	0	0	0	−0.77	−0.77	−0.77	−0.77	48.08
26	1	0	0	0	0	0	0	0	0	0	0	−0.77	−0.77	−0.77	−0.77	48.94
27	1	0	0	0	0	0	0	0	0	0	0	−0.77	−0.77	−0.77	−0.77	48.06

操作步骤如下。

Step1：将表 8-23 所示数据输入 SPSS 数据编辑窗口（图 8-5）后，依次选中"Analyze（统计分析）→Regression（回归分析）→Linear（线性）"，如图 8-6 所示，即可打开【Linear Regression】对话框。

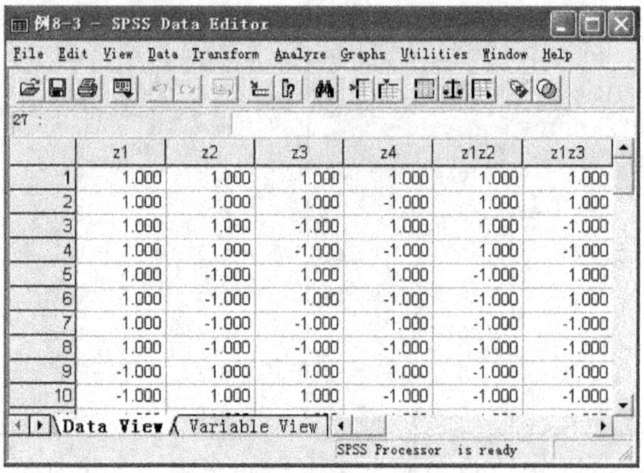

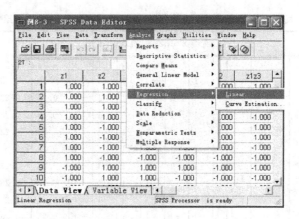

图 8-5　SPSS 数据编辑窗口

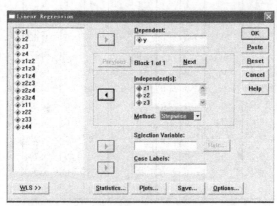

图 8-6　SPSS 数据编辑窗口（下拉菜单）

Step2：将左边"y"选入右边"Dependent"（因变量）内，"Z_1"、"Z_2"、"Z_3"、"Z_4"、"Z_1Z_2"、"Z_1Z_3"、"Z_1Z_4"、"Z_2Z_3"、"Z_2Z_4"、"Z_3Z_4"、"Z_1'"、"Z_2'"、"Z_3'"、"Z_4'"选入右边"Independent"（自变量）内，在"Method"中选中"Stepwise"（逐步回归法），如图 8-7 所示。

图 8-7　【Linear Regression】对话框

Step3：按【Statistics...】按钮后如图 8-8 所示，勾选"Estimates"（估计值）、"Confidence intervals"（置信区间）、"Model fit"（回归模式适合度检验）、"R squared change"（相关系数的平方），并且勾选残差下的"Durbin-Watson"，然后按【Continue】按钮回到【Linear Regression】对话框。

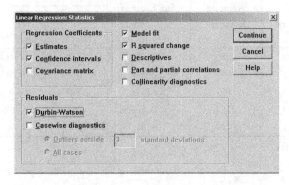

图 8-8 【Linear Regression：Statistics】对话框

Step4：按【Options...】按钮，出现【Options】对话框，如图 8-9 所示，然后按【Continue】按钮回到主画面。按【OK】结束。

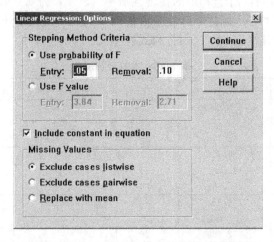

图 8-9 【Linear Regression：Options】对话框

用逐步回归法处理结果如下。

表 8-24 为变量输入输出表。表中第二列为输入的变量，第三列为剔除的变量，第四列表示采用的方法为逐步回归法。

表 8-24 变量输入输出表

Model	Variables Entered	Variables Removed	Method
1	Z3	.	Stepwise(Criteria：Probability-of-F-to-enter≤=.050，Probability-of-F-to-remove≥=.100).
2	Z33	.	Stepwise(Criteria：Probability-of-F-to-enter≤=.050，Probability-of-F-to-remove≥=.100).
3	Z4	.	Stepwise(Criteria：Probability-of-F-to-enter≤=.050，Probability-of-F-to-remove≥=.100).
4	Z2Z3	.	Stepwise(Criteria：Probability-of-F-to-enter≤=.050，Probability-of-F-to-remove≥=.100).
5	Z1	.	Stepwise(Criteria：Probability-of-F-to-enter≤=.050，Probability-of-F-to-remove≥=.100).

a. Dependent Variable：Y

表 8-25 为模型综述表。模型的相关系数（R）为 0.906、相关系数的平方（R Square）为 0.821。

表 8-25　模型综述表

Model	R	R Square	Adjusted R Square	Std. Error of the Estimate	Change Statistics				
					R Square Change	F Change	df 1	df 2	Sig. F Change
1	.556[a]	.309	.281	2.64399	.309	11.161	1	25	.003
2	.719[b]	.517	.477	2.25547	.208	10.355	1	24	.004
3	.837[c]	.700	.661	1.81578	.183	14.031	1	23	.001
4	.875[d]	.766	.723	1.64105	.066	6.159	1	22	.021
5	.906[e]	.821	.779	1.46672	.065	6.540	1	21	.018

a. Predictors：(Constant)，Z3
b. Predictors：(Constant)，Z33，Z33
c. Predictors：(Constant)，Z3，Z33，Z4
d. Predictors：(Constant)，Z3，Z33，Z4，Z2Z3
e. Predictors：(Constant)，Z3，Z33，Z4，Z2Z3，Z1
f. Dependent Variable：Y

表 8-26 是方差分析表，由于 F 值的显著性概率（Sig.）为 0.000 小于 5%，所以回归达到显著水平，说明产量和各因素之间存在显著的回归关系，试验设计方案是正确的，选用二次正交回归组合设计也是恰当的，回归方程式有意义。

表 8-26　方差分析表

Model		Sum of Squares	df	Mean Square	F	Sig.
1	Regression	78.023	1	78.023	11.161	.003[a]
	Residual	174.767	25	6.991		
	Total	252.790	26			
2	Regression	130.699	2	65.349	12.846	.000[b]
	Residual	122.091	24	5.087		
	Total	252.790	26			
3	Regression	176.958	3	58.986	17.891	.000[c]
	Residual	75.832	23	3.297		
	Total	252.790	26			
4	Regression	193.544	4	48.386	17.967	.000[d]
	Residual	59.247	22	2.693		
	Total	252.790	26			
5	Regression	207.614	5	41.523	19.301	.000[e]
	Residual	45.177	21	2.151		
	Total	252.790	26			

a. Predictors：(Constant)，Z3
b. Predictors：(Constant)，Z33，Z33
c. Predictors：(Constant)，Z3，Z33，Z4
d. Predictors：(Constant)，Z3，Z33，Z4，Z2Z3
e. Predictors：(Constant)，Z3，Z33，Z4，Z2Z3，Z1
f. Dependent Variable：Y

表 8-27 是系数分析表，经逐步回归，得出方程的常数项为 45.744，Z_1 的系数为 0.823，Z_3 的系数为 -1.938，Z_4 的系数为 1.492，Z_2Z_3 的系数为 -1.018，Z_3' 的系数为 -2.144，其余各项由于差异不显著被剔除。

表 8-27　系数分析表

Model		Unstandardized Coefficients		Standardized Coefficients	t	Sig.
		B	Std. Error	Beta		
1	(Constant)	45.744	.509		89.900	.000
	Z3	−1.938	.508	−.556	−3.341	.003
2	(Constant)	45.744	.434		105.386	.000
	Z3	−1.938	.495	−.556	−3.916	.001
	Z33	−2.144	.666	−.456	−3.218	.004
3	(Constant)	45.744	.349		130.906	.000
	Z3	−1.938	.398	−.556	−4.865	.000
	Z33	−2.144	.536	−.456	−3.997	.001
	Z4	1.492	.398	.428	3.746	.001
4	(Constant)	45.744	.316		144.844	.000
	Z3	−1.938	.360	−.556	−5.383	.000
	Z33	−2.144	.485	−.456	−4.423	.000
	Z4	1.492	.360	.428	4.145	.000
	Z2Z3	−1.018	.410	−.256	−2.482	.021
5	(Constant)	45.744	.282		162.059	.000
	Z3	−1.938	.322	−.556	−6.022	.000
	Z33	−2.144	.433	−.456	−4.948	.000
	Z4	1.492	.322	.428	4.637	.000
	Z2Z3	−1.018	.367	−.256	−2.777	.011
	Z1	.823	.322	.236	2.557	.018

a. Dependent Variable：Y

综合以上信息可得，用逐步回归法求得的多元回归方程式为

$$\hat{y}=45.744+0.823z_1-1.938z_3+1.492z_4-1.018z_2z_3-2.144z_3'$$

将 $z_3'=x_3^2-0.77$，$z_1=\dfrac{x_1-6.5}{0.97}$，$z_2=\dfrac{x_2-4.5}{2.26}$，$z_3=\dfrac{x_3-250}{97}$，$z_4=\dfrac{x_4-3}{0.647}$ 代入回归方程得到用自然数 x_j 表示的回归方程，即

$$\hat{y}=34.72+0.85x_1+1.16x_2+9.8\times10^{-4}x_3+2.31x_4-4.65\times10^{-3}x_2x_3-2.144x_3^2$$

（3）回归方程的应用　当我们得到二次回归方程以后，可以对它进行以下 3 方面的应用。

① 在方程设计范围内最优试验因子的选取。这是目前广泛使用的计算机程序 SPSS 和 SAS 系统中经常运用的，是一种局部优化的方法。通过程序对试验所设计的因子编码进行自动寻优，找出每一个因素已有的局部最优点，作为本试验的优化试验点。这种方法的特点是简单、有效、实用，但找出的局部"最优"水平编码并不是理论上的最优点，不能代表真正的最优。

② 方程局部最优点的寻找。方程局部最优点的寻找即利用数学求极值的方法，寻找所得到的四元二次优化回归方程的局部最优解。

③ 寻求最佳试验方案。最佳试验方案并不一定是上面我们所寻求的局部最优点，而是根据试验所耗费的人力、物力、财力，综合平衡，在保证试验质量和结果真实可靠的前提下，寻求经济、高效的试验方案。

复习思考题

1. 考虑某食品的质量指标 y 与因素 Z_1、Z_2、Z_3 有关，以选取各因素的上下水平分别为 0.3，0.1；0.6，0.02；120，80，采用一次回归正交设计进行试验。写出它们的因素水平编码表及试验设计与实施方案（零水平试验安排 3 个，考虑互作）。试验结果 y 的测定值依次为 2.94，3.48，3.49，3.95，3.40，4.09，3.81，4.79，4.17，4.09，4.38，试建立回归方程并对回归方程进行统计分析。

2. 某食品加香试验，3 个因素，即 Z_1（香精用量）、Z_2（着香时间）、Z_3（着香温度），以选取各因素的上下水平分别为 18，6；24，8；48，22，试验结果 y 的测定值依次为 2.32，1.25，1.93，2.13，5.85，0.17，0.80，-0.56，1.60，0.56，5.54，3.89，3.57，2.52，5.80。试进行二次回归正交组合设计，并进行统计分析。

① 写出各因素的水平编码表及试验设计与实施方案；
② 建立回归方程，并对其进行统计分析。

第 9 章　SPSS 统计图形

9.1　概述

统计图形是用点的位置、线段的升降、直条的长短、面积的大小等方法来表达统计数据的一种形式，其特点是一目了然、简明生动、通俗易懂，只要一张图（2-D 图形或 3-D 图形），即一目了然。

SPSS 制图功能很强，能绘制许多种统计图形。这些图形可以由各种统计分析程序同时产生，也可以通过使用主菜单【Graphs】中所包含的一系列图形选项直接制作，如图 9-1 所示。

例4-3 - SPSS Data Editor
File Edit View Data Transform Analyze Graphs Utilities
Window Help
1 : 得率 8
得率 时间 温度
Gallery
Interactive
Bar...
Line...
Area...
Pie...
High-Low...
Pareto...
Control...
Boxplot...
Error Bar...
Scatter...
Histogram...
P-P...
Q-Q...
Sequence...
ROC Curve...
Time Series
Data View
Variabl

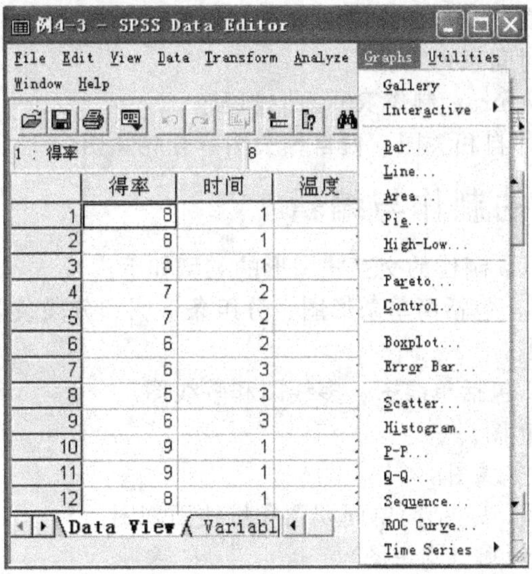

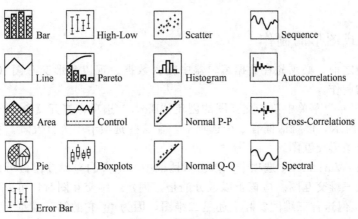

图 9-1　SPSS 数据编辑窗口（Graphs 主菜单）

本章主要介绍由原始数据直接绘制统计图的方法。

① Gallery：汇总了全部的统计图类型，如图 9-2 所示。

Bar
High-Low
Scatter
Sequence
Line
Pareto
Histogram
Autocorrelations
Area
Control
Normal P-P
Cross-Correlations
Pie
Boxplots
Normal Q-Q
Spectral
Error Bar

图 9-2　统计图类型

② Interactive：制作交互式图形的菜单项。

③ Bar：制作条形图，包括简单条形图、分组条形图和分段条形图。

④ Line：制作线图，包括单线图、多线图和垂线图。

⑤ Area：制作面积图，包括简单面积图和堆栈面积图。

⑥ Pie：制作圆形比例图（圆饼图）。

⑦ High-Low：制作高-低-收盘图、极差图和距限图。

⑧ Pareto：制作排列图（帕雷托图）。

⑨ Control：制作常见的过程控制图。

⑩ Boxplot：制作勘探数据的箱形图。

⑪ Error Bar：制作勘探数据的误差条形图。

⑫ Scatter：制作散点图，包括简单散点图、重叠散点图、矩阵散点图、三维散点图。

⑬ Histogram：制作直方图。

⑭ P-P：制作反映变量分布累积比与正态分布累积比之间关系的图。

⑮ Q-Q：制作反映变量分布的分位数与正态分布的分位数之间关系的图。

⑯ Sequence：制作时间系列图。

⑰ ROC Curve Procedure：制作 ROC 曲线程序。

⑱ Time Series：制作自相关图、偏自相关图、互相关图。

9.2　交互式图形的制作与编辑

在 SPSS 11.0 中，可以制作的交互式图形的类型如下。

① Bar：制作条形图，包括简单条形图、分组条形图和分段条形图。

② Dot：制作点线图。

③ Line：制作线图，包括单线图、多线图和垂线图。

④ Ribbon：制作带状图。

⑤ Drop-Line：制作多线图。

⑥ Area：制作面积图，包括简单面积图和堆栈面积图。

⑦ Pie：制作圆形比例图（圆饼图）。

⑧ Boxplot：制作勘探数据的箱形图。

⑨ Error Bar：制作勘探数据的误差条形图。

⑩ Histogram：制作直方图。

⑪ Scatterplot：制作散点图，包括简单散点图、重叠散点图、矩阵散点图、三维散点图。

9.2.1　交互式图形的制作

制作交互图之前，必须先在数据编辑器中输入数据。现以条形交互图（Bar）为例讲解一下交互图形的制作。

在 "Interactive" 菜单中单击交互图的创建 "Bar…" 选项，打开【Create Bar Chart】对话框，如图 9-3 所示。该对话框有 5 个选项卡，在这些选项卡中进行设置，可以创建各种不同的二维、三维条形交互图。

（1）"Assign Variables" 选项卡　单击对话框中右上方的坐标按钮，可以控制生成的是二维交互图还是三维交互图。应该予以区分的是，创建二维交互图时，可以确认创建三维效果（3-Deffect），但这种三维图实际上还是二维图，因为 ↗ 它的第三维是无意义的。单击带坐标的按钮，准备创建三维交互图，并在按钮下方建立三维坐标的变量输入框 ↰ ；单击带

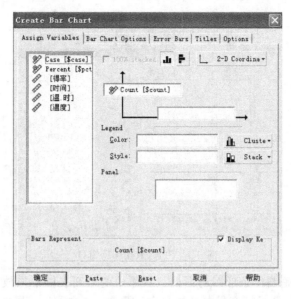

图 9-3 【Create Bar Chart】对话框

坐标的按钮，准备创建二维交互图，并在下方建立二维坐标的变量输入框。

在坐标轴变量输入框中输入相应变量名。选项卡中已经用坐标箭头标示了所输入变量代表的是 x 轴、y 轴还是 z 轴。默认情况下，z 轴（纵轴）变量被设置为嵌入变量 "Count"。当用鼠标移到变量名的上方时，鼠标的光标变为手掌形，单击变量名，此时按住鼠标左键不放，并且拖动鼠标到目标输入框，放开左键，变量名被移到目标输入框。拖动变量名列表框、坐标轴输入框中的变量名到其他坐标轴输入框中的变量名上方，光标形状发生改变，拳头两侧出现两个旋转的箭头，松开左键，两个输入框中的变量名交换位置。

"Assign Variables" 选项卡中下部的 "Bars Represent" 方框中显示或指定条形长度所代表的意义。该方框中的显示根据输入的不同有所不同。

（2）"Bars" 选项卡 在【Create Bar Chart】对话框中单击 "Bars" 选项卡标签，打开该选项卡。该选项卡对与条形本身的显示有关的选项进行设置，主要包括三个方面：条形形态、条形标签和基线设置。

（3）"Error Bars" 选项卡 该选项卡中的内容只有在坐标轴中的纵轴变量为度量型变量，而且其度量函数为平均值时可用。在【Create Bar Chart】对话框中选择并单击 "Error Bars" 选项卡标签，打开该选项卡。利用该选项卡可以在创建条形交互图的同时添加误差区间符号，条形的长度等于均值。

（4）"Titles" 选项卡 利用该选项卡可以输入图形的标题、副标题和注释项。

• ChartTitle 输入框。在该输入框中输入图形的标题。

• ChartSubtitle 输入框。在该输入框中输入图形的副标题。

• Caption 输入框。在该输入框中输入图形的注释项。

（5）"Options" 选项卡 在【Create Bar Chart】对话框中，单击 "Options" 选项卡标签，打开该选项卡，利用该选项卡设置图形的显示风格和各坐标轴的长短。

【例 9-1】 以例 4-3 数据，制作提取温度及提取时间对某产品得率影响的 3-D 交互图。
操作步骤如下。

Step1：依次选择 "Graphs→Interactive→Bar"，即可打开【Create Bar Chart】主对话框，如图 9-4 所示。

203

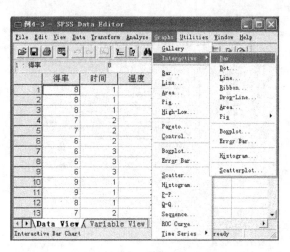

图 9-4　SPSS 数据编辑窗口

Step2：接下来显示的是制作条形图对话框，从原始变量列表框中拖放待作图的变量名"得率"、"温度"、"时间"至目标变量框，如图 9-5 所示。在这一步，根据具体的需要，可以通过访问对话框中的其他选项定制图形的某些特性，并进行设置。选择【确定】即显示结果，如图 9-6 所示。

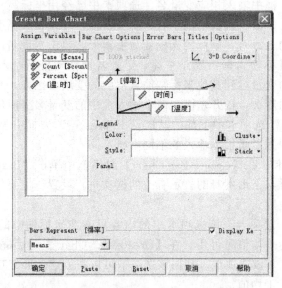

图 9-5　【Create Bar Charts】对话框

图 9-6 结果表明，温度第 3 水平和时间第 3 水平组合，或温度第 2 水平和时间第 1 水平组合某产品的得率较高。

9.2.2　交互式图形的编辑

交互式图形（简称交互图）生成以后，显示在查看器中。直接用鼠标双击该图形，打开 SPSS 交互图窗口，如图 9-7 所示。可以用交互图上侧和左侧工具栏中的工具按钮进行编辑，也可以用鼠标右键单击图形，然后利用弹出式菜单中的选项进行编辑，利用 3-D 对话框，可以变换图形的方位和阴影效果。

（1）利用"3-D"对话框进行编辑　"3-D"对话框如图 9-8 所示，对话框中各选项用于

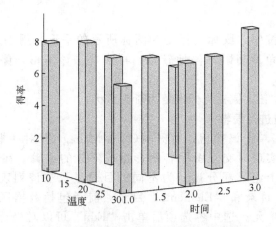

图 9-6   提取温度和时间对某产品得率的影响

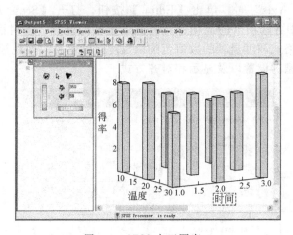

图 9-7   SPSS 交互图窗口

设置交互图坐标轴的方位和阴影效果。

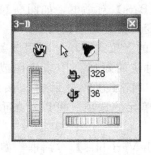

图 9-8   【3-D】对话框

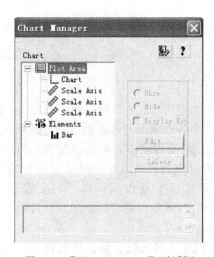

图 9-9   【Chart Manager】对话框

图 9-8 中有两个转盘工具，用鼠标在该工具上向上向下或向左右拖动，当前图形将绕横轴或纵轴发生旋转，旋转的角度相应地显示在输入框中。

按钮，单击该按钮，打开阴影和亮度设置面板，可以设置交互图的阴影效果以及图形的亮度。

按钮，单击该按钮，鼠标光标变为图标所示的手形，用手形鼠标在图形上拖动，交互图将按照一定的角度间隔不停地转动，再次单击该图形，停止转动并停留在最终方位。

按钮，单击该按钮，鼠标光标恢复为箭头形状。

（2）利用工具按钮进行编辑

① 工具按钮。单击该按钮，打开【Chart Manager】对话框，如图9-9所示。利用该对话框中的选项实现对交互图中各图形组成部分的编辑。在"Chart"目录式列表框中，当前图形的各个组成部分被分为不同的目录显示在该列表框中。主要有两个大的目录："Plot Area"目录和"Elements"目录，前者包括数据区和各坐标轴，后者包括组成图形的各图形单元。选中各选项后单击"Edit"可以对坐标轴和各图形单元进行编辑。

当选项为"Scale Axis"时，单击【Edit...】按钮，打开【Scale Axis】对话框，如图9-10所示。利用该框中各选项卡的选项进行有关度量轴的设置。该对话框中有6个选项卡，分别进行设置轴标记格式和度量轴的数值范围以及度量轴本身的外观等，还可以对当前度量轴的标签进行不同类型的设置以及显示和对齐方式。

图9-10 【Scale Axis】对话框

当选项为"Bars"时，单击【Edit...】按钮，打开【Bars】对话框，如图9-11所示。利用该框中各选项卡的选项进行条形图形状的设置以及改变数据点的函数类型。

② 工具按钮。单击该按钮，打开如图9-12所示的下拉式菜单。利用该菜单中的选项，可以为当前图形添加图形。添加的交互图格式为对应的对话框中二维图或三维图的当前格式。生成以后，单击 按钮，打开【Chart Manager】对话框，该对话框中"Chart"列表框内的"Elements"目录下自动添加图形单元的选项。可以对条形交互图进行编辑。

③ 工具按钮。单击该按钮，打开【Assign Graph Variables】对话框，如图9-13所示。利用该对话框，可以重新设置各坐标轴所对应的变量。该对话框有3个选项卡，可以进行不同的设置。

④ 工具按钮和 工具按钮。当前图形为平面二维交互图时，单击这两个工具按钮，可以转换当前图的坐标轴及图形。其中默认时选择 按钮。

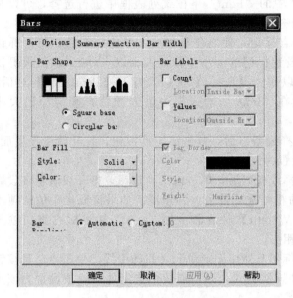

图 9-11 【Bars】对话框

图 9-12 图形模式

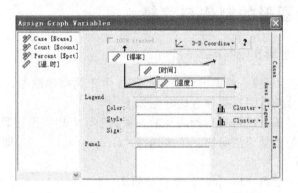

图 9-13 【Assign Graph Variables】对话框

⑤  工具按钮。单击该按钮，将光标显示为箭头形状。

⑥ [a] 工具按钮。单击该按钮，在当前图中单击一下，则该处显示竖条光标，可以在竖条光标的后面输入文字。

⑦ 工具按钮。单击该按钮以后，可以对当前三维交互图进行旋转，具体操作方法与前面"3-D"对话框中对应按钮的操作方法相同。实现旋转以后，单击 工具按钮，恢复箭头光标。

⑧ 下拉式列表框。在当前图中单击线条或区域（条形、箱形等），使之亮显（线条上显示蓝色虚线，区域周边显示蓝色虚线），然后单击下拉式列表框右边的箭头，打开下拉式列表框，选择颜色并单击之，则所选择的线条或区域变为选中的颜色。

⑨ □ 下拉式列表框。在当前图中单击区域，使之亮显，然后单击下拉式列表框，则选中区域的边线的颜色变为所选颜色。

⑩ 下拉式列表框。在当前图中选择区域以后，打开该下拉式列表框，选择并单击一种阴影填充方式，则选中区域的阴影填充方式被设置或改变为所选择的阴影填充方式。

⑪ ★ 工具按钮。在当前图中选择点标记，使之亮显以后，单击该按钮，打开标记选择面板。在该面板中可以直接选择一种标记类型，也可以单击【More Symbols...】按钮，打开

207

【Choose Symbol】对话框。在该对话框中的"Font"下拉式列表框中进行选择，可以显示更多的标记类型，以便在更大的范围内进行选择。

⑫ 工具按钮。在当前图中选择点标记，使之亮显以后，单击该按钮，打开标记大小选择面板，在其中进行选择，可以设置标记的大小（标记大小以点计）。该面板提供了9种标记大小选项，如果还不够，可以单击【Size…】按钮，打开【Point Size】对话框，在【Point Size】对话框中，可以直接在"Point"输入框中输入数值，确定标记大小的点数。

⑬ 工具按钮。在当前图形中选择线条以后，单击该工具按钮，打开线型设置面板，其中选择一种线型，则选中的线条被设置为该线型。

⑭ 工具按钮。在当前图形中选择线条以后，单击该工具按钮，打开线条粗细设置面板，在其中选择一种，则选中的线条的粗细被设置为该种粗度。如果该面板中的选项不够用，单击【Size…】按钮，打开【Line Weight】对话框。在"Line"输入框内直接输入点数，单击【Apply】按钮，确定线条的粗细。

⑮ 工具按钮。在当前图中选择标签与对应图形单元之间的引线，单击该工具按钮并在打开的连线方式选择面板中选择一种连线方式，则当前图中选定的引线被设置为该连线方式。

9.3 普通统计图形的制作与编辑

9.3.1 普通统计图形的制作

普通统计图形共有16种，前面已经简单介绍。由于篇幅的限制，现将食品试验设计与统计中经常用到的部分统计图形制作方法介绍如下。

（1）条形图 条形图是经常见到和用到的一种图形，它用宽度相等条带的长短来表示各类数据的大小，给人的感觉简洁明快。依次选择"Graphs→Bar…"，即可打开【Bar Charts】对话框，如图9-14所示。

条形图包括简单条形图（Simple）、复合条形图（Clustered）和堆栈条形图（Stacked），其做法可参照有关SPSS教材自己研究学习。

（2）线图 线图（Line Charts）又称曲线图，是用线段的升降来说明数据变动情况的一种统计图。它主要表示现象在时间上的变化趋势、现象的分布情况和两个现象的依存关系

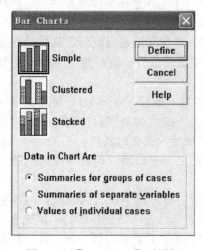

图9-14 【Bar Charts】对话框

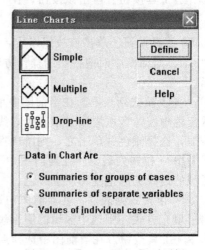

图9-15 【Line Charts】对话框

等。这里指的线图均为纵横轴是算术尺度的普通线图。生成线图的操作与生成条图的基本相同。【Line Charts】对话框如图 9-15 所示。

• 类型的选择

Simple：单线图，用一条折线表示数据变动趋势。

Multiple：多线图，用多条折线同时表示多种现象的变动趋势。

Drop-Line：垂线图，与前面的堆栈条形图具有相似的功能。它是将分类变量的不同值对应的数据用不同的垂线表示，用其他变量对原各类数据做进一步划分以后，在垂线上用不同的标签标注这种新的划分。通过垂线图，可以很方便地看出同一分类的不同种（即次级分类）数据在各分类中所占比重和所存在的差异。

【例 9-2】　利用安琪酵母分别在 18℃、23℃、28℃ 发酵苹果酒，测定发酵过程中可溶性固形物含量（折光）如表 9-1 所示。利用表中数据制作苹果酒可溶性固形物含量变化的折线图。

表 9-1　可溶性固形物含量

温度	第1天	第2天	第3天	第4天	第5天	第6天	第7天	第8天
	14.1	12.7	11.0	11.6	10.6	9.4	8.9	7.8
18℃	14.2	13.3	11.7	11.5	10.1	9.8	9.2	7.9
	14.0	13.6	11.3	11.1	9.9	9.3	8.7	8.0
	13.9	11.3	9.2	7.3	5.9	5.4	4.9	4.8
23℃	14.0	11.5	9.5	7.2	6.1	5.4	4.9	4.8
	14.1	12.1	9.3	7.4	5.8	5.4	4.9	4.8
	13.5	9.8	8.1	6.2	5.1	4.6	4.4	4.3
28℃	14.7	9.9	8.3	6.2	4.9	4.6	4.3	4.3
	14.0	9.4	8.3	6.2	5.0	4.6	4.4	4.3

操作步骤如下。

Step1：将第 1 天到第 8 天三种处理的所有数据以一数列的形式输入，如图 9-16 所示。依次选择 "Graphs→Line"，即可打开【Line Charts】主对话框，如图 9-17 所示。

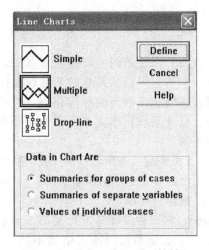

图 9-16　SPSS 数据编辑窗口　　　　　图 9-17　【Line Charts】对话框

Step2：在【Line Charts】对话框中选定"Multiple"图例，选择"Summaries for Groups of Cases"单选按钮以后，单击【Define】按钮，打开【Define Multiple Line：Summaries for Groups of Cases】对话框，如图 9-18 所示。在对话框中的"Category"输入框中输入变量名"日期"，在"Define Lines by"输入框中输入变量名"温度"。然后在"Lines Represent"方框中单击"Other summary function"单选按钮，在"Variable"输入框中输入"折光"变量名，其他按照默认设置。

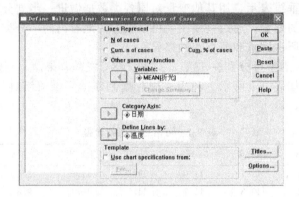

图 9-18　【Define Multiple Line：Summaries for Groups of Cases】对话框

Step3：单击【OK】按钮，生成如图 9-19 所示的多线图。

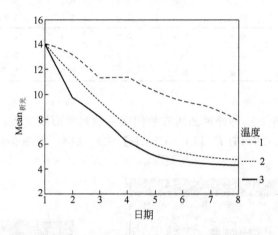

图 9-19　不同发酵温度对可溶性固形物含量的影响

（3）误差条图　误差条图（Error Bar Charts）是一种描述数据样本空间离散的统计图形，利用它可以从视觉的角度观察样本的离散度情况。误差条图可以用来表达平均数的置信区间、标准差或标准误差。在误差条图中小方块表示平均数，图形的两端为置信区间、标准差或标准误差。误差条图的做图步骤与条形图的基本相同，只是对话框中的选项不同。

【例 9-3】　本例仍以例 9-2 苹果酒可溶性固形物含量数据制作在苹果酒发酵过程中可溶性固形物含量变化的误差条图。

操作步骤如下。

Step1：将三种处理第 1 天到第 8 天的数据以图 9-20 所示的格式输入 SPSS 数据编辑窗口（注意，此处数据的输入格式不同于例 9-2）。依次选择"Graphs→Error Bar"，即可打开【Error Bar】主对话框，如图 9-21 所示。

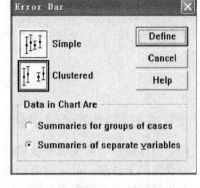

图 9-20　SPSS 数据编辑窗口　　　　　　　　图 9-21　【Error Bar】对话框

Step2：选择"Clustered"及"Summaries of separate variables"选项，单击【Define】按钮打开"Summaries of Separate Variables"对话框，在"Category"输入框中输入变量名"日期"，在"Variables"输入框中输入变量名"t1、t2、t3"。然后在"Bars Represent"方框中选择"Standard deviation"选项，并在"Multiplier"输入框中输入1，输出结果表示为平均数加减一倍标准差，其他按照默认设置，如图 9-22 所示。

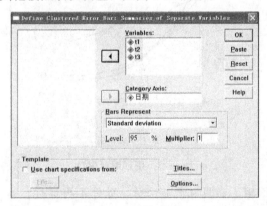

图 9-22　Summaries of Separate Variables 对话框

Step3：单击【OK】，生成如图 9-23 所示的误差条图。添加趋势线后如图 9-24 所示。

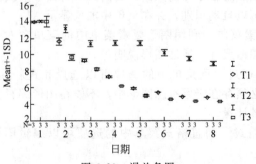

图 9-23　误差条图

211

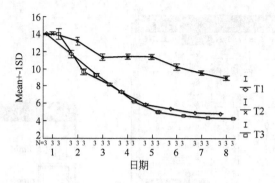

图 9-24　带趋势线的误差条图

9.3.2　普通统计图形的编辑

图形制作以后，为了进一步勘探数据或增强视觉效果，常常需要对图形进行编辑。用鼠标左键双击图上任意一处，打开图形编辑器，如图 9-25 所示。在图形编辑器中，利用菜单选项和工具按钮，可以实现对图形的多种编辑。

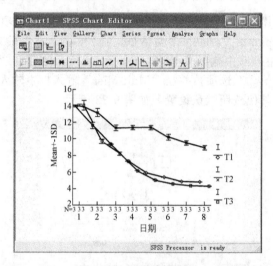

图 9-25　图形编辑窗口

利用工具按钮进行编辑，参见 9.2.2 部分，此处不再详述。本节主要介绍主菜单中的 Gallery、Chart、Series、Formal 四个菜单项。

（1）Gallery：图形转换菜单　图形转换菜单包含有 8 个菜单项。利用图形转换菜单，可以将当前图形形式转变成适合于当前数据结构的另一种图形形式。至于当前图形可以转变成哪些图形形式，系统可以自动识别，并在菜单中加黑显示。

（2）Chart：图形要素菜单　利用图形要素菜单中的菜单项对已制作的图形进行修饰，如改变图形版面、调整图形尺寸、增加图形说明等。

（3）Series：图列　通过图列菜单中的选项可以选择和重新编排图列以改变原有的图形。这些要编辑的图列必须存在于原有的图形中，不能在图形编辑窗口中加入新的图列，也不能改变图列所表达的统计量。

（4）Format：图形格式　通过格式菜单中的选项可以编辑图形格式，包括填充方式、标记颜色、线型等。

附录 A

英汉术语对照

英 文	中 文	英 文	中 文
A		determination of sample size	确定样本含量
acceptance region	接受域	deviation from mean	离均差
accuracy	准确性	discontinuous or discrete random	离散性随机变量
additivity	可加性	variable	
admissible error design	允许误差设计	distribution density	分布密度
alternate hypothesis	备择假设	distribution function	分布函数
analysis of variance	方差分析	**E**	
arcsine transformation	反正弦转换	estimate	估计值
arithmetic mean	算术平均数	expected mean squares	期望均方
average	平均数	expected value	期望值
B		experimental conditions	试验条件
bar chart	条图	experimental design	试验设计
bernoulli trials	贝努利试验	experimental error	试验误差
binary population	二项总体	experimental factor	试验因素
binomial distribution	二项分布	experimental index	试验指标
blank test	空白试验	experimental treatment	试验处理
block	区组	experimental unit	试验单位
broken-line chart	折线图	**F**	
C		factor	因子、因素
check	对照	factorial experiments	析因试验
class interval	组距	F-distribution	F 分布
class limit	组限	finite population	有限总体
class value	组中值	finite population correction	有限总体矫正数
cluster sampling	整群抽样	Fisher's protected multiple comparisons	Fisher 氏保护下
coefficient of variation	变异系数		的多重比较
completely random design	完全随机设计	fixed effect	固定效应
components of variance	方差分量（组分）	fixed model	固定模型
comprehensive experiment	综合性试验	forecast	预测
confidence interval	置信区间	fractional enforcement	部分实施
confidence limit	置信限	frequency	频数
confidence probability	置信概率，置信度	F-test	F 检验
contingency table	联列表	**G**	
continuous random variable	连续性随机变量	geometric mean	几何平均数
correction for continuity	连续性矫正	**H**	
correlation analysis	相关分析	harmonic mean	调和平均数
correlation coefficient	相关系数	histogram	直方图
covariance	协方差	homogeneity	同质性，齐性
correlation index	相关指数	hypothesis test	假设检验
correlation line	相关线	**I**	
curvilinear regression	曲线回归	independent variable	自变量
D		individual	个体
data of qualitative character	质量性状资料	infinite population	无限总体
data of quantitative character	数量性状资料	interaction effect	互作效应
degree of freedom	自由度	interval estimation	区间估计
dependent variable	因变量	**L**	
determination coefficient	决定系数	least significant difference	最小显著差数法

英　文	中　文	英　文	中　文
least significant range	最小显著极差法	pair wise comparisons	配对比较
level	水平	parameter	参数
level combination	水平组合	parameter design	参数设计
level of factor	因素水平	parameter estimation	参数估计
line chart	线图	parameter statistics	参数统计
linear model	线性模型	partial correlation	偏相关
linear regression equation	直线回归方程	partial correlation coefficient	偏相关系数
linear quality research	线性质量研究	partial regression coefficient	偏回归系数
linearity reaction	线性反应	path	通径
local control	局部控制	path analysis	通径分析
logarithmic transformation	对数转换	path chart	通径图
lopsided error	片面误差	path coefficient	通径系数
lower limit	下限	percentages	百分数,百分率
M		pie chart(diagram)	圆图
main effect	主效应	point estimation	点估计
mathematical expectation	数学期望	poisson's distribution	泊松分布
mathematical model	数学模型	population	总体
mean	平均数,均数	power of test	检验功效
mean products	协方差	precision	精确性
mean squares	均方	probability	概率
median	中位数,中数	probability density function	概率密度函数
mixed model	混合模型	probability distribution	概率分布
mode	众数	proportional allocation	按比例分配
multiple comparisons	多重比较	protected LSD	保护性最小差数法
multiple correlation	多元相关,复相关	protected multiple comparisons	保护性多重比较
multiple-factor experiment	多因素试验	Q	
multiple correlation coefficient	复相关系数	qualitative character	质量性状
multiple linear regression	多元线性回归	quantitative character	数量性状
multiple regression analysis	多元回归分析	R	
N		random error	随机误差
nested random sampling	巢式随机抽样	random effect	随机效应
new multiple range	新复极差法	random event	随机事件
no-linear quality research	非线性质量研究	random model	随机模型
non-linear regression	非线性回归	random sample	随机样本
nonparametric statistics	非参数统计	random sampling	随机抽样
nonparametric test	非参数检验	random variable	随机变量
normal distribution	正态分布	randomized blocks design	随机区组设计
normal equations	正规方程组	rang	极差
normality	正态性	rank correlation analysis	秩(等级)相关分析
null hypothesis	无效假设	rank sum test	秩和检验
O		rates	比率
observation or observed value	观察值	reciprocal transformation	倒数转换
one-tailed probability	一尾概率	regression analysis	回归分析
one-tailed test	一尾检验	regression coefficient	回归系数
optimum allocation	最优分配	regression intercept	回归截距
orthogonal table	正交表	regression line	回归线
orthogonal experiment	正交试验法	rejection region	否定域
orthogonal design	正交设计	replication	重复
orthogonally	正交性	response surface	效应面、面体反应
P			

英　文	中　文	英　文	中　文
S		systematic design	系统设计
sample	样本	systematic error	系统误差
sample size	样本含量	systematic sampling	顺序抽样
sampling distribution	抽样分布	T	
sampling error	抽样误差	table of uniform design	均匀设计表
sampling method	抽样方法	t-distribution	t 分布
sampling unit	抽样单位	test for goodness-of-fit	适合性检验
scatter diagram	散点图	test for independence	独立性检验
shortest significant ranges	最短显著极差	test of significance	显著性检验
sign test	符号检验	test of statistical hypothesis	统计假设检验
significance level	显著水平	transformation of data	数据转换
simple random sampling	简单随机抽样	treatment	处理
simple effect	简单效应	U	
single-factor experiment	单因素试验	unbiased estimate	无偏估计
square root transformation	平方根转换	uniform design	均匀设计
standard deviation	标准差	upper limit	上限
standard error	标准误	u-test	u 检验
standard normal deviate	标准正态离差	V	
standard normal distribution	标准正态分布	variable or variants	变量,变数
statistic	统计量	treatment combination	处理组合
statistical hypothesis	统计假设	treatment effects	处理效应
statistical inference	统计推断	t-test	t 检验
statistics	统计	two-tailed probability	两尾概率
stepwise regression	逐步回归	two-tailed test	两尾检验
stratified random sampling	分层随机抽样	variance	方差
student's t distribution	学生氏 t 分布	variance analysis	方差分析
sum of products	乘积和	W	
sum of squares	平方和	weighted mean	加权平均数
sum of squares of regression	回归平方和		

附录 B

$$\Phi(u) = \frac{1}{\sqrt{2\pi}} \int_{-\infty}^{u} e^{\frac{u^2}{2}} \, du \qquad (u \leqslant 0)$$

u	0.00	0.01	0.02	0.03	0.04	0.05	0.06	0.07	0.08	0.09	u
−0.0	0.5000	0.4960	0.4920	0.4880	0.4840	0.4801	0.4761	0.4721	0.4681	0.4641	−0.0
−0.1	0.4602	0.4562	0.4522	0.4483	0.4443	0.4404	0.4364	0.4325	0.4286	0.4247	−0.1
−0.2	0.4207	0.4168	0.4129	0.4090	0.4052	0.4013	0.3974	0.3936	0.3897	0.3859	−0.2
−0.3	0.3821	0.3783	0.3745	0.3707	0.3669	0.3632	0.3594	0.3557	0.3520	0.3483	−0.3
−0.4	0.3446	0.3409	0.3372	0.3336	0.3300	0.3264	0.3228	0.3192	0.3156	0.3121	−0.4
−0.5	0.3085	0.3050	0.3015	0.2981	0.2946	0.2912	0.2877	0.2843	0.2810	0.2776	−0.5
−0.6	0.2743	0.2709	0.2673	0.2643	0.2611	0.2578	0.2546	0.2514	0.2483	0.2451	−0.6
−0.7	0.2420	0.2389	0.2358	0.2327	0.2297	0.2266	0.2236	0.2206	0.2177	0.2148	−0.7
−0.8	0.2119	0.2090	0.2061	0.2033	0.2005	0.1977	0.1949	0.1922	0.1894	0.1867	−0.8
−0.9	0.1841	0.1814	0.1788	0.1762	0.1736	0.1711	0.1685	0.1660	0.1635	0.1611	−0.9
−1.0	0.1587	0.1562	0.1539	0.1515	0.1492	0.1469	0.1446	0.1423	0.1401	0.1379	−1.0
−1.1	0.1357	0.1335	0.1314	0.1292	0.1271	0.1251	0.1230	0.1210	0.1190	0.1170	−1.1
−1.2	0.1151	0.1131	0.1112	0.1093	0.1075	0.1056	0.1038	0.1020	0.1003	0.09853	−1.2
−1.3	0.09680	0.09510	0.09342	0.09176	0.09012	0.08851	0.08691	0.08534	0.08379	0.08226	−1.3
−1.4	0.08076	0.07927	0.07780	0.07636	0.07493	0.07353	0.07215	0.07078	0.06944	0.06811	−1.4
−1.5	0.06681	0.06552	0.06426	0.06301	0.06178	0.06057	0.05938	0.05821	0.05705	0.05592	−1.5
−1.6	0.05480	0.05370	0.05262	0.05155	0.05050	0.04947	0.04846	0.04746	0.04648	0.04551	−1.6
−1.7	0.04457	0.04763	0.04272	0.04182	0.04093	0.04006	0.03920	0.03836	0.03754	0.03673	−1.7
−1.8	0.03593	0.03515	0.03438	0.03362	0.03288	0.03216	0.03144	0.03074	0.03005	0.02938	−1.8
−1.9	0.02872	0.02807	0.02743	0.02680	0.02619	0.02559	0.02500	0.02442	0.02385	0.02330	−1.9
−2.0	0.02275	0.02222	0.02169	0.02118	0.02068	0.02018	0.01970	0.01923	0.01876	0.01831	−2.0
−2.1	0.01786	0.01743	0.01700	0.01659	0.01618	0.01578	0.01539	0.01500	0.01463	0.01426	−2.1
−2.2	0.01390	0.01355	0.01321	0.01287	0.01255	0.01222	0.01191	0.01160	0.01130	0.01101	−2.2
−2.3	0.01072	0.01044	0.01017	$0.0^2 9903$	$0.0^2 9642$	$0.0^2 9387$	$0.0^2 9137$	$0.0^2 8894$	$0.0^2 8656$	$0.0^2 8424$	−2.3
−2.4	$0.0^2 8198$	$0.0^2 7976$	$0.0^2 7760$	$0.0^2 7549$	$0.0^2 7344$	$0.0^2 7145$	$0.0^2 6947$	$0.0^2 6756$	$0.0^2 6569$	$0.0^2 6381$	−2.4
−2.5	$0.0^2 6210$	$0.0^2 6037$	$0.0^2 5868$	$0.0^2 5703$	$0.0^2 5543$	$0.0^2 5386$	$0.0^2 5234$	$0.0^2 5085$	$0.0^2 4940$	$0.0^2 4799$	−2.5
−2.6	$0.0^2 4661$	$0.0^2 4527$	$0.0^2 4396$	$0.0^2 4269$	$0.0^2 4145$	$0.0^2 4025$	$0.0^2 3907$	$0.0^2 3793$	$0.0^2 3681$	$0.0^2 3573$	−2.6
−2.7	$0.0^2 3467$	$0.0^2 3364$	$0.0^2 3264$	$0.0^2 3167$	$0.0^2 3072$	$0.0^2 2980$	$0.0^2 2890$	$0.0^2 2803$	$0.0^2 2718$	$0.0^2 2635$	−2.7
−2.8	$0.0^2 2555$	$0.0^2 2477$	$0.0^2 2401$	$0.0^2 2327$	$0.0^2 2256$	$0.0^2 2186$	$0.0^2 2118$	$0.0^2 2052$	$0.0^2 1988$	$0.0^2 1926$	−2.8
−2.9	$0.0^2 1866$	$0.0^2 1807$	$0.0^2 1750$	$0.0^2 1695$	$0.0^2 1641$	$0.0^2 1589$	$0.0^2 1558$	$0.0^2 1489$	$0.0^2 1441$	$0.0^2 1395$	−2.9
−3.0	$0.0^2 1350$	$0.0^2 1306$	$0.0^2 1264$	$0.0^2 1223$	$0.0^2 1183$	$0.0^2 1144$	$0.0^2 1107$	$0.0^2 1070$	$0.0^2 1035$	$0.0^2 1001$	−3.0
−3.1	$0.0^3 9676$	$0.0^2 9354$	$0.0^3 9043$	$0.0^3 8740$	$0.0^3 8447$	$0.0^3 8164$	$0.0^3 7888$	$0.0^3 7622$	$0.0^3 7364$	$0.0^3 7114$	−3.1
−3.2	$0.0^3 6871$	$0.0^3 6637$	$0.0^3 6410$	$0.0^3 6190$	$0.0^3 5916$	$0.0^3 5770$	$0.0^3 5571$	$0.0^3 5377$	$0.0^3 5190$	$0.0^3 5009$	−3.2
−3.3	$0.0^3 4834$	$0.0^3 4665$	$0.0^3 4501$	$0.0^3 4342$	$0.0^3 4189$	$0.0^3 4041$	$0.0^3 3897$	$0.0^3 3758$	$0.0^3 3624$	$0.0^3 3495$	−3.3
−3.4	$0.0^3 3369$	$0.0^3 3248$	$0.0^3 3131$	$0.0^3 3018$	$0.0^3 2909$	$0.0^3 2803$	$0.0^3 2701$	$0.0^3 2602$	$0.0^3 2507$	$0.0^3 2415$	−3.4
−3.5	$0.0^3 2326$	$0.0^3 2241$	$0.0^3 2158$	$0.0^3 2078$	$0.0^3 2001$	$0.0^3 1926$	$0.0^3 1854$	$0.0^3 1785$	$0.0^3 1718$	$0.0^3 1653$	−3.5
−3.6	$0.0^3 1591$	$0.0^3 1531$	$0.0^3 1473$	$0.0^3 1417$	$0.0^3 1363$	$0.0^3 1311$	$0.0^3 1261$	$0.0^3 1213$	$0.0^3 1166$	$0.0^3 1121$	−3.6
−3.7	$0.0^3 1078$	$0.0^3 1036$	$0.0^4 9961$	$0.0^4 9574$	$0.0^4 9201$	$0.0^4 8842$	$0.0^4 8496$	$0.0^4 8162$	$0.0^4 7841$	$0.0^4 7532$	−3.7
−3.8	$0.0^4 7235$	$0.0^4 6948$	$0.0^4 6673$	$0.0^4 6407$	$0.0^4 6152$	$0.0^4 5906$	$0.0^4 5669$	$0.0^4 5442$	$0.0^4 5223$	$0.0^4 5012$	−3.8
−3.9	$0.0^4 4810$	$0.0^4 4615$	$0.0^4 4427$	$0.0^4 4247$	$0.0^4 4074$	$0.0^4 3908$	$0.0^4 3747$	$0.0^4 3594$	$0.0^4 3446$	$0.0^4 3304$	−3.9
−4.0	$0.0^4 3167$	$0.0^4 3036$	$0.0^4 2910$	$0.0^4 2789$	$0.0^4 2673$	$0.0^4 2561$	$0.0^4 2454$	$0.0^4 2351$	$0.0^4 2252$	$0.0^4 2157$	−4.0
−4.1	$0.0^4 2066$	$0.0^4 1978$	$0.0^4 1894$	$0.0^4 1814$	$0.0^4 1737$	$0.0^4 1662$	$0.0^4 1591$	$0.0^4 1523$	$0.0^4 1458$	$0.0^4 1395$	−4.1
−4.2	$0.0^4 1335$	$0.0^4 1277$	$0.0^4 1222$	$0.0^4 1168$	$0.0^4 1118$	$0.0^4 1069$	$0.0^4 1022$	$0.0^5 9774$	$0.0^5 9345$	$0.0^5 8934$	−4.2

u	0.00	0.01	0.02	0.03	0.04	0.05	0.06	0.07	0.08	0.09	u
-4.3	0.0^58540	0.0^58163	0.0^57801	0.0^57455	0.0^57124	0.0^56807	0.0^56503	0.0^56212	0.0^55934	0.0^55668	-4.3
-4.4	0.0^55413	0.0^55169	0.0^54935	0.0^54712	0.0^54498	0.0^54294	0.0^54098	0.0^53911	0.0^53732	0.0^53561	-4.4
-4.5	0.0^53398	0.0^53241	0.0^53092	0.0^52949	0.0^52813	0.0^52682	0.0^52558	0.0^52439	0.0^52325	0.0^52216	-4.5
-4.6	0.0^52112	0.0^52013	0.0^51919	0.0^51828	0.0^51742	0.0^51660	0.0^51581	0.0^51506	0.0^51434	0.0^51366	-4.6
-4.7	0.0^51301	0.0^51239	0.0^51179	0.0^51123	0.0^51069	0.0^51017	0.0^69630	0.0^69211	0.0^68765	0.0^68339	-4.7
-4.8	0.0^67933	0.0^67547	0.0^67178	0.0^66827	0.0^66492	0.0^66173	0.0^65869	0.0^65580	0.0^65304	0.0^65042	-4.8
-4.9	0.0^64792	0.0^64554	0.0^64327	0.0^64111	0.0^63906	0.0^63711	0.0^63525	0.0^63348	0.0^63179	0.0^63019	-4.9

$$\Phi(u)=\frac{1}{\sqrt{2\pi}}\int_{-\infty}^{u} e^{\frac{u^2}{2}}\,du \qquad (u\geq 0)$$

u	0.00	0.01	0.02	0.03	0.04	0.05	0.06	0.07	0.08	0.09	u
0.0	0.5000	0.5040	0.5080	0.5120	0.5160	0.5199	0.5239	0.5279	0.5319	0.5359	0.0
0.1	0.5398	0.5438	0.5478	0.5517	0.5557	0.5596	0.5636	0.5675	0.5714	0.5753	0.1
0.2	0.5793	0.5832	0.5871	0.5910	0.5948	0.5987	0.6026	0.6064	0.6103	0.6141	0.2
0.3	0.6179	0.6217	0.6255	0.6293	0.6331	0.6368	0.6406	0.6443	0.6480	0.6517	0.3
0.4	0.6554	0.6591	0.6628	0.6664	0.6700	0.6736	0.6772	0.6808	0.6844	0.6879	0.4
0.5	0.6915	0.6950	0.6985	0.7019	0.7054	0.7088	0.7123	0.7157	0.7190	0.7224	0.5
0.6	0.7257	0.7291	0.7324	0.7357	0.7389	0.7422	0.7454	0.7486	0.7517	0.7549	0.6
0.7	0.7580	0.7611	0.7642	0.7673	0.7703	0.7734	0.7764	0.7794	0.7823	0.7852	0.7
0.8	0.7881	0.7910	0.7939	0.7967	0.7995	0.8023	0.8051	0.8078	0.8106	0.8133	0.8
0.9	0.8159	0.8186	0.8212	0.8238	0.8264	0.8289	0.8315	0.8340	0.8365	0.8389	0.9
1.0	0.8413	0.8438	0.8461	0.8485	0.8508	0.8531	0.8554	0.8577	0.8599	0.8621	1.0
1.1	0.8643	0.8665	0.8686	0.8708	0.8729	0.8749	0.8770	0.8790	0.8810	0.8830	1.1
1.2	0.8849	0.8869	0.8888	0.8907	0.8925	0.8944	0.8962	0.8980	0.8997	0.90147	1.2
1.3	0.90320	0.90490	0.90658	0.90824	0.90988	0.91149	0.91309	0.91466	0.91621	0.91774	1.3
1.4	0.91924	0.92073	0.92220	0.92364	0.92507	0.92647	0.92785	0.92922	0.93056	0.93189	1.4
1.5	0.93319	0.93448	0.93574	0.93699	0.93822	0.93943	0.94062	0.94179	0.94295	0.94408	1.5
1.6	0.94520	0.94630	0.94738	0.94845	0.94950	0.95053	0.95154	0.95254	0.95352	0.95449	1.6
1.7	0.95543	0.95637	0.95728	0.95818	0.95907	0.95994	0.96080	0.96164	0.96246	0.96327	1.7
1.8	0.96407	0.96485	0.96562	0.96638	0.96712	0.96784	0.96856	0.96926	0.96995	0.97062	1.8
1.9	0.97128	0.97193	0.97257	0.97320	0.97381	0.97441	0.97500	0.97558	0.97615	0.97670	1.9
2.0	0.97725	0.97778	0.97831	0.97882	0.97932	0.97982	0.98030	0.98077	0.98124	0.98169	2.0
2.1	0.98214	0.98257	0.98300	0.98341	0.98382	0.98422	0.98461	0.98500	0.98537	0.98574	2.1
2.2	0.98610	0.98645	0.98679	0.98713	0.98745	0.98778	0.98809	0.98840	0.98870	0.98899	2.2
2.3	0.98928	0.98956	0.98983	0.9^20097	0.9^20358	0.9^20613	0.9^20863	0.9^21106	0.9^21344	0.9^21576	2.3
2.4	0.9^21802	0.9^22024	0.9^22240	0.9^22451	0.9^22656	0.9^22857	0.9^23053	0.9^23244	0.9^23431	0.9^23613	2.4
2.5	0.9^23790	0.9^23963	0.9^24132	0.9^24297	0.9^24457	0.9^24614	0.9^24766	0.9^24915	0.9^25060	0.9^25201	2.5
2.6	0.9^25339	0.9^25473	0.9^25604	0.9^25731	0.9^25855	0.9^25975	0.9^26093	0.9^26207	0.9^26319	0.9^26427	2.6
2.7	0.9^26533	0.9^26636	0.9^26736	0.9^26833	0.9^26928	0.9^27020	0.9^27110	0.9^27197	0.9^27282	0.9^27365	2.7
2.8	0.9^27445	0.9^27523	0.9^27599	0.9^27673	0.9^27744	0.9^27814	0.9^27882	0.9^27948	0.9^28012	0.9^28074	2.8
2.9	0.9^28134	0.9^28193	0.9^28250	0.9^28305	0.9^28359	0.9^28411	0.9^28462	0.9^28511	0.9^28559	0.9^28605	2.9
3.0	0.9^28650	0.9^28694	0.9^28736	0.9^28777	0.9^28817	0.9^28856	0.9^28893	0.9^28930	0.9^28965	0.9^28999	3.0
3.1	0.9^30324	0.9^30646	0.9^30957	0.9^31260	0.9^31553	0.9^31836	0.9^32112	0.9^32378	0.9^32636	0.9^32886	3.1
3.2	0.9^33129	0.9^33363	0.9^33590	0.9^33810	0.9^34024	0.9^34230	0.9^34429	0.9^34623	0.9^34810	0.9^34991	3.2
3.3	0.9^35166	0.9^35335	0.9^35499	0.9^35658	0.9^35811	0.9^35959	0.9^36103	0.9^36242	0.9^36376	0.9^36505	3.3
3.4	0.9^36631	0.9^36752	0.9^36869	0.9^36982	0.9^37091	0.9^37197	0.9^37299	0.9^37398	0.9^37493	0.9^37585	3.4
3.5	0.9^37674	0.9^37759	0.9^37842	0.9^37922	0.9^37999	0.9^38074	0.9^38146	0.9^38215	0.9^38282	0.9^38347	3.5
3.6	0.9^38409	0.9^38469	0.9^38527	0.9^38583	0.9^38637	0.9^38689	0.9^38739	0.9^38787	0.9^38834	0.9^38879	3.6
3.7	0.9^38922	0.9^38964	0.9^40039	0.9^40426	0.9^40799	0.9^41158	0.9^41504	0.9^41838	0.9^42159	0.9^42468	3.7

u	0.00	0.01	0.02	0.03	0.04	0.05	0.06	0.07	0.08	0.09	u
3.8	$0.9^4 2765$	$0.9^4 3052$	$0.9^4 3327$	$0.9^4 3593$	$0.9^4 3848$	$0.9^4 4094$	$0.9^4 4331$	$0.9^4 4558$	$0.9^4 4777$	$0.9^4 4983$	3.8
3.9	$0.9^4 5190$	$0.9^4 5385$	$0.9^4 5573$	$0.9^4 5753$	$0.9^4 5926$	$0.9^4 6092$	$0.9^4 6253$	$0.9^4 6406$	$0.9^4 6554$	$0.9^4 6696$	3.9
4.0	$0.9^4 6833$	$0.9^4 6964$	$0.9^4 7090$	$0.9^4 7211$	$0.9^4 7327$	$0.9^4 7439$	$0.9^4 7546$	$0.9^4 7649$	$0.9^4 7748$	$0.9^4 7843$	4.0
4.1	$0.9^4 7934$	$0.9^4 8022$	$0.9^4 8106$	$0.9^4 8186$	$0.9^4 8263$	$0.9^4 8338$	$0.9^4 8409$	$0.9^4 8477$	$0.9^4 8542$	$0.9^4 8605$	4.1
4.2	$0.9^4 8665$	$0.9^4 8723$	$0.9^4 8778$	$0.9^4 8832$	$0.9^4 8882$	$0.9^4 8931$	$0.9^4 8978$	$0.9^5 0226$	$0.9^5 0655$	$0.9^5 1066$	4.2
4.3	$0.9^5 1460$	$0.9^5 1837$	$0.9^5 2199$	$0.9^5 2545$	$0.9^5 2876$	$0.9^5 3193$	$0.9^5 3497$	$0.9^5 3788$	$0.9^5 4066$	$0.9^5 4332$	4.3
4.4	$0.9^5 4587$	$0.9^5 4831$	$0.9^5 5065$	$0.9^5 5288$	$0.9^5 5502$	$0.9^5 5706$	$0.9^5 5902$	$0.9^5 6089$	$0.9^5 6268$	$0.9^5 6439$	4.4
4.5	$0.9^5 6602$	$0.9^5 6759$	$0.9^5 6908$	$0.9^5 7051$	$0.9^5 7187$	$0.9^5 7318$	$0.9^5 7442$	$0.9^5 7561$	$0.9^5 7675$	$0.9^5 7784$	4.5
4.6	$0.9^5 7888$	$0.9^5 7987$	$0.9^5 8081$	$0.9^5 8172$	$0.9^5 8258$	$0.9^5 8340$	$0.9^5 9419$	$0.9^5 8494$	$0.9^5 8566$	$0.9^5 8634$	4.6
4.7	$0.9^5 8699$	$0.9^5 8761$	$0.9^5 8821$	$0.9^5 8877$	$0.9^5 8931$	$0.9^5 8983$	$0.9^6 0320$	$0.9^6 0789$	$0.9^6 1235$	$0.9^6 1661$	4.7
4.8	$0.9^6 2067$	$0.9^6 2453$	$0.9^6 2822$	$0.9^6 3173$	$0.9^6 3508$	$0.9^6 3827$	$0.9^6 4131$	$0.9^6 4420$	$0.9^6 4696$	$0.9^6 4958$	4.8
4.9	$0.9^6 5208$	$0.9^6 5446$	$0.9^6 5673$	$0.9^6 5889$	$0.9^6 6094$	$0.9^6 6289$	$0.9^6 6475$	$0.9^6 6652$	$0.9^6 6821$	$0.9^6 6981$	4.9

附表2　正态分布的双侧分位数（u_α）表

α	α									
	0.01	0.02	0.03	0.04	0.05	0.06	0.07	0.08	0.09	0.10
0.0	2.575829	2.326348	2.170090	2.053749	1.959964	1.880794	1.811911	1.750686	1.695398	1.644854
0.1	1.598193	1.554774	1.514102	1.475791	1.439531	1.405072	1.372204	1.34055	1.310579	1.281552
0.2	1.253565	1.226528	1.200359	1.174987	1.150349	1.126391	1.103063	1.080319	1.058122	1.036433
0.3	1.015222	0.994458	0.974114	0.954165	0.934589	0.915365	0.896473	0.877896	0.859617	0.841621
0.4	0.823894	0.806421	0.789192	0.772193	0.755415	0.738847	0.722479	0.706303	0.690309	0.674490
0.5	0.658838	0.643345	0.628006	0.612813	0.597760	0.582841	0.568051	0.553385	0.538836	0.524401
0.6	0.510073	0.495850	0.481727	0.467699	0.453762	0.439913	0.426148	0.412463	0.398855	0.385320
0.7	0.371856	0.358459	0.345125	0.331853	0.318639	0.305481	0.292375	0.279319	0.266311	0.253347
0.8	0.240426	0.227545	0.214702	0.201893	0.189118	0.176374	0.163658	0.150969	0.138304	0.125661
0.9	0.113039	0.100434	0.087845	0.075270	0.062707	0.050154	0.037608	0.025069	0.012533	0.000000

附表3　t 值表

自由度 df		概率 P									
	单侧	0.25	0.20	0.10	0.05	0.025	0.01	0.005	0.0025	0.001	0.0005
	双侧	0.50	0.40	0.20	0.10	0.05	0.02	0.01	0.005	0.002	0.001
1		1.000	1.376	3.078	6.314	12.706	31.821	63.657	127.321	318.309	636.619
2		0.816	1.061	1.886	2.920	4.303	6.965	9.925	14.089	22.309	31.599
3		0.765	0.978	1.638	2.353	3.182	4.541	5.841	7.453	10.215	12.924
4		0.741	0.941	1.533	2.132	2.776	3.747	4.604	5.598	7.173	8.610
5		0.727	0.920	1.476	2.015	2.571	3.365	4.032	4.773	5.893	6.869
6		0.718	0.906	1.440	1.943	2.447	3.143	3.707	4.317	5.208	5.959
7		0.711	0.896	1.415	1.895	2.365	2.998	3.499	4.029	4.785	5.408
8		0.706	0.889	1.397	1.860	2.306	2.896	3.355	3.833	4.501	5.041
9		0.703	0.883	1.383	1.833	2.262	2.821	3.250	3.690	4.297	4.781
10		0.700	0.879	1.372	1.812	2.228	2.764	3.169	3.581	4.144	4.587
11		0.697	0.876	1.363	1.796	2.201	2.718	3.106	3.497	4.025	4.437
12		0.695	0.873	1.356	1.782	2.179	2.681	3.055	3.428	3.930	4.318
13		0.694	0.870	1.350	1.771	2.160	2.650	3.012	3.372	3.852	4.221
14		0.692	0.868	1.345	1.761	2.145	2.624	2.977	3.326	3.787	4.140
15		0.691	0.866	1.341	1.753	2.131	2.602	2.947	3.286	3.733	4.073
16		0.690	0.865	1.337	1.746	2.120	2.583	2.921	3.252	3.686	4.015
17		0.689	0.863	1.333	1.740	2.110	2.567	2.898	3.222	3.646	3.965
18		0.688	0.862	1.330	1.734	2.101	2.552	2.878	3.197	3.610	3.922
19		0.688	0.861	1.328	1.729	2.093	2.539	2.861	3.174	3.579	3.883
20		0.687	0.860	1.325	1.725	2.086	2.528	2.845	3.153	3.552	3.850
21		0.686	0.859	1.323	1.721	2.080	2.518	2.831	3.135	3.527	3.819
22		0.686	0.858	1.321	1.717	2.074	2.508	2.819	3.119	3.505	3.792
23		0.685	0.858	1.319	1.714	2.069	2.500	2.807	3.104	3.485	3.768
24		0.685	0.857	1.318	1.711	2.064	2.492	2.797	3.091	3.467	3.745

自由度 df		概率 P									
	单侧	0.25	0.20	0.10	0.05	0.025	0.01	0.005	0.0025	0.001	0.0005
	双侧	0.50	0.40	0.20	0.10	0.05	0.02	0.01	0.005	0.002	0.001
25		0.684	0.856	1.316	1.708	2.060	2.485	2.787	3.078	3.450	3.725
26		0.684	0.856	1.315	1.706	2.056	2.479	2.779	3.067	3.435	3.707
27		0.684	0.855	1.314	1.703	2.052	2.473	2.771	3.057	3.421	3.690
28		0.683	0.855	1.313	1.701	2.048	2.467	2.763	3.047	3.408	3.574
29		0.683	0.854	1.311	1.699	2.045	2.462	2.756	3.038	3.396	3.659
30		0.683	0.854	1.310	1.697	2.042	2.457	2.750	3.030	3.385	3.646
31		0.682	0.853	1.309	1.696	2.040	2.453	2.744	3.022	3.375	3.633
32		0.682	0.853	1.309	1.694	2.037	2.449	2.738	3.015	3.365	3.622
33		0.682	0.853	1.308	1.692	2.035	2.445	2.733	3.008	3.356	3.611
34		0.682	0.852	1.307	1.691	2.032	2.441	2.728	3.002	3.348	3.601
35		0.682	0.852	1.306	1.690	2.030	2.438	2.724	2.996	3.340	3.591
36		0.681	0.852	1.306	1.688	2.028	2.434	2.719	2.990	3.333	3.582
37		0.681	0.851	1.305	1.687	2.026	2.431	2.715	2.985	3.326	3.574
38		0.681	0.851	1.304	1.686	2.024	2.429	2.712	2.980	3.319	3.566
39		0.681	0.851	1.304	1.685	2.023	2.426	2.708	2.976	3.313	3.558
40		0.681	0.851	1.303	1.684	2.021	2.423	2.704	2.971	3.307	3.551
50		0.679	0.849	1.299	1.676	2.009	2.403	2.678	2.937	3.261	3.496
60		0.679	0.848	1.296	1.671	2.000	2.390	2.660	2.915	3.232	3.460
70		0.678	0.847	1.294	1.667	1.994	2.381	2.648	2.899	3.211	3.435
80		0.678	0.846	1.292	1.664	1.990	2.374	2.639	2.887	3.195	3.416
90		0.677	0.846	1.291	1.662	1.987	2.368	2.632	2.878	3.183	3.402
100		0.677	0.845	1.290	1.660	1.984	2.364	2.626	2.871	3.174	3.390
200		0.676	0.843	1.286	1.653	1.972	2.345	2.601	2.839	3.131	3.340
500		0.675	0.842	1.283	1.648	1.965	2.334	2.586	2.820	3.107	3.310
1000		0.675	0.842	1.282	1.646	1.962	2.330	2.581	2.813	3.098	3.300
∞		0.6745	0.8416	1.2816	1.6449	1.9600	2.3263	2.5758	2.8070	3.0902	3.2905

附表 4 F 值表

方差分析用（单尾）：上行概率 0.05，下行概率 0.01

分母的自由度 df_2	分子的自由度 df_1											
	1	2	3	4	5	6	7	8	9	10	11	12
1	161	200	216	225	230	234	237	239	241	242	243	224
	4052	4999	5403	5625	5764	5859	5928	5981	6022	6056	6082	6106
2	18.51	19.00	19.16	19.25	19.30	19.33	19.36	19.37	19.38	19.39	19.40	19.41
	98.49	99.00	99.17	99.25	99.30	99.33	99.34	99.36	99.38	99.40	99.41	99.42
3	10.13	9.55	9.28	9.12	9.01	8.94	8.88	8.84	8.81	8.78	8.76	8.74
	34.12	30.82	29.46	28.71	28.24	27.91	27.67	27.49	27.34	27.23	27.13	27.05
4	7.71	6.94	6.59	6.39	6.26	6.16	6.09	6.04	6.00	5.96	5.93	5.91
	21.20	18.00	16.69	15.98	15.52	15.21	14.98	14.80	14.66	14.54	14.45	14.37
5	6.61	5.79	5.41	5.19	5.05	4.95	4.88	4.82	4.78	4.74	4.70	4.68
	16.26	13.27	12.06	11.39	10.97	10.67	10.45	10.27	10.15	10.05	9.96	9.89
6	5.99	5.14	4.76	4.53	4.39	4.28	4.21	4.15	4.10	4.06	4.03	4.00
	13.74	10.92	9.78	9.15	8.75	8.47	8.26	8.10	7.98	7.87	7.79	7.72
7	5.59	4.74	4.35	4.12	3.97	3.87	3.79	3.73	3.68	3.63	3.60	3.57
	12.25	9.55	8.45	7.85	7.46	7.19	7.00	6.84	6.71	6.62	6.54	6.47
8	5.32	4.46	4.07	3.84	3.69	3.58	3.50	3.44	3.39	3.34	3.31	3.28
	11.26	8.65	7.59	7.01	6.63	6.37	6.19	6.03	5.91	5.82	5.74	5.67
9	5.12	4.26	3.86	3.63	3.48	3.37	3.29	3.23	3.18	3.13	3.10	3.07
	10.56	8.02	6.99	6.42	6.06	5.80	5.62	5.47	5.35	5.26	5.18	5.11
10	4.96	4.10	3.71	3.48	3.33	3.22	3.14	3.07	3.02	2.97	2.94	2.91
	10.04	7.56	6.55	5.99	5.64	5.39	5.21	5.06	4.95	4.85	4.78	4.71
11	4.84	3.98	3.59	3.36	3.20	3.09	3.01	2.95	2.90	2.86	2.82	2.76
	9.65	7.20	6.22	5.67	5.32	5.07	4.88	4.74	4.63	4.54	4.46	4.40
12	4.75	3.88	3.49	3.26	3.11	3.00	2.92	2.85	2.80	2.76	2.72	2.69
	9.33	6.93	5.95	5.41	5.06	4.82	4.65	4.50	4.39	4.30	4.22	4.16
13	4.67	3.80	3.41	3.18	3.02	2.92	2.84	2.77	2.72	2.67	2.63	2.60
	9.07	6.70	5.74	5.20	4.86	4.62	4.44	4.30	4.19	4.10	4.02	3.96

分母的自由度 df_2	分子的自由度 df_1											
	1	2	3	4	5	6	7	8	9	10	11	12
14	4.60	3.74	3.34	3.11	2.96	2.85	2.77	2.70	2.65	2.60	2.56	2.53
	8.86	6.51	5.56	5.03	4.69	4.46	4.28	4.14	4.03	3.94	3.86	3.80
15	4.54	3.68	3.29	3.06	2.90	2.79	2.70	2.64	2.59	2.55	2.51	2.48
	8.68	6.36	5.42	4.89	4.56	4.32	4.14	4.00	3.89	3.80	3.73	3.67
16	4.49	3.63	3.24	3.01	2.85	2.74	2.66	2.59	2.54	2.49	2.45	2.42
	8.53	6.23	5.29	4.77	4.44	4.20	4.03	3.89	3.78	3.69	3.61	3.55
17	4.45	3.59	3.20	2.96	2.81	2.70	2.62	2.55	2.50	2.45	2.41	2.38
	8.40	6.11	5.18	4.67	4.34	4.10	3.93	3.79	3.68	3.59	3.52	3.45
18	4.41	3.55	3.16	2.93	2.77	2.66	2.58	2.51	2.46	2.41	2.37	2.34
	8.28	6.01	5.09	4.58	4.25	4.01	3.85	3.71	3.60	3.51	3.44	3.37
19	4.38	3.52	3.13	2.90	2.74	2.63	2.55	2.48	2.43	2.38	2.34	2.31
	8.18	5.93	5.01	4.50	4.17	3.94	3.77	3.63	3.52	3.43	3.36	3.30
20	4.35	3.49	3.10	2.87	2.71	2.60	2.52	2.45	2.40	2.35	2.31	2.28
	8.10	5.85	4.94	4.43	4.10	3.87	3.71	3.56	3.45	3.37	3.30	3.23
21	4.32	3.47	3.07	2.84	2.68	2.57	2.49	2.42	2.37	2.32	2.28	2.25
	8.02	5.78	4.87	4.37	4.04	3.81	3.65	3.51	3.40	3.31	3.24	3.17
22	4.30	3.44	3.05	2.82	2.66	2.55	2.47	2.40	2.35	2.30	2.26	2.23
	7.94	5.72	4.82	4.31	3.99	3.76	3.59	3.45	3.35	3.26	3.18	3.12
23	4.28	3.42	3.03	2.80	2.64	2.53	2.45	2.38	2.32	2.28	2.24	3.20
	7.88	5.66	4.76	4.26	3.94	3.71	3.54	3.41	3.30	3.21	3.14	3.07
24	4.26	3.40	3.01	2.78	2.62	2.51	2.43	2.36	2.30	2.26	2.22	2.18
	7.82	5.61	4.72	4.22	3.90	3.67	3.50	3.36	3.25	3.17	3.09	3.03
25	4.24	3.38	2.99	2.76	2.60	2.49	2.41	2.34	2.28	2.24	2.20	2.16
	7.77	5.57	4.68	4.18	3.86	3.63	3.46	3.32	3.21	3.13	3.05	2.99
26	4.22	3.37	2.98	2.74	2.59	2.47	2.39	2.32	2.27	2.22	2.18	2.15
	7.72	5.53	4.64	4.14	3.82	3.59	3.42	3.29	3.17	3.09	3.02	2.96
27	4.21	3.35	2.96	2.73	2.57	2.46	2.37	2.30	2.25	2.20	2.16	2.13
	7.68	5.49	4.60	4.11	3.79	3.56	3.39	3.26	3.14	3.06	2.98	2.93
28	4.20	3.34	2.95	2.71	2.56	2.44	2.36	2.29	2.24	2.19	2.15	2.12
	7.64	5.45	4.57	4.07	3.76	3.53	3.36	3.23	3.11	3.03	2.95	2.90
29	4.18	3.33	2.93	2.70	2.54	2.43	2.35	2.28	2.22	2.18	2.14	2.10
	7.60	5.42	4.54	4.04	3.73	3.50	3.33	3.20	3.08	3.00	2.92	2.87
30	4.17	3.32	2.92	2.69	2.53	2.42	2.34	2.27	2.21	2.16	2.12	2.09
	7.56	5.39	4.51	4.02	3.70	3.47	3.30	3.17	3.06	2.98	2.90	2.84
32	4.15	3.30	2.90	2.67	2.51	2.40	2.32	2.25	2.19	2.14	2.10	2.07
	7.50	5.34	4.46	3.97	3.66	3.42	3.25	3.12	3.01	2.94	2.86	2.80
34	4.13	3.28	2.88	2.65	2.49	2.38	2.30	2.23	2.17	2.12	2.08	2.05
	7.44	5.29	4.42	3.93	3.61	3.38	3.21	3.08	2.97	2.89	2.82	2.76
36	4.11	3.26	2.86	2.63	2.48	2.36	2.28	2.21	2.15	2.10	2.06	2.03
	7.39	5.25	4.38	3.89	3.58	3.35	3.18	3.04	2.94	2.86	2.78	2.72
38	4.10	3.25	2.85	2.62	2.46	2.35	2.26	2.19	2.14	2.09	2.05	2.02
	7.35	5.21	4.34	3.86	3.54	3.32	3.15	3.02	2.91	2.82	2.75	2.69
40	4.08	3.23	2.84	2.61	2.45	2.34	2.25	2.18	2.12	2.07	2.04	2.00
	7.31	5.18	4.31	3.83	3.51	3.29	3.12	2.99	2.88	2.80	2.73	2.66
42	4.07	3.22	2.83	2.59	2.44	2.32	2.24	2.17	2.11	2.06	2.02	1.99
	7.27	5.15	4.29	3.80	3.49	3.26	3.10	2.96	2.86	2.77	2.70	2.64
44	4.06	3.21	2.82	2.58	2.43	2.31	2.23	2.16	2.10	2.05	2.01	1.98
	7.24	5.12	4.26	3.78	3.46	3.24	3.07	2.94	2.84	2.75	2.68	2.62
46	4.05	3.20	2.81	2.57	2.42	2.30	2.22	2.14	2.09	2.04	2.00	1.97
	7.21	5.10	4.24	3.76	3.44	3.22	3.05	2.92	2.82	2.73	2.66	2.60
48	4.04	3.19	2.80	2.56	2.41	2.30	2.21	2.14	2.08	2.03	1.99	1.96
	7.19	5.08	4.22	3.74	3.42	3.20	3.04	2.90	2.80	2.71	2.64	2.58

分母的自由度 df_2	分子的自由度 df_1											
	1	2	3	4	5	6	7	8	9	10	11	12
50	4.03	3.18	2.79	2.56	2.40	2.29	2.20	2.13	2.07	2.02	1.98	1.95
	7.17	5.06	4.20	3.72	3.41	3.18	3.02	2.88	2.78	2.70	2.62	2.56
60	4.00	3.15	2.76	2.52	2.37	2.25	2.17	2.10	2.04	1.99	1.95	1.92
	7.08	4.98	4.13	3.65	3.34	3.12	2.95	2.82	2.72	2.63	2.56	2.50
70	3.98	3.13	2.74	2.50	2.35	2.23	2.14	2.07	2.01	1.97	1.93	1.89
	7.01	4.92	4.08	3.60	3.29	3.07	2.91	2.77	2.67	2.59	2.51	2.45
80	3.96	3.11	2.72	2.48	2.33	2.21	2.12	2.05	1.99	1.95	1.91	1.88
	6.96	4.88	4.04	3.56	3.25	3.04	2.87	2.74	2.64	2.55	2.48	2.41
100	3.94	3.09	2.70	2.46	2.30	2.19	2.10	2.03	1.97	1.92	1.88	1.85
	6.90	4.82	3.98	3.51	3.20	2.99	2.82	2.69	2.59	2.51	2.43	2.36
125	3.92	3.07	2.68	2.44	2.29	2.17	2.08	2.01	1.95	1.90	1.86	1.83
	6.84	4.78	3.94	3.47	3.17	2.95	2.79	2.65	2.56	2.47	2.40	2.33
150	3.91	3.06	2.67	2.43	2.27	2.16	2.07	2.00	1.94	1.89	1.85	1.82
	6.81	4.75	3.91	3.44	3.14	2.92	2.76	2.62	2.53	2.44	2.37	2.30
200	3.89	3.04	2.65	2.41	2.26	2.14	2.05	1.98	1.92	1.87	1.83	1.80
	6.76	4.71	3.88	3.41	3.11	2.90	2.73	2.60	2.50	2.41	2.34	2.28
400	3.86	3.02	2.62	2.39	2.23	2.12	2.03	1.96	1.90	1.85	1.81	1.78
	6.70	4.66	3.83	3.36	3.06	2.85	2.69	2.55	2.46	2.37	2.29	2.23
1000	3.85	3.00	2.61	2.38	2.22	2.10	2.02	1.95	1.89	1.84	1.80	1.76
	6.66	4.62	3.80	3.34	3.04	2.82	2.66	2.53	2.43	2.34	2.26	2.20
∞	3.84	2.99	2.60	2.37	2.21	2.09	2.01	1.94	1.88	1.83	1.79	1.75
	6.64	4.60	3.78	3.32	3.02	2.80	2.64	2.51	2.41	2.32	2.24	2.18

分母的自由度 df_2	分子的自由度 df_1											
	14	16	20	24	30	40	50	75	100	200	500	∞
1	245	246	248	249	250	251	252	253	253	254	254	254
	6142	6169	6208	6234	6258	6286	6302	6323	6334	6352	6361	6366
2	19.2	19.43	19.44	19.45	19.46	19.47	19.47	19.48	19.49	19.49	19.50	19.50
	99.43	99.44	99.45	99.46	99.47	99.48	99.48	99.49	99.49	99.49	99.50	99.50
3	8.71	8.69	8.66	8.64	8.62	8.60	8.58	8.57	8.56	8.54	8.54	8.53
	26.92	26.83	26.69	26.60	26.50	26.41	26.35	26.27	26.23	26.18	26.14	26.12
4	5.87	5.84	5.80	5.77	5.74	5.71	5.70	5.68	5.66	5.65	5.64	5.63
	14.24	14.15	14.02	13.93	13.83	13.74	13.69	13.61	13.57	13.52	13.48	13.46
5	4.64	4.60	4.56	4.53	4.50	4.46	4.44	4.42	4.40	4.38	4.37	4.36
	9.77	9.68	9.55	9.47	9.38	9.29	9.24	9.17	9.13	9.07	9.04	9.02
6	3.96	3.92	3.87	3.84	3.81	3.77	3.75	3.72	3.71	3.69	3.68	3.67
	7.60	7.52	7.39	7.31	7.23	7.14	7.09	7.02	6.99	6.94	6.90	6.88
7	3.52	3.49	3.44	3.41	3.38	3.34	3.32	3.29	3.28	3.25	3.24	3.23
	6.35	6.27	6.15	6.07	5.98	5.90	5.85	5.78	5.75	5.70	5.67	5.65
8	3.23	3.20	3.15	3.12	3.08	3.05	3.03	3.00	2.98	2.96	2.94	2.93
	5.56	5.48	5.36	5.28	5.20	5.11	5.06	5.00	4.96	4.91	4.88	4.86
9	3.02	2.98	2.93	2.90	2.86	2.82	2.80	2.77	2.76	2.73	2.72	2.71
	5.00	4.92	4.80	4.73	4.64	4.56	4.51	4.45	4.41	4.36	4.33	4.31
10	2.86	2.82	2.77	2.74	2.70	2.67	2.64	2.61	2.59	2.56	2.55	2.54
	4.60	4.52	4.41	4.33	4.25	4.17	4.12	4.05	4.01	3.96	3.93	3.91
11	2.74	2.70	2.65	2.61	2.57	2.53	2.50	2.47	2.45	2.42	2.41	2.40
	4.29	4.21	4.10	4.02	3.94	3.86	3.80	3.74	3.70	3.66	3.62	3.60
12	2.64	2.60	2.54	2.50	2.46	2.42	2.40	2.36	2.35	2.32	2.31	2.30
	4.05	3.98	3.86	3.78	3.70	3.61	3.56	3.49	3.46	3.41	3.38	3.36

分母的自由度 df_2	分子的自由度 df_1											
	14	16	20	24	30	40	50	75	100	200	500	∞
13	2.55	2.51	2.46	2.42	2.38	2.34	2.32	2.28	2.26	2.24	2.22	2.21
	3.85	3.78	3.67	3.59	3.51	3.42	3.37	3.30	3.27	3.21	3.18	3.16
14	2.48	2.44	2.39	2.35	2.31	2.27	2.24	2.21	2.19	2.16	2.14	2.13
	3.70	3.62	3.51	3.43	3.34	3.26	3.21	3.14	3.11	3.06	3.02	3.00
15	2.43	2.39	2.33	2.29	2.25	2.21	2.18	2.15	2.12	2.10	2.08	2.07
	3.56	3.48	3.36	3.29	3.20	3.12	3.07	3.00	2.97	2.92	2.89	2.87
16	2.37	2.33	2.28	2.24	2.20	2.16	2.13	2.09	2.07	2.04	2.02	2.01
	3.45	3.37	3.25	3.18	3.10	3.01	2.96	2.89	2.86	2.80	2.77	2.75
17	2.33	2.29	2.23	2.19	2.15	2.11	2.08	2.04	2.02	1.99	1.97	1.96
	3.35	3.27	3.16	3.08	3.00	2.92	2.86	2.79	2.76	2.70	2.67	2.65
18	2.29	2.25	2.19	2.15	2.11	2.07	2.04	2.00	1.98	1.95	1.93	1.92
	3.27	3.19	3.07	3.00	2.91	2.83	2.78	2.71	2.68	2.62	2.59	2.57
19	2.26	2.21	2.15	2.11	2.07	2.02	2.00	1.96	1.94	1.91	1.90	1.88
	3.19	3.12	3.00	2.92	2.84	2.76	2.70	2.63	2.60	2.54	2.51	2.49
20	2.23	2.18	2.12	2.08	2.04	1.99	1.96	1.92	1.90	1.87	1.85	1.84
	3.13	3.05	2.94	2.86	2.77	2.69	2.63	2.56	2.53	2.47	2.44	2.42
21	2.20	2.15	2.09	2.05	2.00	1.96	1.93	1.89	1.87	1.84	1.82	1.81
	3.07	2.99	2.88	2.80	2.72	2.63	2.58	2.51	2.47	2.42	2.38	2.36
22	3.18	2.13	2.07	2.03	1.98	1.93	1.91	1.87	1.84	1.81	1.80	1.78
	3.02	2.94	2.83	2.75	2.67	2.58	2.53	2.46	2.42	2.37	2.33	2.31
23	2.14	2.10	2.04	2.00	1.96	1.91	1.88	1.84	1.82	1.79	1.77	1.76
	2.97	2.89	2.78	2.70	2.62	2.53	2.48	2.41	2.37	2.32	2.28	2.26
24	2.13	2.09	2.02	1.98	1.94	1.89	1.86	1.82	1.80	1.76	1.74	1.73
	2.93	2.85	2.74	2.66	2.58	2.49	2.44	2.36	2.33	2.27	2.23	2.21
25	2.11	2.06	2.00	1.96	1.92	1.87	1.84	1.80	1.77	1.74	1.72	1.71
	2.89	2.81	2.70	2.62	2.54	2.45	2.40	2.32	2.29	2.23	2.19	2.17
26	2.10	2.05	1.99	1.95	1.90	1.85	1.82	1.78	1.76	1.72	1.70	1.69
	2.86	2.77	2.66	2.58	2.50	2.41	2.36	2.28	2.25	2.19	2.15	2.13
27	2.08	2.03	1.97	1.93	1.88	1.84	1.80	1.76	1.74	1.71	1.68	1.67
	2.83	2.74	2.63	2.55	2.47	2.38	2.33	2.25	2.21	2.16	2.12	2.10
28	2.06	2.02	1.96	1.91	1.87	1.81	1.78	1.75	1.72	1.69	1.67	1.65
	2.80	2.71	2.60	2.52	2.44	2.35	2.30	2.22	2.18	2.13	2.09	2.06
29	2.05	2.00	1.94	1.90	1.85	1.80	1.77	1.73	1.71	1.68	1.65	1.64
	2.77	2.68	2.57	2.49	2.41	2.32	2.27	2.19	2.15	2.10	2.06	2.03
30	2.04	1.99	1.93	1.89	1.84	1.79	1.76	1.72	1.69	1.66	1.64	1.62
	2.74	2.66	2.55	2.47	2.38	2.29	2.24	2.16	2.13	2.07	2.03	2.01
32	2.02	1.97	1.91	1.86	1.82	1.76	1.74	1.69	1.67	1.64	1.61	1.59
	2.70	2.62	2.51	2.42	2.34	2.25	2.20	2.12	2.08	2.02	1.98	1.96
34	2.00	1.95	1.89	1.84	1.80	1.74	1.71	1.67	1.64	1.61	1.59	1.57
	2.66	2.58	2.47	2.38	2.30	2.21	2.15	2.08	2.04	1.98	1.94	1.91
36	1.98	1.93	1.87	1.82	1.78	1.72	1.69	1.65	1.62	1.59	1.56	1.56
	2.62	2.54	2.43	2.35	2.26	2.17	2.12	2.04	2.00	1.94	1.90	1.87

分母的自由度 df_2	分子的自由度 df_1											
	14	16	20	24	30	40	50	75	100	200	500	∞
38	1.96	1.92	1.85	1.80	1.76	1.71	1.67	1.63	1.60	1.57	1.54	1.53
	2.59	2.51	2.40	2.32	2.22	2.14	2.08	2.00	1.97	1.90	1.86	1.84
40	1.95	1.90	1.84	1.79	1.74	1.69	1.66	1.61	1.59	1.55	1.53	1.51
	2.56	2.49	2.37	2.29	2.20	2.11	2.05	1.97	1.94	1.88	1.84	1.81
42	1.94	1.89	1.82	1.78	1.73	1.68	1.64	1.60	1.57	1.54	1.51	1.49
	2.54	2.46	2.35	2.26	2.17	2.08	2.02	1.94	1.91	1.85	1.80	1.78
44	1.92	1.88	1.81	1.76	1.72	1.66	1.63	1.58	1.56	1.52	1.50	1.48
	2.52	2.44	2.32	2.24	2.15	2.06	2.00	1.92	1.88	1.82	1.78	1.75
46	1.91	1.87	1.80	1.75	1.71	1.65	1.62	1.57	1.54	1.51	1.48	1.46
	2.50	2.42	2.30	2.22	2.13	2.04	1.98	1.90	1.86	1.80	1.76	1.72
48	1.90	1.86	1.79	1.74	1.70	1.64	1.61	1.56	1.53	1.50	1.47	1.45
	2.48	2.40	2.28	2.20	2.11	2.02	1.96	1.88	1.84	1.78	1.73	1.70
50	1.90	1.85	1.78	1.74	1.69	1.63	1.60	1.55	1.52	1.48	1.46	1.44
	2.46	2.39	2.26	2.18	2.10	2.00	1.94	1.86	1.82	1.76	1.71	1.68
60	1.86	1.81	1.75	1.70	1.65	1.59	1.56	1.50	1.48	1.44	1.41	1.39
	2.40	2.32	2.20	2.12	2.03	1.93	1.87	1.79	1.74	1.68	1.63	1.60
70	1.84	1.79	1.82	1.67	1.62	1.56	1.53	1.47	1.45	1.40	1.37	1.35
	2.35	2.28	2.15	2.07	1.98	1.88	1.82	1.74	1.69	1.62	1.56	1.53
80	1.82	1.77	1.70	1.65	1.60	1.54	1.51	1.45	1.42	1.38	1.35	1.32
	2.32	2.24	2.11	2.03	1.94	1.84	1.78	1.70	1.65	1.57	1.52	1.49
100	1.79	1.75	1.68	1.63	1.57	1.51	1.48	1.42	1.39	1.34	1.30	1.28
	2.26	2.19	2.06	1.98	1.89	1.79	1.73	1.64	1.59	1.51	1.46	1.43
125	1.77	1.72	1.65	1.60	1.55	1.49	1.45	1.39	1.36	1.31	1.27	1.25
	2.23	2.15	2.03	1.94	1.85	1.75	1.68	1.59	1.54	1.46	1.40	1.37
150	1.76	1.71	1.64	1.59	1.54	1.47	1.44	1.37	1.34	1.29	1.25	1.22
	2.20	2.12	2.00	1.91	1.83	1.72	1.66	1.56	1.51	1.43	1.37	1.33
200	1.74	1.69	1.62	1.57	1.52	1.45	1.42	1.35	1.32	1.26	1.22	1.19
	2.17	2.09	1.97	1.88	1.79	1.69	1.62	1.53	1.48	1.39	1.33	1.28
400	1.72	1.67	1.60	1.54	1.49	1.42	1.38	1.32	1.28	1.22	1.16	1.13
	2.12	2.04	1.92	1.84	1.74	1.64	1.57	1.47	1.42	1.32	1.24	1.19
1000	1.70	1.65	1.58	1.53	1.47	1.41	1.36	1.30	1.26	1.19	1.13	1.08
	2.09	2.01	1.89	1.81	1.71	1.61	1.54	1.44	1.38	1.28	1.19	1.11
∞	1.69	1.64	1.57	1.52	1.46	1.40	1.35	1.28	1.24	1.17	1.11	1.00
	2.07	1.99	1.87	1.79	1.69	1.59	1.52	1.41	1.36	1.25	1.15	1.00

附表 5　q 值表

自由度(df)	α	K（检验极差的平均数个数，即秩次距）																		
		2	3	4	5	6	7	8	9	10	11	12	13	14	15	16	17	18	19	20
3	0.05	4.50	5.91	6.82	7.50	8.04	8.84	8.85	9.18	9.46	9.72	9.95	10.15	10.35	10.52	10.84	10.69	10.98	11.11	11.24
	0.01	8.26	10.62	12.27	13.33	14.24	15.00	15.64	16.20	16.69	17.13	17.53	17.89	18.22	18.52	19.07	18.81	19.32	19.55	19.77
4	0.05	3.39	5.04	5.76	6.29	6.71	7.05	7.35	7.60	7.83	8.03	8.21	8.37	8.52	8.66	8.79	8.91	9.03	9.13	9.23
	0.01	6.51	8.12	9.17	9.96	10.85	11.10	11.55	11.93	12.27	12.57	12.84	13.09	13.32	13.53	13.73	13.91	14.08	14.24	14.40
5	0.05	3.64	4.60	5.22	5.67	6.03	6.33	6.58	6.80	6.99	7.17	7.32	7.47	7.60	7.72	7.83	7.93	8.03	8.12	8.21
	0.01	5.70	6.98	7.80	8.42	8.91	9.32	9.67	9.97	10.24	10.48	10.07	10.89	11.08	11.24	11.40	11.55	11.68	11.81	11.93
6	0.05	3.46	4.34	4.90	5.30	5.63	5.90	6.12	6.32	6.49	6.65	6.79	6.92	7.03	7.14	7.24	7.34	7.43	7.51	7.59
	0.01	5.24	6.33	7.03	7.56	7.97	8.32	8.61	8.87	9.10	9.30	9.48	9.65	9.81	9.95	10.08	12.21	10.32	10.43	10.54
7	0.05	3.34	4.16	4.68	5.06	5.36	5.01	5.82	6.00	6.16	6.30	6.43	6.55	6.66	6.76	6.85	6.94	7.02	7.10	7.17
	0.01	4.95	5.92	6.54	7.01	7.37	7.68	7.94	8.17	8.37	8.55	8.71	8.86	9.00	9.12	9.24	9.35	9.45	9.55	9.65
8	0.05	3.26	4.04	4.53	4.89	5.17	5.40	5.60	5.77	5.92	6.05	6.18	6.29	6.39	6.48	6.57	6.65	6.73	6.80	6.87
	0.01	4.75	5.64	6.20	6.62	4.96	7.24	7.47	7.68	7.86	8.03	8.18	8.31	8.44	8.55	8.66	8.76	8.85	8.94	9.03
9	0.05	3.20	3.95	4.41	4.76	5.02	5.24	5.43	5.59	5.74	5.87	5.98	6.09	6.19	6.28	6.36	6.44	6.51	6.58	6.64
	0.01	4.60	5.43	5.96	6.35	6.66	6.91	7.13	7.33	7.49	7.65	7.78	7.91	8.03	8.13	8.23	8.33	8.41	8.49	8.57
10	0.05	3.15	3.88	4.33	4.65	4.91	5.12	5.30	5.46	5.60	5.72	5.83	5.93	6.03	6.11	6.19	6.27	6.34	6.40	6.47
	0.01	4.48	5.27	5.77	6.14	6.25	6.67	6.87	7.05	7.21	7.36	7.48	7.60	7.71	7.81	7.91	7.99	8.08	8.15	8.23
11	0.05	3.11	3.82	4.26	4.57	4.82	5.03	5.20	5.35	5.49	5.61	5.71	5.81	5.90	5.98	6.06	6.13	6.20	6.27	6.33
	0.01	4.39	5.15	5.62	5.97	6.25	6.48	6.67	6.84	6.99	7.13	7.25	7.36	7.46	7.56	7.65	7.13	7.81	7.88	7.95
12	0.05	3.08	3.77	4.20	4.51	4.75	4.95	5.12	5.27	5.39	5.51	5.61	5.71	5.80	5.89	5.95	6.02	6.09	6.15	6.21
	0.01	4.32	5.05	5.55	5.84	6.10	6.32	6.51	6.67	6.81	6.94	7.06	7.17	7.26	7.36	7.44	7.52	7.59	7.66	7.73
13	0.05	3.06	3.73	4.15	4.45	4.69	4.88	5.05	5.19	5.32	5.45	5.53	5.63	5.71	5.79	5.86	5.93	5.99	6.05	6.11
	0.01	4.26	4.96	5.40	5.73	5.98	6.19	6.37	6.53	6.67	6.79	6.90	7.01	7.10	7.19	7.27	7.35	7.42	7.48	7.55
14	0.05	3.03	3.70	4.11	4.41	4.64	4.83	4.99	5.13	5.25	5.36	5.46	5.55	5.64	5.71	5.79	5.85	5.91	5.97	6.03
	0.01	4.21	4.89	5.32	5.63	5.88	6.08	6.26	6.41	6.54	6.66	6.77	6.87	6.96	7.05	7.13	7.20	7.27	7.23	7.39

自由度(df)	α	\multicolumn{19}{c}{K（检验极差的平均数个数，即秩次距）}
		2	3	4	5	6	7	8	9	10	11	12	13	14	15	16	17	18	19	20
15	0.05	3.01	3.67	4.08	4.37	4.59	4.78	4.94	5.08	5.20	5.31	5.40	5.49	5.57	5.65	5.72	5.78	5.85	5.90	5.96
	0.01	4.17	4.84	5.25	5.56	5.80	5.99	6.16	6.31	6.44	6.55	6.66	6.76	6.84	6.93	7.00	7.07	7.14	7.20	7.26
16	0.05	3.00	3.65	4.05	4.33	4.56	4.74	4.90	5.03	5.15	5.26	5.35	5.44	5.52	5.59	5.66	5.73	5.79	5.84	5.90
	0.01	4.13	4.79	5.19	5.49	5.72	5.92	6.08	6.22	6.35	6.46	6.56	6.66	6.74	6.82	6.90	6.97	7.03	7.09	7.15
17	0.05	2.98	3.63	4.02	4.30	4.52	4.70	4.86	4.99	5.11	5.21	5.31	5.39	5.47	5.54	5.61	5.67	5.73	5.79	5.84
	0.01	4.10	4.74	5.14	5.43	5.66	5.85	6.01	6.15	6.27	6.38	6.48	6.57	6.66	6.73	6.81	6.87	6.94	7.00	7.05
18	0.05	2.97	3.61	4.00	4.28	4.49	4.67	4.82	4.96	5.07	5.17	5.27	5.35	5.43	5.50	5.57	5.63	5.69	5.74	5.76
	0.01	4.07	4.70	5.09	5.38	5.60	5.79	5.94	6.08	6.20	6.31	6.41	6.50	6.58	6.65	6.73	6.79	6.85	6.91	6.97
19	0.05	2.96	3.59	3.98	4.25	4.47	4.65	4.79	4.92	5.04	5.14	5.23	5.31	5.39	5.46	5.53	5.59	5.65	5.70	5.75
	0.01	4.05	4.67	5.05	5.33	5.55	5.73	5.89	6.02	6.16	6.25	6.34	6.43	6.51	6.58	6.65	6.72	6.78	6.84	6.89
20	0.05	2.95	3.58	3.96	4.23	4.45	4.62	4.77	4.90	5.01	5.11	5.20	5.28	5.36	5.43	5.49	5.55	5.61	5.66	5.71
	0.01	4.02	4.64	5.02	5.29	5.51	5.69	5.84	5.97	6.09	6.19	6.28	6.37	6.45	6.52	6.59	6.65	6.71	6.77	6.82
24	0.05	2.92	3.53	3.90	4.17	4.37	4.54	4.68	4.81	4.92	5.05	5.10	5.18	5.25	5.32	5.38	5.44	5.49	5.55	5.59
	0.01	3.96	4.55	4.91	5.17	5.37	5.54	5.69	5.81	5.92	6.02	6.11	6.19	6.26	6.33	6.39	6.45	6.51	6.56	6.61
30	0.05	2.89	3.49	3.85	4.10	4.30	4.46	4.60	4.72	4.82	4.92	5.00	5.08	5.15	5.21	5.27	5.33	5.38	5.43	5.47
	0.01	3.89	4.45	4.80	5.05	5.24	5.40	5.54	5.65	5.76	5.85	5.93	6.01	6.08	6.14	6.20	6.26	6.31	6.36	6.41
40	0.05	2.86	3.44	3.79	4.04	4.23	4.39	4.52	4.63	4.73	4.82	4.90	4.98	5.04	5.11	5.16	5.22	5.27	5.31	5.36
	0.01	3.82	4.37	4.70	4.93	5.11	5.26	5.39	5.50	5.60	5.69	5.76	5.83	5.90	5.96	6.02	6.07	6.12	6.16	6.21
60	0.05	2.83	3.40	3.74	3.98	4.16	4.31	4.44	4.55	4.65	4.73	4.81	4.88	4.94	5.00	5.06	5.11	5.15	5.20	5.24
	0.01	3.76	4.28	4.59	4.82	4.99	5.13	5.25	5.36	5.45	5.53	5.60	5.67	5.73	5.78	5.84	5.89	5.93	5.97	6.01
120	0.05	2.80	3.36	3.68	3.92	4.10	4.24	4.36	4.47	4.56	4.64	4.71	4.78	4.84	4.90	4.95	5.00	5.04	5.09	5.13
	0.01	3.70	4.20	4.50	4.71	4.87	5.01	5.12	5.21	5.30	5.37	5.44	5.50	5.56	5.61	5.66	5.71	5.75	5.79	5.85
∞	0.05	2.77	3.31	3.63	3.86	4.03	4.17	4.29	4.39	4.47	4.55	4.62	4.68	4.74	4.80	4.85	4.89	4.93	4.97	5.01
	0.01	3.64	4.12	4.40	4.60	4.76	4.88	4.99	5.08	5.16	5.23	5.29	5.35	5.40	5.45	5.49	5.54	5.57	5.61	5.65

附表 6　Duncan's 新复极差检验的 SSR 值

检验极差的平均数个数 K

自由度 (df)	α	2	3	4	5	6	7	8	9	10	12	14	16	18	20
1	0.05	18.0	18.0	18.0	18.0	18.0	18.0	18.0	18.0	18.0	18.0	18.0	18.0	18.0	18.0
	0.01	90.0	90.0	90.0	90.0	90.0	90.0	90.0	90.0	90.0	90.0	90.0	90.0	90.0	90.0
2	0.05	6.09	6.09	6.09	6.09	6.09	6.09	6.09	6.09	6.09	6.09	6.09	6.09	6.09	6.09
	0.01	14.0	14.0	14.0	14.0	14.0	14.0	14.0	14.0	14.0	14.0	14.0	14.0	14.0	14.0
3	0.05	4.50	4.50	4.50	4.50	4.50	4.50	4.50	4.50	4.50	4.50	4.50	4.50	4.50	4.50
	0.01	8.26	8.5	8.6	8.7	8.8	8.9	8.9	9.0	9.0	9.0	9.1	9.2	9.3	9.3
4	0.05	3.93	4.0	4.02	4.02	4.02	4.02	4.02	4.02	4.02	4.02	4.02	4.02	4.02	4.02
	0.01	6.51	6.8	6.9	7.0	7.1	7.1	7.2	7.2	7.3	7.3	7.4	7.4	7.5	7.5
5	0.05	3.64	3.74	3.79	3.83	3.83	3.83	3.83	3.83	3.83	3.83	3.83	3.83	3.83	3.83
	0.01	5.70	5.96	6.11	6.18	6.26	6.33	6.40	6.44	6.5	6.6	6.6	6.7	6.7	6.8
6	0.05	3.46	3.58	3.64	3.68	3.68	3.68	3.68	3.68	3.68	3.68	3.68	3.68	3.68	3.68
	0.01	5.24	5.51	5.65	5.73	5.81	5.88	5.95	6.00	6.0	6.1	6.2	6.2	6.3	6.3
7	0.05	3.35	3.47	3.54	3.58	3.60	3.61	3.61	3.61	3.61	3.61	3.61	3.61	3.61	3.61
	0.01	4.95	5.22	5.37	5.45	5.53	5.61	5.69	5.73	5.8	5.8	5.9	5.9	6.0	6.0
8	0.05	3.26	3.39	3.47	3.52	3.55	3.56	3.56	3.56	3.56	3.56	3.56	3.56	3.56	3.56
	0.01	4.74	5.00	5.14	5.23	5.32	5.40	5.47	5.51	5.5	5.6	5.7	5.7	5.8	5.8
9	0.05	3.20	3.34	3.41	3.47	3.50	3.51	3.52	3.52	3.52	3.52	3.52	3.52	3.52	3.52
	0.01	4.60	4.86	4.99	5.08	5.17	5.25	5.32	5.36	5.4	5.5	5.5	5.6	5.7	5.7
10	0.05	3.15	3.30	3.37	3.43	3.46	3.47	3.47	3.47	3.47	3.47	3.47	3.47	3.47	3.48
	0.01	4.48	4.73	4.88	4.96	5.06	5.12	5.20	5.24	5.28	5.36	5.42	5.48	5.54	5.55
11	0.05	3.11	3.27	3.35	3.39	3.43	3.44	3.45	3.46	3.46	3.46	3.46	3.46	3.47	3.48
	0.01	4.39	4.63	4.77	4.86	4.94	5.01	5.06	5.12	5.15	5.24	5.28	5.34	5.38	5.39
12	0.05	3.08	3.23	3.33	3.36	3.48	3.42	3.44	3.44	3.46	3.46	3.46	3.46	3.47	3.48
	0.01	4.32	4.55	4.68	4.76	4.84	4.92	4.96	5.02	5.07	5.13	5.17	5.22	5.24	5.26
13	0.05	3.06	3.21	3.30	3.36	3.38	3.41	3.42	3.44	3.45	3.45	3.46	3.46	3.47	3.47
	0.01	4.26	4.48	4.62	4.69	4.74	4.84	4.88	4.94	4.98	5.04	5.08	5.13	5.14	5.15

自由度(df)	α	检验极差的平均数个数 K													
		2	3	4	5	6	7	8	9	10	12	14	16	18	20
14	0.05	3.03	3.18	3.27	3.33	3.37	3.39	3.41	3.42	3.44	3.45	3.46	3.46	3.47	3.47
	0.01	4.21	4.42	4.55	4.63	4.70	4.78	4.83	4.87	4.91	4.96	5.00	5.04	5.06	5.07
15	0.05	3.01	3.16	3.25	3.31	3.36	3.38	3.40	3.42	3.43	3.44	3.45	3.46	3.47	3.47
	0.01	4.17	4.37	4.50	4.58	4.64	4.72	4.77	4.81	4.84	4.90	4.94	4.97	4.99	5.00
16	0.05	3.00	3.15	3.23	3.30	3.34	3.37	3.39	3.41	3.43	3.44	3.45	3.46	3.47	3.47
	0.01	4.13	4.34	4.45	4.54	4.60	4.67	4.72	4.76	4.79	4.84	4.88	4.91	4.93	4.94
17	0.05	2.98	3.13	3.22	3.28	3.33	3.36	3.38	3.40	3.42	3.44	3.45	3.46	3.47	3.47
	0.01	4.10	4.30	4.41	4.50	4.56	4.63	4.68	4.72	4.75	4.80	4.83	4.86	4.88	4.89
18	0.05	2.97	3.12	3.21	3.27	3.32	3.35	3.37	3.39	3.41	3.43	3.45	3.46	3.47	3.47
	0.01	4.07	4.27	4.38	4.46	4.53	4.59	4.64	4.68	4.71	4.76	4.79	4.82	4.84	4.85
19	0.05	2.96	3.11	3.19	3.26	3.31	3.35	3.37	3.39	3.41	3.41	3.44	3.46	3.47	3.47
	0.01	4.05	4.24	4.35	4.43	4.50	4.56	4.61	4.64	4.67	4.72	4.76	4.79	4.81	4.82
20	0.05	2.95	3.10	3.18	3.25	3.30	3.34	3.36	3.38	3.40	3.42	3.44	3.46	3.46	3.47
	0.01	4.02	4.22	4.33	4.40	4.47	4.53	4.58	4.61	4.65	4.69	4.73	4.76	4.78	4.79
22	0.05	2.93	3.08	3.17	3.24	3.29	3.32	3.35	3.37	3.39	3.41	3.44	3.45	3.46	3.47
	0.01	3.99	4.17	4.28	4.36	4.42	4.48	4.53	4.57	4.60	4.65	4.68	4.71	4.74	4.75
24	0.05	2.92	3.07	3.15	3.22	3.28	3.31	3.34	3.37	3.38	3.41	3.44	3.45	3.46	3.47
	0.01	3.96	4.14	4.24	4.33	4.39	4.44	4.49	4.53	4.57	4.62	4.64	4.67	4.70	4.72
26	0.05	2.91	3.06	3.14	3.21	3.27	3.30	3.34	3.36	3.38	3.40	3.43	3.45	3.46	3.47
	0.01	3.93	4.11	4.21	4.30	4.36	4.41	4.46	4.50	4.53	4.58	4.62	4.65	4.67	4.69
28	0.05	2.90	3.04	3.13	3.20	3.26	3.30	3.33	3.35	3.37	3.40	3.43	3.45	3.46	3.47
	0.01	3.91	4.08	4.18	4.28	4.34	4.39	4.43	4.47	4.51	4.56	4.60	4.62	4.65	4.67
30	0.05	2.89	3.04	3.12	3.20	3.25	3.29	3.32	3.35	3.37	3.39	3.43	3.44	3.46	3.47
	0.01	3.89	4.06	4.16	4.22	4.32	4.36	4.41	4.45	4.48	4.54	4.58	4.61	4.63	4.65
40	0.05	2.86	3.01	3.10	3.17	3.22	3.27	3.30	3.33	3.35	3.37	3.42	3.44	3.46	3.47
	0.01	3.82	3.99	4.10	4.17	4.24	4.30	4.31	4.37	4.41	4.46	4.51	4.54	4.57	4.59
60	0.05	2.83	2.98	3.08	3.14	3.20	3.24	3.28	3.31	3.33	3.36	3.40	3.43	3.45	3.47
	0.01	3.76	3.92	4.03	4.12	4.17	4.23	4.27	4.31	4.34	4.39	4.44	4.47	4.50	4.53
100	0.05	2.80	2.95	3.05	3.12	3.18	3.22	3.26	3.29	3.32	3.35	3.40	3.42	3.45	3.47
	0.01	3.71	3.86	3.98	4.06	4.11	4.17	4.21	4.25	4.29	4.35	4.38	4.42	4.45	4.48
∞	0.05	2.77	2.92	3.02	3.09	3.15	3.19	3.23	3.26	3.29	3.34	3.38	3.41	3.44	3.47
	0.01	3.64	3.80	3.90	3.98	4.04	4.09	4.14	4.17	4.20	4.26	4.31	4.34	4.38	4.41

附表 7　百分数反正弦 $\sin^{-1}\sqrt{x}$ 转换表

%	0.0	0.1	0.2	0.3	0.4	0.5	0.6	0.7	0.8	0.9
0	0.00	1.81	2.56	3.14	3.63	4.05	4.44	4.80	5.13	5.44
1	5.74	6.02	6.29	6.55	6.80	7.04	7.27	7.49	7.71	7.92
2	8.13	8.33	8.53	8.72	8.91	9.10	9.28	9.46	9.63	9.81
3	9.98	10.14	10.31	10.47	10.63	10.78	10.94	11.09	11.24	11.39
4	11.54	11.68	11.83	11.97	12.11	12.25	12.39	12.52	12.66	12.79
5	12.92	13.05	13.18	13.31	13.44	13.56	13.69	13.81	13.94	14.06
6	14.18	14.30	14.42	14.54	14.65	14.77	14.89	15.00	15.12	15.23
7	15.34	15.45	15.56	15.68	15.79	15.89	16.00	16.11	16.22	16.32
8	16.43	16.54	16.64	16.74	16.85	16.95	17.05	17.16	17.26	17.36
9	17.46	17.56	17.66	17.76	17.85	17.95	18.05	18.15	18.24	18.34
10	18.44	18.53	18.63	18.72	18.81	18.91	19.00	19.09	19.19	19.28
11	19.37	19.46	19.55	19.64	19.73	19.82	19.91	20.00	20.09	20.18
12	20.27	20.36	20.44	20.53	20.62	20.70	20.79	20.88	20.96	21.05
13	21.13	21.22	21.30	21.39	21.47	21.56	21.64	21.72	21.81	21.89
14	21.97	22.06	22.14	22.22	22.30	22.38	22.46	22.55	22.63	22.71
15	22.79	22.87	22.95	23.03	23.11	23.19	23.26	23.34	23.42	23.50
16	23.58	23.66	23.73	23.81	23.89	23.97	24.04	24.12	24.20	24.27
17	24.35	24.43	24.50	24.58	24.65	24.73	24.80	24.88	24.95	25.03
18	25.10	25.18	25.25	25.33	25.40	25.48	25.55	25.72	25.70	25.77
19	25.84	25.92	25.99	26.06	26.13	26.21	26.28	26.55	26.42	26.49
20	26.56	26.64	26.71	26.78	26.85	26.92	26.99	27.06	27.13	27.20
21	27.28	27.35	27.42	27.49	27.56	27.63	27.69	27.76	27.83	27.90
22	27.97	28.04	28.11	28.18	28.25	28.32	28.38	28.45	28.52	28.59
23	28.66	28.73	28.79	28.86	28.93	29.00	29.06	29.13	29.20	29.27
24	29.33	29.40	29.47	29.53	29.60	29.67	29.73	29.80	29.87	29.93
25	30.00	30.07	30.13	30.20	30.26	30.33	30.40	30.46	30.53	30.59
26	30.66	30.72	30.79	30.85	30.92	30.98	31.05	31.11	31.18	31.24
27	31.31	31.37	31.44	31.50	31.56	31.63	31.69	31.76	31.82	31.88
28	31.95	32.01	32.08	32.41	32.20	32.27	32.33	32.39	32.46	32.52
29	32.58	32.65	32.71	32.77	32.83	32.90	32.96	33.02	33.09	33.15
30	33.21	33.27	33.34	33.40	33.46	33.52	33.58	33.65	33.71	33.77
31	33.83	33.89	33.96	34.02	34.08	34.14	34.20	34.27	34.33	34.39
32	33.45	34.51	34.57	34.63	34.70	34.76	34.82	34.88	34.94	35.00
33	35.06	35.12	35.17	35.24	35.30	35.37	35.43	35.49	35.55	35.61
34	35.67	35.73	35.79	35.85	35.91	35.97	36.03	36.09	36.15	36.21
35	36.27	36.33	36.39	36.45	36.51	36.57	36.63	36.69	36.75	36.81
36	36.87	36.93	36.99	37.05	37.11	37.17	37.23	37.29	37.35	37.41
37	37.47	37.52	37.58	37.64	37.70	37.76	37.82	37.88	37.94	38.00
38	38.06	38.12	38.17	38.23	38.29	38.35	38.41	38.47	38.53	38.59
39	38.65	38.70	38.76	38.82	38.88	38.94	39.00	39.06	39.11	39.17
40	39.23	39.29	39.35	39.41	39.47	39.52	39.58	39.64	39.70	39.76
41	39.82	39.87	39.93	39.99	40.05	40.11	40.16	40.22	40.28	40.34
42	40.40	40.46	40.51	40.57	40.63	40.69	40.74	40.80	40.86	40.92
43	40.98	41.03	41.09	41.15	41.21	41.27	41.32	41.38	41.44	41.50
44	41.55	41.61	41.67	41.73	41.78	41.84	41.90	41.96	42.02	42.07
45	42.13	42.19	42.25	42.30	42.36	42.42	42.48	42.53	42.59	42.65
46	42.71	42.76	42.82	42.88	42.94	42.99	43.05	43.11	43.17	43.22
47	43.28	43.34	43.39	43.45	43.51	43.57	43.62	43.68	43.74	43.80
48	43.85	43.9	43.97	44.03	44.08	44.14	44.20	44.25	44.31	44.37
49	44.43	44.48	44.54	44.60	44.66	44.71	44.77	44.83	44.89	44.94

%	0.0	0.1	0.2	0.3	0.4	0.5	0.6	0.7	0.8	0.9
50	45.00	45.06	45.11	45.17	45.23	45.29	45.34	45.40	45.46	45.52
51	45.57	45.63	45.69	45.75	45.80	45.86	45.92	45.97	46.03	49.09
52	46.15	46.20	46.26	46.32	46.38	46.43	46.49	46.55	46.61	46.66
53	46.72	46.78	46.83	46.89	46.95	47.01	47.06	47.12	47.18	47.24
54	47.29	47.35	47.41	47.47	47.52	47.58	47.64	47.70	47.75	47.81
55	47.87	47.93	47.98	48.04	48.10	48.16	48.22	48.27	48.33	48.39
56	48.45	48.50	48.56	48.62	48.68	48.73	48.79	48.85	48.91	48.97
57	49.02	49.08	49.14	49.20	49.26	49.31	49.37	49.43	48.49	49.54
58	49.60	49.66	49.72	49.78	49.84	49.89	49.95	50.01	50.07	50.13
59	50.18	50.24	50.30	50.36	50.42	50.48	50.53	50.59	50.65	50.71
60	50.77	50.83	50.89	50.94	51.00	51.06	51.12	51.18	51.24	51.30
61	51.35	51.41	51.47	51.53	51.59	51.65	51.71	51.77	51.83	51.88
62	51.94	52.00	52.06	52.12	52.18	52.24	52.30	52.36	52.42	52.48
63	52.53	52.59	52.65	52.71	52.77	52.83	52.89	52.95	53.01	53.07
64	53.13	53.19	53.25	53.31	53.37	53.43	53.49	53.55	53.61	53.67
65	53.73	53.79	53.85	53.91	53.97	54.03	54.09	54.15	54.21	54.27
66	54.33	54.39	54.45	54.51	54.57	54.63	54.70	54.76	54.82	54.88
67	54.94	55.00	55.06	55.12	55.18	55.24	55.30	55.37	55.43	55.49
68	55.55	55.61	55.67	55.73	55.80	55.86	55.92	55.98	56.04	56.11
69	56.17	56.23	56.29	56.35	56.42	56.48	56.54	56.60	55.66	56.73
70	56.79	56.85	56.91	59.98	57.04	57.10	57.17	57.23	57.29	57.35
71	57.42	57.48	57.54	57.61	57.67	57.73	57.80	57.86	57.92	57.99
72	58.05	58.12	58.18	58.24	58.31	58.37	58.44	58.50	58.58	58.63
73	58.69	58.76	58.82	58.89	58.95	59.02	59.08	59.15	59.21	59.28
74	59.34	59.41	59.47	59.54	59.60	59.67	59.74	59.80	59.87	59.93
75	60.00	60.07	60.13	60.20	60.27	60.33	60.40	60.47	60.53	60.60
76	60.67	60.73	60.80	60.87	60.94	61.00	61.07	61.14	61.21	61.27
77	61.34	61.41	61.48	61.55	61.62	61.68	61.75	61.82	61.89	61.96
78	62.03	62.10	62.17	62.24	62.31	62.37	62.44	62.51	62.58	62.65
79	62.72	62.80	62.87	62.94	63.01	63.08	63.15	63.22	63.29	63.36
80	63.44	63.51	63.58	63.65	63.72	63.79	63.87	63.94	64.01	64.08
81	64.16	64.23	64.30	64.38	64.45	64.52	64.60	64.67	64.75	64.82
82	64.90	64.97	65.05	65.12	65.20	65.27	65.35	65.42	65.50	65.57
83	65.65	65.73	65.80	65.88	65.96	66.03	66.11	66.19	66.27	66.34
84	66.42	66.50	66.58	66.66	66.74	66.81	66.89	66.97	67.05	67.13
85	67.21	67.29	67.37	67.45	67.54	67.62	67.70	67.78	67.86	67.94
86	68.03	68.11	68.19	68.28	68.36	68.44	68.53	68.61	68.70	68.78
87	68.87	68.95	69.04	69.12	69.21	69.30	69.38	69.47	69.56	69.64
88	69.73	69.82	69.91	70.00	70.09	70.18	70.27	70.36	70.45	70.54
89	70.63	70.72	70.81	70.91	71.00	71.09	71.19	71.28	71.37	71.47
90	71.56	71.66	71.76	71.85	71.95	72.05	72.15	72.24	72.34	72.44
91	72.54	72.64	72.74	72.84	72.95	73.05	73.15	73.26	73.36	73.46
92	73.57	73.68	73.78	73.89	74.00	74.11	74.21	74.32	74.44	74.55
93	74.66	74.77	74.88	75.00	75.11	75.23	75.35	75.46	75.58	75.70
94	75.82	75.94	76.06	76.19	76.31	76.44	76.56	76.69	76.82	76.95
95	77.08	77.21	77.34	77.48	77.61	77.75	77.89	78.03	78.17	78.32
96	78.46	78.61	78.76	78.91	79.06	79.22	79.37	79.53	79.69	79.86
97	80.02	80.19	80.37	80.54	80.72	80.90	81.09	81.28	81.47	81.67
98	81.87	82.08	82.29	82.21	82.73	82.96	83.20	83.45	83.71	83.98
99	84.26	84.56	84.87	85.50	85.56	85.95	86.37	86.86	87.44	88.19

自由度 df	概率 α	变数的个数 M				自由度 df	概率 α	变数的个数 M			
		2	3	4	5			2	3	4	5
1	0.05	0.997	0.999	0.999	0.999	24	0.05	0.388	0.470	0.523	0.562
	0.01	1.000	1.000	1.000	1.000		0.01	0.496	0.565	0.609	0.642
2	0.05	0.950	0.975	0.983	0.987	25	0.05	0.381	0.462	0.514	0.553
	0.01	0.990	0.995	0.997	0.998		0.01	0.487	0.555	0.600	0.633
3	0.05	0.878	0.930	0.950	0.961	26	0.05	0.374	0.454	0.506	0.545
	0.01	0.959	0.976	0.982	0.987		0.01	0.478	0.546	0.590	0.624
4	0.05	0.811	0.881	0.912	0.930	27	0.05	0.367	0.446	0.498	0.536
	0.01	0.917	0.949	0.962	0.970		0.01	0.470	0.538	0.587	0.615
5	0.05	0.754	0.863	0.874	0.898	28	0.05	0.361	0.439	0.490	0.592
	0.01	0.874	0.917	0.937	0.949		0.01	0.463	0.530	0.573	0.606
6	0.05	0.707	0.795	0.839	0.867	29	0.05	0.355	0.432	0.482	0.521
	0.01	0.834	0.886	0.911	0.927		0.01	0.456	0.522	0.565	0.598
7	0.05	0.666	0.758	0.807	0.838	30	0.05	0.349	0.426	0.476	0.514
	0.01	0.798	0.855	0.885	0.904		0.01	0.449	0.514	0.558	0.519
8	0.05	0.632	0.726	0.777	0.811	35	0.05	0.325	0.397	0.445	0.482
	0.01	0.765	0.827	0.860	0.882		0.01	0.418	0.481	0.523	0.556
9	0.05	0.602	0.697	0.750	0.786	40	0.05	0.304	0.373	0.419	0.455
	0.01	0.735	0.800	0.836	0.861		0.01	0.393	0.454	0.494	0.526
10	0.05	0.576	0.671	0.726	0.763	45	0.05	0.288	0.353	0.397	0.432
	0.01	0.708	0.776	0.814	0.840		0.01	0.372	0.430	0.470	0.501
11	0.05	0.553	0.648	0.703	0.741	50	0.05	0.273	0.336	0.379	0.412
	0.01	0.684	0.753	0.793	0.821		0.01	0.354	0.410	0.449	0.479
12	0.05	0.532	0.627	0.683	0.722	60	0.05	0.250	0.308	0.348	0.380
	0.01	0.661	0.732	0.773	0.802		0.01	0.325	0.377	0.414	0.442
13	0.05	0.514	0.608	0.664	0.703	70	0.05	0.232	0.286	0.324	0.354
	0.01	0.641	0.712	0.755	0.785		0.01	0.302	0.351	0.386	0.413
14	0.05	0.497	0.590	0.646	0.686	80	0.05	0.217	0.269	0.304	0.332
	0.01	0.623	0.694	0.737	0.768		0.01	0.283	0.330	0.362	0.389
15	0.05	0.482	0.574	0.630	0.670	90	0.05	0.205	0.254	0.288	0.315
	0.01	0.606	0.677	0.721	0.752		0.01	0.267	0.312	0.343	0.368
16	0.05	0.468	0.559	0.615	0.655	100	0.05	0.195	0.241	0.274	0.300
	0.01	0.590	0.662	0.706	0.738		0.01	0.254	0.297	0.327	0.351
17	0.05	0.456	0.545	0.601	0.641	125	0.05	0.174	0.216	0.246	0.269
	0.01	0.575	0.647	0.691	0.724		0.01	0.228	0.266	0.294	0.316
18	0.05	0.444	0.532	0.587	0.628	150	0.05	0.159	0.198	0.225	0.247
	0.01	0.561	0.633	0.678	0.710		0.01	0.208	0.244	0.270	0.290
19	0.05	0.433	0.520	0.575	0.615	200	0.05	0.138	0.172	0.196	0.215
	0.01	0.549	0.620	0.665	0.698		0.01	0.181	0.212	0.234	0.253
20	0.05	0.423	0.509	0.563	0.604	300	0.05	0.113	0.141	0.160	0.176
	0.01	0.537	0.608	0.652	0.685		0.01	0.148	0.174	0.192	0.208
21	0.05	0.413	0.498	0.592	0.592	400	0.05	0.098	0.122	0.139	0.153
	0.01	0.526	0.596	0.641	0.674		0.01	0.128	0.151	0.167	0.180
22	0.05	0.404	0.488	0.542	0.582	500	0.05	0.088	0.109	0.124	0.137
	0.01	0.515	0.585	0.630	0.663		0.01	0.115	0.135	0.150	0.162
23	0.05	0.396	0.479	0.532	0.572	1000	0.05	0.062	0.077	0.088	0.097
	0.01	0.505	0.574	0.619	0.652		0.01	0.081	0.096	0.106	0.115

附表9 χ^2 值表（一尾）

自由度 df	概 率 值(P)									
	0.995	0.990	0.975	0.950	0.900	0.100	0.050	0.025	0.010	0.005
1					0.02	2.71	3.84	5.02	6.63	7.88
2	0.01	0.02	0.05	0.10	0.21	4.61	5.99	7.38	9.21	10.60
3	0.07	0.11	0.22	0.35	0.58	6.25	7.81	9.35	11.34	12.84
4	0.21	0.30	0.48	0.71	1.06	7.78	9.49	11.14	13.28	14.86
5	0.41	0.55	0.83	1.15	1.61	9.24	11.07	12.83	15.09	16.75
6	0.68	0.87	1.24	1.64	2.20	10.64	12.59	14.45	16.81	18.55
7	0.99	1.24	1.69	2.17	2.83	12.02	14.07	16.01	18.48	20.28
8	1.34	1.65	2.18	2.73	3.49	13.36	15.51	17.53	20.09	21.96
9	1.73	2.09	2.70	3.33	4.17	14.68	16.92	19.02	21.69	23.59
10	2.16	2.56	3.25	3.94	4.87	15.99	18.31	20.48	23.21	25.19
11	2.60	3.05	3.82	4.57	5.58	17.28	19.68	21.92	24.72	26.76
12	3.07	3.57	4.40	5.23	6.30	18.55	21.03	23.34	26.22	28.30
13	3.57	4.11	5.01	5.89	7.04	19.81	22.36	24.74	27.69	29.82
14	4.07	4.66	5.63	6.57	7.79	21.06	23.68	26.12	29.14	31.32
15	4.60	5.23	6.27	7.26	8.55	22.31	25.00	27.49	30.58	32.80
16	5.14	5.81	6.91	7.96	9.31	23.54	26.30	28.85	32.00	34.27
17	5.70	6.41	7.56	8.67	10.09	24.77	27.59	30.19	33.41	35.72
18	6.26	7.01	8.23	9.39	10.86	25.99	28.87	31.53	34.81	37.16
19	6.84	7.63	8.91	10.12	11.65	27.20	30.14	32.85	36.19	38.58
20	7.43	8.26	9.59	10.85	12.44	28.41	31.41	34.17	37.57	40.00
21	8.03	8.90	10.28	11.59	13.24	29.62	32.67	35.48	38.93	41.40
22	8.64	9.54	10.98	12.34	14.04	30.81	33.92	36.78	40.29	42.80
23	9.26	10.20	11.69	13.09	14.85	32.01	35.17	38.08	41.64	44.18
24	9.89	10.86	12.40	13.85	15.66	33.20	36.42	39.36	42.98	45.56
25	10.52	11.52	13.12	14.61	16.47	34.38	37.65	40.65	44.31	46.93
26	11.16	12.20	13.84	15.38	17.29	35.56	38.89	41.92	45.61	48.29
27	11.81	12.88	14.57	16.15	18.11	36.74	40.11	43.19	46.96	49.64
28	12.46	13.56	15.31	16.93	18.94	37.92	41.34	44.46	48.28	50.99
29	13.12	14.26	16.05	17.71	19.77	39.09	42.56	45.72	49.59	52.34
30	13.79	14.95	16.79	18.49	20.60	40.26	43.77	46.98	50.89	53.67
40	20.71	22.16	24.43	26.51	29.05	51.80	55.76	59.34	63.69	66.77
50	27.99	29.71	32.36	34.76	37.69	63.17	67.50	71.42	76.15	79.49
60	35.53	37.48	40.48	43.19	46.46	74.40	79.08	83.30	66.38	91.95
70	43.28	45.44	48.76	51.74	55.33	85.53	90.53	95.02	100.42	104.22
80	51.17	53.54	57.15	60.39	64.28	96.58	101.88	106.03	112.33	116.32
90	59.20	61.75	65.65	69.13	73.29	107.56	113.14	118.14	124.12	128.30
100	67.33	70.06	74.22	77.93	82.36	118.50	124.34	119.56	135.81	140.17

附表 10　F 值表（两尾、方差齐性检验用）

df_1（较大均方的自由度）

df_2	2	3	4	5	6	7	8	9	10	12	15	20	30	60	∞
1	799	864	899	922	937	948	957	963	969	977	985	993	1001	1010	1018
2	39.0	39.2	39.2	39.3	39.3	39.3	39.4	39.4	39.4	39.4	39.4	39.4	39.5	39.5	39.5
3	16.0	15.4	15.1	14.9	14.7	14.6	14.5	14.5	14.4	14.3	14.2	14.2	14.1	14.0	13.9
4	10.6	9.98	9.60	9.36	9.20	9.07	8.98	8.90	8.84	8.75	8.66	8.56	8.64	8.36	8.26
5	8.43	7.76	7.39	7.15	6.98	6.85	6.76	6.68	6.62	6.52	6.43	6.33	6.23	6.12	6.0
6	7.26	6.60	6.23	5.99	5.82	5.69	5.60	5.52	5.46	5.37	5.27	5.17	5.06	4.96	4.85
7	6.54	5.89	5.52	5.28	5.12	4.99	4.90	4.82	4.76	4.67	4.57	4.47	4.36	4.25	4.14
8	6.06	5.42	5.05	4.82	4.65	4.53	4.43	4.36	4.29	4.20	4.10	4.00	3.89	3.78	3.67
9	5.71	5.08	4.72	4.48	4.32	4.20	4.10	4.03	3.96	3.87	3.77	3.67	3.56	3.45	3.33
10	5.46	4.83	4.47	4.24	4.07	3.95	3.85	3.78	3.72	3.62	3.52	3.42	3.31	3.20	3.08
11	5.26	4.63	4.27	4.04	3.88	3.76	3.66	3.59	3.53	3.43	3.33	3.23	3.12	3.00	2.88
12	5.10	4.47	4.12	3.89	3.73	3.61	3.51	3.44	3.37	3.28	3.18	6.07	2.96	2.85	2.72
13	4.96	4.35	4.00	3.77	3.60	3.48	3.39	3.31	3.25	3.15	3.05	2.95	2.84	2.72	2.59
14	4.86	4.24	3.89	3.66	3.50	3.38	3.28	3.21	3.15	3.05	2.95	2.84	2.73	2.61	2.49
15	4.76	4.15	3.80	3.58	3.41	3.29	3.20	3.12	3.06	2.96	2.86	2.76	2.64	2.52	2.39
16	4.69	4.08	3.73	3.50	3.34	3.22	3.12	3.05	2.99	2.89	2.79	2.68	2.57	2.45	2.32
17	4.62	4.01	3.66	3.44	3.28	3.16	3.06	2.98	2.92	2.82	2.72	2.62	2.50	2.38	2.25
18	4.56	3.95	3.61	3.38	3.22	3.10	3.00	2.93	2.87	2.77	2.67	2.56	2.44	2.32	2.19
19	4.51	3.90	3.56	3.33	3.17	3.05	2.96	2.88	2.82	2.72	2.62	2.51	2.39	2.27	2.13
20	4.46	3.86	3.51	3.29	3.13	3.01	2.91	2.84	2.77	2.68	2.57	2.46	2.35	2.22	2.08
21	4.42	3.82	3.47	3.25	3.09	2.97	2.87	2.80	2.73	2.64	2.53	2.42	2.31	2.18	2.04
22	4.38	3.78	3.44	3.21	3.05	2.93	2.84	2.76	2.70	2.60	2.50	2.39	2.27	2.14	2.00
23	4.35	3.75	3.41	3.18	3.02	2.90	2.81	2.73	2.67	2.57	2.47	2.36	2.24	2.11	1.97
24	4.32	3.72	3.38	3.15	2.99	2.87	2.78	2.70	2.64	2.54	2.44	2.33	2.21	2.08	1.93
25	4.29	3.69	3.35	3.13	2.97	2.85	2.75	2.68	2.61	2.51	2.41	2.30	2.18	2.05	1.91
26	4.25	3.67	3.33	3.10	2.94	2.82	2.73	2.65	2.59	2.49	2.39	2.28	2.16	2.03	1.88

df_2	2	3	4	5	6	7	8	9	10	12	15	20	30	60	∞	df_2
						df_1 (较大均方的自由度)										
27	4.24	3.65	3.31	3.08	2.92	2.80	2.71	2.63	2.57	2.47	2.36	2.25	2.13	2.00	1.85	27
28	4.22	3.63	3.29	3.06	2.90	2.78	2.69	2.61	2.55	2.45	2.34	2.23	2.11	1.98	1.83	28
29	4.20	3.61	3.27	3.04	2.88	2.76	2.67	2.59	2.53	2.43	2.32	2.21	2.09	1.96	1.81	29
30	4.18	3.59	3.25	3.03	2.87	2.75	2.65	2.57	2.51	2.41	2.31	2.19	2.07	1.94	1.79	30
31	4.16	3.57	3.23	3.01	2.85	2.73	2.63	2.56	2.49	2.40	2.29	2.18	2.06	1.92	1.77	31
32	4.15	3.56	3.22	2.99	2.84	2.71	2.62	2.54	2.48	2.38	2.27	2.16	2.05	1.90	1.75	32
33	4.13	3.54	3.20	2.98	2.82	2.70	2.61	2.53	2.47	2.37	2.26	2.15	2.03	1.89	1.73	33
34	4.12	3.53	3.19	2.97	2.81	2.69	2.59	2.52	2.45	2.35	2.25	2.13	2.01	1.87	1.72	34
35	4.11	3.52	3.18	2.96	2.80	2.68	2.58	2.50	2.44	2.34	2.23	2.12	2.00	1.86	1.70	35
36	4.09	3.50	3.17	2.94	2.78	2.66	2.57	2.49	2.43	2.33	2.22	2.11	1.99	1.85	1.69	36
37	4.08	3.49	3.16	2.93	2.77	2.65	2.56	2.48	2.42	2.32	2.21	2.10	1.97	1.84	1.67	37
38	4.07	3.48	3.14	2.92	2.76	2.64	2.55	2.47	2.41	2.31	2.20	2.09	1.96	1.82	1.66	38
39	4.06	3.47	3.13	2.91	2.75	2.63	2.54	2.46	2.40	2.30	2.19	2.08	1.95	1.81	1.65	39
40	4.05	3.46	3.13	2.90	2.74	2.62	2.53	2.45	2.39	2.29	2.18	2.07	1.94	1.80	1.64	40
42	4.03	3.45	3.11	2.89	2.73	2.61	2.51	2.43	2.37	2.27	2.16	2.05	1.92	1.78	1.61	42
44	4.02	3.43	3.09	2.87	2.71	2.59	2.50	2.42	2.35	2.25	2.15	2.03	1.91	1.77	1.60	44
46	4.00	3.41	3.08	2.86	2.70	2.58	2.48	2.40	2.34	2.24	2.13	2.02	1.89	1.75	1.58	46
48	3.99	3.40	3.07	2.84	2.68	2.56	2.47	2.39	2.33	2.23	2.12	2.01	1.88	1.73	1.56	48
50	3.97	3.39	3.05	2.83	2.67	2.55	2.46	2.38	2.32	2.22	2.11	1.99	1.87	1.72	1.54	50
60	3.92	3.34	3.01	2.79	2.63	2.51	2.41	2.33	2.27	2.17	2.06	1.94	1.81	1.67	1.48	60
80	3.86	3.28	2.95	2.73	2.57	2.45	2.35	2.28	2.21	2.11	2.00	1.88	1.75	1.60	1.40	80
120	3.80	3.23	2.89	2.67	2.51	2.39	2.30	2.22	2.16	2.05	1.94	1.82	1.69	1.52	1.31	120
240	3.75	3.17	2.84	2.62	2.46	2.34	2.24	2.17	2.10	2.00	1.89	1.77	1.63	1.46	1.20	240
∞	3.69	3.12	2.79	2.57	2.41	2.29	2.19	2.11	2.05	1.94	1.83	1.71	1.57	1.39	1.00	∞

n	0.01	0.05	0.10	0.25	n	0.01	0.05	0.10	0.25	n	0.01	0.05	0.10	0.25	n	0.01	0.05	0.10	0.25
1					24	5	6	7	8	47	14	16	17	19	70	23	26	27	29
2					25	5	7	7	9	48	14	16	17	19	71	24	26	28	30
3				0	26	6	7	8	9	49	15	17	18	19	72	24	27	28	30
4				0	27	6	7	8	10	50	15	17	18	20	73	25	27	28	31
5			0	0	28	6	8	9	10	51	15	18	19	20	74	25	28	29	31
6		0	0	1	29	7	8	9	10	52	16	18	19	21	75	25	28	29	32
7		0	0	1	30	7	9	10	11	53	16	18	20	21	76	26	28	30	32
8	0	0	1	1	31	7	9	10	11	54	17	19	20	22	77	26	29	30	32
9	0	1	1	2	32	8	9	10	12	55	17	19	20	22	78	27	29	31	33
10	0	1	1	2	33	8	10	11	12	56	17	20	21	23	79	27	30	31	33
11	0	1	2	3	34	9	10	11	13	57	18	20	21	23	80	28	30	32	34
12	1	2	2	3	35	9	11	12	13	58	18	21	22	24	81	28	31	32	34
13	1	2	3	3	36	9	11	12	14	59	19	21	22	24	82	28	31	33	35
14	1	2	3	4	37	10	12	13	14	60	19	21	23	25	83	29	32	33	35
15	2	3	3	4	38	10	12	13	14	61	20	22	23	25	84	29	32	33	36
16	2	3	4	5	39	11	12	13	15	62	20	22	24	25	85	30	32	34	36
17	2	4	4	5	40	11	13	14	15	63	20	23	24	26	86	30	33	34	37
18	3	4	5	6	41	11	13	14	16	64	21	23	24	26	87	31	33	35	37
19	3	4	5	6	42	12	14	15	16	65	21	24	25	27	88	31	34	35	38
20	3	5	5	6	43	12	14	15	17	66	22	24	25	27	89	31	34	36	38
21	4	5	6	7	44	13	15	16	17	67	22	25	26	28	90	32	35	36	39
22	4	5	6	7	45	13	15	16	18	68	22	25	26	28					
23	4	6	7	8	46	13	15	16	18	69	23	25	27	29					

n	P(2) 0.10	0.05	0.02	0.01	n	P(2) 0.10	0.05	0.02	0.01
	P(1) 0.05	0.025	0.01	0.005		P(1) 0.05	0.025	0.01	0.005
5	0								
6	2	0			16	35	29	23	19
7	3	2	0		17	41	34	27	23
8	5	3	1	0	18	47	40	32	27
9	8	5	3	1	19	53	46	37	32
10	10	8	5	3	20	60	52	43	37
11	13	10	7	5	21	67	58	49	42
12	17	13	9	7	22	75	65	55	48
13	21	17	12	9	23	83	73	62	54
14	25	21	15	12	24	91	81	69	61
15	30	25	19	15	25	100	89	76	68

n	单侧	0.25	0.10	0.05	0.025	0.01	0.005	0.0025	0.001	0.0005
	双侧	0.50	0.20	0.10	0.05	0.02	0.01	0.005	0.002	0.001
4		0.600	1.000	1.000						
5		0.500	0.800	0.900	1.000	1.000				
6		0.371	0.657	0.829	0.886	0.943	1.000	1.000		
7		0.321	0.571	0.714	0.786	0.893	0.929	0.964	1.000	1.000
8		0.310	0.524	0.643	0.738	0.833	0.881	0.905	0.952	0.976
9		0.267	0.483	0.600	0.700	0.783	0.833	0.867	0.917	0.933
10		0.248	0.455	0.564	0.648	0.745	0.794	0.830	0.879	0.903
11		0.236	0.427	0.536	0.618	0.709	0.755	0.800	0.845	0.873
12		0.217	0.406	0.503	0.587	0.678	0.727	0.769	0.818	0.846
13		0.209	0.385	0.484	0.560	0.648	0.703	0.747	0.791	0.824
14		0.200	0.367	0.464	0.538	0.626	0.679	0.723	0.771	0.802
15		0.189	0.354	0.446	0.521	0.604	0.650	0.700	0.750	0.779
16		0.182	0.341	0.429	0.503	0.582	0.635	0.679	0.729	0.762
17		0.176	0.328	0.414	0.503	0.582	0.635	0.679	0.729	0.762
18		0.176	0.328	0.414	0.485	0.566	0.615	0.662	0.713	0.748
19		0.170	0.317	0.401	0.472	0.550	0.600	0.643	0.695	0.728
20		0.161	0.299	0.380	0.447	0.520	0.570	0.612	0.662	0.696
21		0.156	0.292	0.370	0.435	0.508	0.556	0.599	0.648	0.681
22		0.152	0.284	0.361	0.425	0.496	0.544	0.586	0.634	0.667
23		0.148	0.278	0.353	0.415	0.486	0.532	0.573	0.622	0.654
24		0.144	0.271	0.344	0.406	0.476	0.521	0.562	0.610	0.642
25		0.142	0.265	0.337	0.398	0.466	0.511	0.551	0.598	0.630
26		0.138	0.259	0.331	0.390	0.457	0.501	0.541	0.587	0.619
27		0.136	0.255	0.324	0.382	0.448	0.491	0.531	0.577	0.608
28		0.133	0.250	0.317	0.375	0.440	0.483	0.522	0.567	0.598
29		0.130	0.245	0.312	0.368	0.433	0.475	0.513	0.558	0.589
30		0.128	0.240	0.306	0.362	0.425	0.467	0.504	0.549	0.580
31		0.126	0.236	0.301	0.356	0.418	0.459	0.496	0.541	0.571
32		0.124	0.232	0.296	0.350	0.412	0.452	0.489	0.533	0.563
33		0.121	0.229	0.291	0.345	0.405	0.446	0.482	0.525	0.554
34		0.120	0.225	0.287	0.340	0.399	0.439	0.475	0.517	0.547
35		0.118	0.222	0.283	0.335	0.394	0.433	0.468	0.510	0.539
36		0.116	0.219	0.279	0.330	0.388	0.427	0.426	0.504	0.533
37		0.114	0.216	0.275	0.325	0.382	0.421	0.456	0.497	0.526
38		0.113	0.212	0.271	0.321	0.378	0.415	0.450	0.491	0.519
39		0.111	0.210	0.267	0.317	0.373	0.410	0.444	0.485	0.513
40		0.110	0.207	0.264	0.313	0.368	0.105	0.439	0.479	0.507
41		0.108	0.204	0.261	0.309	0.364	0.400	0.433	0.473	0.501
42		0.107	0.202	0.257	0.305	0.359	0.395	0.428	0.468	0.495
43		0.105	0.199	0.254	0.301	0.355	0.391	0.423	0.463	0.490
44		0.104	0.197	0.251	0.298	0.351	0.386	0.419	0.458	0.484
45		0.103	0.194	0.248	0.294	0.347	0.382	0.414	0.453	0.479
46		0.102	0.192	0.246	0.291	0.343	0.378	0.410	0.448	0.474
47		0.101	0.190	0.243	0.288	0.340	0.374	0.405	0.443	0.469
48		0.100	0.188	0.240	0.285	0.336	0.370	0.401	0.439	0.465
49		0.098	0.186	0.238	0.282	0.333	0.366	0.397	0.434	0.460
50		0.097	0.184	0.235	0.279	0.329	0.363	0.393	0.430	0.456

(1)
$$L_4(2^3)$$

试验号	列　号		
	1	2	3
1	1	1	1
2	1	2	2
3	2	1	2
4	2	2	1

注：任意 2 列间的交互作用出现于另 1 列。

(2)
$$L_8(2^7)$$

试验号	列　号						
	1	2	3	4	5	6	7
1	1	1	1	1	1	1	1
2	1	1	1	2	2	2	2
3	1	2	2	1	1	2	2
4	1	2	2	2	2	1	1
5	2	1	2	1	2	1	2
6	2	1	2	2	1	2	1
7	2	2	1	1	2	2	1
8	2	2	1	2	1	1	2

$$L_8(2^7)\text{二列间的交互作用表}$$

1	2	3	4	5	6	7	列号
(1)	3	2	5	4	7	6	1
	(2)	1	6	7	4	5	2
		(3)	7	6	5	4	3
			(4)	1	2	3	4
				(5)	3	2	5
					(6)	1	6
						(7)	7

(3)
$$L_{16}(2^{15})$$

试验号	列　号														
	1	2	3	4	5	6	7	8	9	10	11	12	13	14	15
1	1	1	1	1	1	1	1	1	1	1	1	1	1	1	1
2	1	1	1	1	1	1	1	2	2	2	2	2	2	2	2
3	1	1	1	2	2	2	2	1	1	1	1	2	2	2	2
4	1	1	1	2	2	2	2	2	2	2	2	1	1	1	1
5	1	2	2	1	1	2	2	1	1	2	2	1	1	2	2
6	1	2	2	1	1	2	2	2	2	1	1	2	2	1	1
7	1	2	2	2	2	1	1	1	1	2	2	2	2	1	1
8	1	2	2	2	2	1	1	2	2	1	1	1	1	2	2
9	2	1	2	1	2	1	2	1	2	1	2	1	2	1	2
10	2	1	2	1	2	1	2	2	1	2	1	2	1	2	1
11	2	1	2	2	1	2	1	1	2	1	2	2	1	2	1
12	2	1	2	2	1	2	1	2	1	2	1	1	2	1	2
13	2	2	1	1	2	2	1	1	2	2	1	1	2	2	1
14	2	2	1	1	2	2	1	2	1	1	2	2	1	1	2
15	2	2	1	2	1	1	2	1	2	2	1	2	1	1	2
16	2	2	1	2	1	1	2	2	1	1	2	1	2	2	1

$L_{16}(2^{15})$ 二列间的交互作用表

1	2	3	4	5	6	7	8	9	10	11	12	13	14	15	列号
(1)	3	2	5	4	7	6	9	8	11	10	13	12	15	14	1
	(2)	1	6	7	4	5	10	11	8	9	14	15	12	13	2
		(3)	7	6	5	4	11	10	9	8	15	14	13	12	3
			(4)	1	2	3	12	13	14	15	8	9	10	11	4
				(5)	3	2	13	12	15	14	9	8	11	10	5
					(6)	1	14	15	12	13	10	11	8	9	6
						(7)	15	14	13	12	11	10	9	8	7
							(8)	1	2	3	4	5	6	7	8
								(9)	3	2	5	4	7	6	9
									(10)	1	6	7	4	5	10
										(11)	7	6	5	4	11
											(12)	1	2	3	12
												(13)	3	2	13
													(14)	1	14
														(15)	15

（4）　　　　　　　　　　　$L_9(3^4)$

试验号	列　号			
	1	2	3	4
1	1	1	1	1
2	1	2	2	2
3	1	3	3	3
4	2	1	2	3
5	2	2	3	1
6	2	3	1	2
7	3	1	3	2
8	3	2	1	3
9	3	3	2	1

注：任意 2 列间的交互作用出现于另外 2 列。

（5）　　　　　　　　　　　$L_{27}(3^{13})$

试验号	列　号												
	1	2	3	4	5	6	7	8	9	10	11	12	13
1	1	1	1	1	1	1	1	1	1	1	1	1	1
2	1	1	1	1	2	2	2	2	2	2	2	2	2
3	1	1	1	1	3	3	3	3	3	3	3	3	3
4	1	2	2	2	1	1	1	2	2	2	3	3	3
5	1	2	2	2	2	2	2	3	3	3	1	1	1
6	1	2	2	2	3	3	3	1	1	1	2	2	2
7	1	3	3	3	1	1	1	3	3	3	2	2	2
8	1	3	3	3	2	2	2	1	1	1	3	3	3
9	1	3	3	3	3	3	3	2	2	2	1	1	1
10	2	1	2	3	1	2	3	1	2	3	1	2	3
11	2	1	2	3	2	3	1	2	3	1	2	3	1
12	2	1	2	3	3	1	2	3	1	2	3	1	2
13	2	2	3	1	1	2	3	2	3	1	3	1	2
14	2	2	3	1	2	3	1	3	1	2	1	2	3
15	2	2	3	1	3	1	2	1	2	3	2	3	1
16	2	3	1	2	1	2	3	3	1	2	2	3	1
17	2	3	1	2	2	3	1	1	2	3	3	1	2
18	2	3	1	2	3	1	2	2	3	1	1	2	3
19	3	1	3	2	1	3	2	1	3	2	1	3	2
20	3	1	3	2	2	1	3	2	1	3	2	1	3
21	3	1	3	2	3	2	1	3	2	1	3	2	1
22	3	2	1	3	1	3	2	2	1	3	3	2	1
23	3	2	1	3	2	1	3	3	2	1	1	3	2
24	3	2	1	3	3	2	1	1	3	2	2	1	3
25	3	3	2	1	1	3	2	3	2	1	2	1	3
26	3	3	2	1	2	1	3	1	3	2	3	2	1
27	3	3	2	1	3	2	1	2	1	3	1	3	2

(6) $L_{16}(4)^5$

试验号	列　号				
	1	2	3	4	5
1	1	1	1	1	1
2	1	2	2	2	2
3	1	3	3	3	3
4	1	4	4	4	4
5	2	1	2	3	4
6	2	2	1	4	3
7	2	3	4	1	2
8	2	4	3	2	1
9	3	1	3	4	2
10	3	2	4	3	1
11	3	3	1	2	4
12	3	4	2	1	3
13	4	1	4	2	3
14	4	2	3	1	4
15	4	3	2	4	1
16	4	4	1	3	2

注：任意 2 列的互作出现于其他 3 列。

(7) $L_{25}(5^6)$

试验号	列　号					
	1	2	3	4	5	6
1	1	1	1	1	1	1
2	1	2	2	2	2	2
3	1	3	3	3	3	3
4	1	4	4	4	4	4
5	1	5	5	5	5	5
6	2	1	2	3	4	5
7	2	2	3	4	5	1
8	2	3	4	5	1	2
9	2	4	5	1	2	3
10	2	5	1	2	3	4
11	3	1	3	5	2	4
12	3	2	4	1	3	5
13	3	3	5	2	4	1
14	3	4	1	3	5	2
15	3	5	2	4	1	3
16	4	1	4	2	5	3
17	4	2	5	3	1	4
18	4	3	1	4	2	5
19	4	4	2	5	3	1
20	4	5	3	1	4	2
21	5	1	5	4	3	2
22	5	2	1	5	4	3
23	5	3	2	1	5	4
24	5	4	3	2	1	5
25	5	5	4	3	2	1

注：任意 2 列间的交互作用出现于其他 4 列。

(8) $L_6(4 \times 2^4)$

试验号	列　号				
	1	2	3	4	5
1	1	1	1	1	1
2	1	2	2	2	2
3	2	1	1	2	2
4	2	2	2	1	1
5	3	1	2	1	2
6	3	2	1	2	1
7	4	1	2	2	1
8	4	2	1	1	2

(9) $L_{12}(3^1 \times 2^4)$

试验号	列 号				
	1	2	3	4	5
1	1	1	1	1	1
2	1	1	1	2	2
3	1	2	2	1	2
4	1	2	2	2	1
5	2	1	2	1	1
6	2	1	2	2	2
7	2	2	1	1	1
8	2	2	1	2	2
9	3	1	1	1	2
10	3	1	1	1	1
11	3	2	2	1	1
12	3	2	2	2	1

(10) $L_{12}(6^1 \times 2^2)$

试验号	列 号		
	1	2	3
1	2	1	1
2	5	1	2
3	5	2	1
4	2	2	2
5	4	1	1
6	1	1	2
7	1	2	1
8	4	2	2
9	3	1	1
10	6	1	2
11	6	2	1
12	3	2	2

(11) $L_{16}(4^1 \times 2^{12})$

试验号	列 号												
	1	2	3	4	5	6	7	8	9	10	11	12	13
1	1	1	1	1	1	1	1	1	1	1	1	1	1
2	1	1	1	1	1	2	2	2	2	2	2	2	2
3	1	2	2	2	2	1	1	1	1	2	2	2	2
4	1	2	2	2	2	2	2	2	2	1	1	1	1
5	2	1	1	2	2	1	1	2	2	1	1	2	2
6	2	1	1	2	2	2	2	1	1	2	2	1	1
7	2	2	2	1	1	1	1	2	2	2	2	1	1
8	2	2	2	1	1	2	2	1	1	1	1	2	2
9	3	1	2	1	2	1	2	1	2	1	2	1	2
10	3	1	2	1	2	2	1	2	1	2	1	2	1
11	3	2	1	2	1	1	2	1	2	2	1	2	1
12	3	2	1	2	1	2	1	2	1	1	2	1	2
13	4	1	2	2	1	1	2	2	1	1	2	2	1
14	4	1	2	2	1	2	1	1	2	2	1	1	2
15	4	2	1	1	2	1	2	2	1	2	1	1	2
16	4	2	1	1	2	2	1	1	2	1	2	2	1

参 考 文 献

1　苏金明主编. 统计软件 SPSS for Windows 实用指南. 北京：电子工业出版社，2000

2　林杰斌，陈香，刘明德. SPSS 11.0 统计分析实务设计宝典. 北京：中国铁道出版社，2002

3　马斌荣. SPSS for Windows Ver.11.5 在医学统计中的应用. 北京：科学出版社，2004

4　黄海，罗友丰，陈志英. SPSS 10.0 for Windows 统计分析. 北京：人民邮电出版社，2001

5　袁志发，周静芋. 试验设计与分析. 北京：高等教育出版社，2000

6　杨德. 试验设计与分析. 北京：中国农业出版社，2002

7　方萍，何延. 试验设计与统计. 杭州：浙江大学出版社，2003

8　栾军. 试验设计的技术与方法. 上海：上海交通大学出版社，1987

9　王钦德，杨坚主编. 食品试验设计与统计分析. 北京：中国农业大学出版社，2002

10　食品分析大全编写组. 食品分析大全. 第 1 卷. 北京：高等教育出版社，1997

11　明道绪主编. 生物统计. 北京：中国农业科技出版社，1998

12　冯叙桥. 赵静. 食品质量管理学. 北京：中国轻工业出版社，1995

13　中国科学院数学研究所统计组. 方差分析. 北京：科学出版社，1977

14　中国科学院数学研究所统计组. 抽样检验方法. 北京：科学出版社，1978

15　裴鑫德. 多元统计分析及其应用. 北京：北京农业大学出版社，1991

16　刘定远主编. 医药数理统计方法. 第 3 版. 北京：人民卫生出版社，1999

17　陈希孺. 概率论与数理统计. 合肥：中国科学技术大学出版社，1992

18　陶澍. 应用数理统计方法. 北京：中国环境科学出版社，1994

19　姜藏珍，张述义，关彩虹. 食品科学试验. 北京：中国农业科技出版社，1997

20　盖钧益主编. 试验统计方法. 北京：中国农业出版社，2000

21　明道绪主编. 生物统计附试验设计. 第 3 版. 北京：中国农业出版社，2002

22　倪宗瓒主编. 卫生统计学. 第 4 版. 北京：人民卫生出版社，2001

23　林维宣主编. 试验设计方法. 大连：大连海事大学出版社，1995

24　吴仲贤主编. 生物统计. 北京：北京农业大学出版社，1996

25　马斌荣主编. 医学统计学. 第 3 版. 北京：人民卫生出版社，2001

26　郑用熙. 分析化学中的数理统计方法. 北京：科学出版社，1991

27　方开泰. 均匀设计与均匀设计表. 北京：科学技术出版社，1994

28　潘承毅，何迎晖. 数理统计的原理与方法. 上海：同济大学出版社，1993